无人系统技术出版工程

复杂条件下固定翼无人机集群编队控制

Formation Control of Fixed - Wing UAV Swarms in Complex Environments

陈　浩　王祥科　沈林成　著

U0346868

国防工業出版社
·北京·

内 容 简 介

近年来，无人机集群已逐步从概念走向现实。本书以小型固定翼无人机集群为研究对象，围绕其在复杂条件下编队控制的关键问题开展研究。针对无人机集群通信受限、控制受限和规模天花板效应等挑战，作者团队从抗毁性拓扑、非线性编队控制律、分组分层控制架构等角度开展了基础理论研究和关键技术攻关，并进行半实物仿真和飞行验证，完成了100架规模的无人机集群全流程数值仿真和21架规模的实物飞行，验证了大规模集群控制策略的有效性。

本书提出的相关理论方法，对未来复杂环境下无人机集群遂行多样性任务具有重要的指导和借鉴意义，可供从事无人机、机器人研究、开发和应用的科研人员和工程技术人员参考。

图书在版编目(CIP)数据

复杂条件下固定翼无人机集群编队控制/陈浩，王祥科，沈林成著. —北京：国防工业出版社，2023.3
ISBN 978-7-118-12868-0

Ⅰ.①复… Ⅱ.①陈… ②王… ③沈… Ⅲ.①无人驾驶飞机—编队飞行 Ⅳ.①V279②V323.18

中国国家版本馆CIP数据核字(2023)第036723号

※

国防工業出版社 出版发行
(北京市海淀区紫竹院南路23号 邮政编码100048)
天津嘉恒印务有限公司印刷
新华书店经售

*

开本 710×1000 1/16 **印张** 11¼ **字数** 190千字
2023年3月第1版第1次印刷 **印数** 1—1500册 **定价** 80.00元

(本书如有印装错误，我社负责调换)

国防书店：(010)88540777 书店传真：(010)88540776
发行业务：(010)88540717 发行传真：(010)88540762

《无人系统技术出版工程》编委会名单

主编 沈林成　吴美平

编委 （按姓氏笔画排序）

卢惠民　肖定邦　吴利荣　郁殿龙　相晓嘉

徐　昕　徐小军　陶　溢　曹聚亮

序

近年来，在智能化技术驱动下，无人系统技术迅猛发展并广泛应用：军事上，从中东战场到俄乌战争，无人作战系统已从原来执行侦察监视等辅助任务走上了战争的前台，拓展到察打一体、跨域协同打击等全域全时任务；民用上，无人系统在安保、物流、救援等诸多领域创造了新的经济增长点，智能无人系统正在从各种舞台的配角逐渐走向舞台的中央。

国防科技大学智能科学学院面向智能无人作战重大战略需求，聚焦人工智能、生物智能、混合智能，不断努力开拓智能时代"无人区"人才培养和科学研究，打造了一支晓于实战、甘于奉献、集智攻关的高水平科技创新团队，研发出"超级"无人车、智能机器人、无人机集群系统、跨域异构集群系统等高水平科研成果，在国家三大奖项中多次获得殊荣，培养了一大批智能无人系统领域的优秀毕业生，正在成长为国防和军队建设事业、国民经济的新生代中坚力量。

《无人系统技术出版工程》系列丛书的遴选是基于学院近年来的优秀科学研究成果和优秀博士学位论文。丛书围绕智能无人系统的"我是谁""我在哪""我要做什么""我该怎么做"等一系列根本性、机理性的理论、方法和核心关键技术，创新提出了无人系统智能感知、智能规划决策、智能控制、有人－无人协同的新理论和新方法，能够代表学院在智能无人系统领域攻关多年成果。第一批丛书中多部曾获评为国家级学会、军队和湖南省优秀博士论文。希望通过这套丛书的出版，为共同在智能时代"无人区"拼搏奋斗的同仁们提供借鉴和参考。在此，一并感谢各位编委以及国防工业出版社的大力支持！

吴美平

2022 年 12 月

前　言

自 20 世纪 90 年代以来，伴随着航空、电子、计算机等相关技术的发展，无人机系统得到了迅猛发展，并在军事和民用等诸多领域得到了广泛应用。目前，集群协同执行任务逐渐成为无人机系统应用的一大趋势。相比于单个无人机，无人机集群具有分布式并行感知、计算和执行能力，以及更好的容错性和鲁棒性，可大大提升任务执行能力，完成单机难以完成的任务。编队飞行是无人机集群最典型的协同场景，为提升无人机集群未来战场环境下的任务执行能力，亟需开展其在复杂条件下的编队控制研究。为适应这一需要，本书以小型固定翼无人机集群为研究对象，深入探索其在局部通信链路失效、部分无人机损毁以及风扰影响下的编队控制问题。

本书根据陈浩的博士学位论文以及作者近年来发表的学术论文整理而成，全书共分为 7 章。第 1 章介绍固定翼无人机集群编队控制的研究背景、意义以及该领域的研究现状。第 2 章介绍了编队控制相关的数学基础，重点介绍了图论、非线性系统理论相关知识。第 3 章介绍了集群系统一致性的相关内容，为编队控制研究奠定基础。第 4 章针对复杂条件下潜在的局部通信链路失效、部分平台损毁等问题，提出了抗毁性拓扑的概念，分析抗毁性拓扑的性质，并提出了相应的拓扑生成算法。第 5 章考虑固定翼无人机的控制受限特性，提出基于协同路径跟随的编队控制框架，并分别设计基于协同路径跟随的队形保持控制律和队形变换控制律，以实现无人机集群精确稳定的编队控制。第 6 章考虑有界风扰影响，在第 5 章研究的基础上，对固定翼无人机协同路径跟随控制律进行鲁棒性再设计。第 7 章在上述各章研究的基础上，以大规模无人机集群为对象，研究复杂条件下大规模集群的编队控制方法，提出大规模集群编队飞行的控制架构，并针对部分通信链路失效及部分飞机损毁等意外事件设计编队策略。

本书研究工作得到了国防科技大学智能科学学院的大力支持与无私帮助，在此表示衷心的感谢。学院无人机团队的所有老师、同学通力合作，完成相关的飞行试验，积累了宝贵的实验数据，没有他们的辛勤付出本书难以成稿。

由于作者水平有限，疏漏之处在所难免，恳请读者批评指正。

作者
2022 年 6 月于国防科技大学

符号使用说明

$\mathbb{R}^n$	实数域上的 n 维向量构成的空间
$\mathbb{R}^{n\times m}$	实数域上 $n\times m$ 维矩阵构成的空间
$B_\epsilon(S)$	状态空间中到集合 S 的距离小于 ϵ 的点的集合
$\boldsymbol{\Phi}(S)$	状态空间中包含 S 的一个开集
1_n	每个元素全为 1 的 n 维向量
0_n	每个元素全为 0 的 n 维向量
$\mathrm{rank}(\boldsymbol{A})$	矩阵 $\boldsymbol{A}$ 的秩
$\binom{n}{k}$	从 n 个物品中选择 k 个组合数

目　录

第1章　绪　　论

万人操弓，共射一招，招无不中。

——《吕氏春秋》

1.1　研究背景与意义

集群协同执行任务逐渐成为无人机系统应用的重要发展趋势。自20世纪90年代以来，无人机在军民领域受到空前的关注并得到迅速发展。因响应速度快、使用成本低、部署灵活等独特优势，无人机被普遍认为是未来信息化发展的重要平台。但是，由于环境复杂性和任务多样性，单个无人机通常难以满足很多实际任务需求，比如在复杂恶劣的战场环境、遮蔽物众多的城市环境等，单个无人机由于机载设备数量、感知视点及范围受限等缺陷，通常难以执行持续目标跟踪、全方位饱和攻击等任务。故而，由多个无人机组成的集群协同执行任务逐渐成为趋势，并在货物递送[1]、环境保护[2]、灾难响应[3-4]、农林作业[5]、森林防火[6-7]、安防巡逻[8-10]、目标搜索与追踪[11-12]等领域得到应用。相比于单个无人机，拥有分布式特征的无人机集群在协同执行任务方面具有诸多优势，主要包括以下几点。

(1)具有分布并行感知、计算和执行能力以及更好的容错性和鲁棒性。集群中的多架无人机可以通过异质传感器的互补搭配，实现传感的并行响应；通过执行器同时执行子任务，实现总任务的分布执行。当部分无人机出现故障时，其余无人机可以替代它完成预定任务，使集群系统具有较高的容错性和鲁棒性。

(2)可提升任务执行能力，完成单机难以完成的任务。协作的无人机集群系统能够实现超过单个智能无人机系统叠加的功能和效率，具备良好的包容性和可扩展性。例如，在大地测量和气象观测等领域，无人机集群携带分布载荷可完成单机无法完成的多点测量任务；在环境监测等领域，可组成移动传感器网络有效监测大范围的空气质量；在军事侦察感知任务中，集群可以对目标进行全方位、多角度侦测，提高感知与识别精度；在战场打击任务中，集群可以从不同角度对同一重要目标同时发动全方位饱和攻击，提高杀伤力和命中率。

(3)具有更高的经济可承受性。通过合理布局和协同控制,能够用分散的低成本无人机集群系统代替成本高昂的单个复杂系统,实现更多的经济效益。基于小型化、集成化、模块化的设计理念以及信息化、自动化、网络化的管理使用方式,可极大降低生产、运输、维护、保障等使用成本。1000 架规模的无人机集群系统,其成本低于一颗侦察卫星或一架有人机,但其综合效能有望超越一颗侦察卫星或一架有人机。

故而,集群被普遍认为是无人机系统发展的重要方向,其基础理论和工程实现的突破可能带来无人机使用模式的颠覆性变革。相比于旋翼无人机,固定翼无人机具有航程长、速度快、载重大等特点,在军事领域具有重要的应用价值。小型固定翼无人机由于其体积小、成本低、易使用、机动性强等特点,是适宜用于大规模集群的理想平台。故而,本书聚焦于小型固定翼无人机集群。

无人机集群协同是指大量无人机平台配合完成观测 - 判断 - 决策 - 执行(observation - orientation - decesion - action,OODA)循环的全任务回路[13],使各平台在"正确的时间、到达正确的地点、执行正确的任务",获得"1 +1 + ⋯ +1≫ n"的集群协同效能,且具备去中心化、自主化和自治化的特点。图 1.1 从 OODA 的视角给出了目前关于集群协同的典型研究方向,包括协同观测、协同侦察、协同定位与建图、任务分配、任务规划、聚集、蜂拥、编队等。

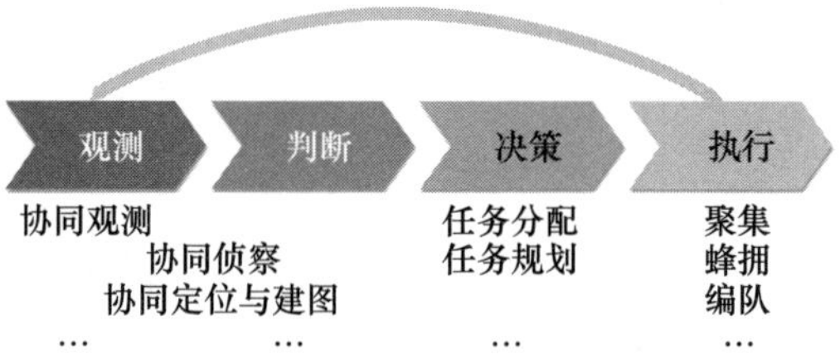

图 1.1 OODA 视角下的集群协同典型研究方向

因此,无人机集群协同涉及 OODA 循环的全任务回路。其中,编队飞行是无人机集群最典型的协同场景,也是其执行各类复杂任务的行为基础。它研究无人机集群在飞行过程中,按照期望的相对距离、方位等形成一定的队形,并根据任务需要保持队形或进行队形调整,如图 1.2 所示。为提升无人机集群在复杂条件下的任务执行能力,必须考虑复杂电磁条件下局部通信链路失效、对抗条件下部分无人机损毁以及复杂气象条件下风扰影响等问题。

固定翼无人机的本质非线性、复杂条件下意外事件的多发耦合性以及集群数量规模性等,使得小型固定翼无人机大规模编队问题的研究极其富有挑战性。具体如下。

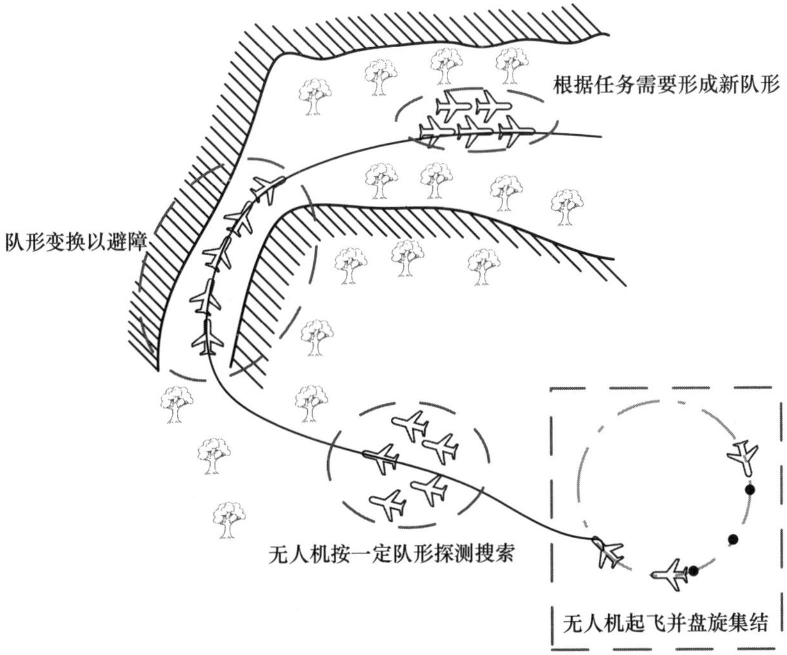

图1.2　无人机集群编队飞行任务场景示意图

(1)固定翼无人机本质非线性对精确稳定编队的挑战。

固定翼无人机为非完整约束系统,因其非静稳态和存在最大/最小速度约束等控制受限的特点,相比于“准静态”的旋翼无人机集群,无论在控制律设计还是稳定性分析方面均复杂得多。同时,固定翼无人机集群在室外飞行过程中,不可避免会受到风的影响,风会严重破坏编队的稳定性和精确性,甚至破坏编队的构型。故而,本质非线性对固定翼无人机集群在需要高度精确时空同步的场合中使用,如协同欺骗突防、协同分布观测等任务,提出了巨大的挑战。

(2)复杂条件下意外事件多发耦合性对集群系统可靠性的挑战。

复杂条件下无人机集群执行任务,可能存在通信受限、通信链路中断甚至彻底失效,以及部分无人机损毁等各种意外事件。稳定、可控是集群系统有效遂行各类任务的前提。当意外事件发生后,如何确保系统的稳定性和可控性,如何确保系统能力的降级在可控范围内,是集群在复杂条件下使用亟需解决的问题。

(3)规模天花板效应对集群系统实现的挑战。

数量规模的增大将导致集群系统协同难度的指数上升,在系统性能(如收敛性和稳定性等)方面存在天花板效应[14]。同时,小型固定翼集群系统的通信距离和带宽等性能受限,通信网络拓扑结构的设计存在约束,难以做到大容量的机间信息分发和任意拓扑结构传输,进一步压缩了大集群系统在理论上的最优性能。如何实现大规模的无人机集群协同控制,仍是一个极富挑战性的课题。

针对上述挑战,本书以小型固定翼无人机集群为研究对象,聚焦于 OODA 回路中最末端的“执行”环节,围绕其复杂条件下的编队控制问题展开研究,综合运用非线性控制系统理论、图论等工具,提升固定翼无人机集群的协同控制能力,为未来复杂环境下无人机集群遂行多样性任务奠定关键技术和工程实现基础。

1.2 国内外研究现状与分析

本节介绍相关领域的国内外研究现状。首先,从集群数量规模等方面的共性问题出发,探究机器人集群研究现状;然后聚焦于编队控制问题,介绍集群编队控制的已有工作。

1.2.1 机器人集群研究现状

自然界生物群体,如鸟群[15]、鱼群[16]、昆虫[17]的协作捕食、围猎、迁徙等行为,以及物理学微观粒子的自组织[18]等群体现象,一直吸引着科研人员的注意力。在自然群体行为的影响下,21 世纪以来科学家一直在研究如何实现机器人的群体协同问题。目前研究最多的两类机器人集群,分别是地面机器人集群①和空中机器人(即无人机)集群。

1. 地面机器人集群研究现状

机器人集群的研究部分起源于对蚁群等生物群体的模拟实现。蚁群算法的提出者 Marco Dorigo 教授最早提出了“群体机器人”(swarm - bot)的概念,其团队基于群体智能的理念研究机器人集群的分布式自组织行为,并在硬件上加以实现[19],群体机器人的控制架构受蚁群算法启发,通过局部信息交互和简单的自组织规则分布式实现。

随着集群协同研究热度的增加,越来越多的研究者开始尝试扩大集群规模,并在此基础上开发实用的集群协同算法。为构建大规模的机器人集群,往

---

① 本书把沿一固定平台面(如桌面)运动的机器人也纳入地面机器人的范畴。

往需要严格控制单个机器人的体积和成本。瑞士洛桑联邦理工学院开发了用于教学的 e－puck 机器人，每个机器人的直径仅有 7.5cm，造价约 250 欧元[20]；在此基础上，实现了 20 个 e－puck 机器人的聚集、觅食等协同行为[21]。德国斯图加特大学的研究人员设计了尺寸为 30mm×30mm×20mm 的 Jasmine 机器人，并在 3m×3m 的区域内实现了规模达到 105 个机器人的聚集行为[22]。美国哈佛大学 Radhika Nagpal 教授团队设计的 Kilobot 机器人，直径为 3.3cm，单个造价仅为 14 美元，机器人只能通过振动的方式以 1cm/s 的速度运动[23]；基于 Kilobot 机器人，该团队验证了觅食、编队控制等协同行为，并进行了规模达上千个（1024）的集群演示，集群系统在运行 12h 之后，能够自动排成 K 形、五角星形、扳手形等图案[24]，如图 1.3 所示。这也是机器人集群的规模首次达到千量级。表 1.1 概括了目前已通过试物验证的大规模集群所用到的地面机器人的基本特点。

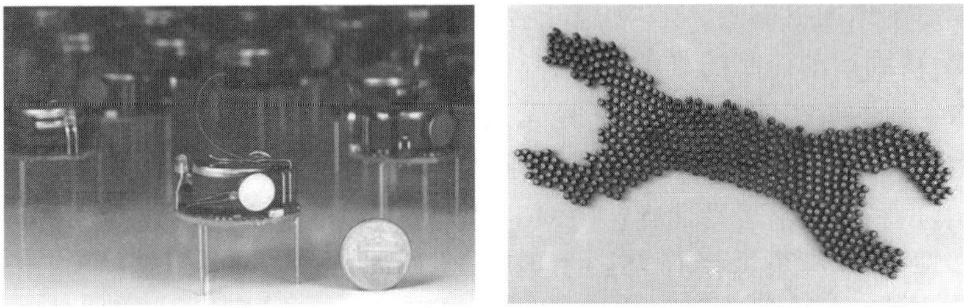

(a) Kilobot机器人个体　　(b) Kilobot机器人形成的扳手形状

图 1.3　Kilobot 机器人个体和集群

表 1.1　典型的大规模地面机器人集群所用到的机器人比较

机器人	造价	横截面尺寸	运动方式	最大规模
e－puck[20－21,25]	250 欧元	直径 7.5cm	轮式	20
Jasmine[22]	130 美元以上	3cm×3cm	轮式	105
Kilobot[23－24]	14 美元	直径 3.3cm	振动	1024
粒子机器人[26]	不详	直径 23.5cm	振动	24

对于地面机器人集群，近年来的研究热点是“群愚生智”，即通过设计简单规则使能力较弱的一群个体最终进化生成较复杂的群体行为。此类研究往往被看作对自然界生物智能的模拟，因而受到多个领域研究者的普遍关注。大量的代表性成果发表在《Nature》和《Science》及其子刊上。除 Kilobot 机器人外，近年来取得的代表性成果还有：哈佛大学的 Justin Werfel 等受白蚁启发，设计了 3 个机器人，基于简单规则和局部感知最终可搭建金字塔等形状[27]；比利时布鲁

塞尔自由大学的两位研究人员使用 e - puck 构建的 20 个机器人集群经过群体演化后，能够自行学会并掌握先前设计者并未对其指明的动作序列[25]；2019 年，中国青年学者李曙光与他的合作者共同完成设计的粒子机器人登上《Nature》封面，该机器人通过信息交换和力学协同模拟了生物细胞的运动，能够实现搬运物体和向光源移动[26]。

总体而言，目前地面机器人集群已可以做到上千的规模，并且复现了生物群体的"智能涌现"，对更好地理解群体智能具有重要意义；但是由于机器人成本和体积的限制，单体的智能往往较低，故而不具有对复杂问题的决策能力；由于单体的运动速度普遍较慢，运动控制更为容易。此外，因群体的协同行为多是基于简单规则和局部感知演化生成，故而往往需要较长时间才能实现系统的收敛，且不易从数学上分析证明。

2. 无人机集群研究现状

相对于地面机器人，无人机集群控制的研究更富有挑战性。无人机运动速度较快，协同运动控制的难度更大；由于航时限制，不可能使集群经历几十分钟乃至数小时的持久演化。目前研究无人机集群的学术机构相对较少，且主要针对旋翼机展开。例如，美国宾夕法尼亚大学的 Vijay Kumar 教授带领的 GRASP 研究团队，利用光学运动捕捉（VICON）系统，采用基于协同轨迹规划和跟踪的方法实现了 20 架重量仅有 75g 的四旋翼编队飞行[28]；它采用集中与分布式相结合的分组控制框架，组内进行集中式控制，组间分布式处理。南加州大学的研究团队利用 VICON 系统和质量仅为 27g 的 Crazyflie 四旋翼，完成了室内 49 机的集群控制，飞行中部分算法由机载端实现[29]。多智能体运动的著名模型——Vicsek 模型[30]的提出者 Tamás Vicsek 与其团队研究了有限空间内集群的协同控制问题，并结合演化优化的框架进行集中式参数优化，实现了室外 30 架规模的多旋翼无人机集群编队；无人机集群在最大 8m/s 的速度下，呈现出群体的协调性，并能自主规避集群内其他飞机[31]。在固定翼无人机方面，美国海军研究生院进行了 50 架规模的自主起飞、飞行、降落等研究，在集群行为方面，进行了 20 架无人机的领航 - 跟随的编队飞行[32]。

相比于学术界，目前在工业界和军方相关单位，对无人机集群的研究更为活跃。其中工业界主要采用四旋翼无人机集群进行灯光秀表演。2015 年 11 月，Intel 公司在德国汉堡实现了 100 架四旋翼的室外灯光秀表演，从此拉开了无人机集群灯光秀的序幕[33]。国内亿航[34]、高巨创新[35]等公司也不遑多让，多次完成无人机集群灯光秀表演，无人机数量规模的世界纪录几度易手，目前已有超过 3000 架的无人机集群灯光秀表演（图 1.4）。总体而言，目前无人机集群灯光秀技术已比较成熟，并逐步成为各种大型晚会庆典的"标配"。灯光秀表演中的每一架无人机一般都已预先设定好轨迹,以单机轨迹跟踪或集中控制的方式完成[31]。

军方研究更多地考虑固定翼无人机集群。美军正在开展的代表性研究项目包括:美国国防部高级研究计划局(Defense Advanced Research Projects Agency,DARPA)发布的“小精灵”(gremlins)项目目前已进入到第三阶段,目标是实现多架X-61A无人机的空中发射、飞行与回收,2019 年 11 月已完成初次飞行测试[36]。海军研究办公室(Office of Naval Research,ONR)发布的“低成本无人机集群技术”(low-cost unmanned aerial vehicle swarming technology,LOCUST),2016 年完成 30 架无人机的快速发射[37]。战略能力办公室(Strategic Capabilities Office,SCO)主导的“山鹑”(perdix)微型无人机高速发射演示项目,2016 年 10 月完成由 3 架 F/A-18 战斗机空中投放 103 架“山鹑”无人机的演示验证[38]。海军研究实验室(Naval Research Laboratory,NRL)发布的近距离隐蔽自主一次性无人机(close-in covert autonomous disposable aircraft,CICADA),在 2019 年 4 月完成了由 Hive 多旋翼无人机抛撒 25 架微型无人机的验证[39]。我国也积极开展固定翼无人机集群的飞行验证。中国电子科技集团先后完成了 67 架、119 架、200 架的固定翼无人机集群飞行[40-41]。但是这些项目中无人机集群协同的具体资料很少,从公布的视频看,其编队飞行的精度和不确定环境中的鲁棒性有限。

图 1.4 2021 年上海外滩 3281 架四旋翼无人机灯光秀表演

表 1.2 总结了当前无人机集群的研究现状,从表中可以看出,目前固定翼无人机集群的规模相比旋翼机还存在较大差距,其主要原因来自于其速度快且非静稳态的特点。此外,对无人机集群分布式协同控制方法尚未成熟。例如,美国海军研究生院虽然使用领航-跟随法进行了 20 架飞机的编队飞行[32],但其控制律形式并不明确,其他军方有关的项目大都暂未公开其协同方面的技术细节。

表 1.2 无人机集群研究现状总结

研究方	年份/年	协同方式	环境	平台	编队最大规模/架
GRASP 团队[28]	2013	集中式与分布式结合	室内	旋翼	20
南加州大学[29]	2017	分布式	室内	旋翼	49
Tamás Vicsek 团队[31]	2018	分布式	室外	旋翼	30
美国海军研究生院[32]	2016	分布式	室外	固定翼	20
灯光秀表演公司[33-35,42]	2015—2021	集中式	室外	旋翼	超过 3000
军方有关项目[36-41]	2015—2018	不详	室外	固定翼	200

1.2.2 集群编队控制研究现状

21 世纪以来,学者们围绕编队控制产生了一大批丰硕的理论成果,可参考文献[13,43-52]。本节总结了常用的编队控制方法,并特别关注编队控制中对部分通信链路失效和部分无人机损毁等意外事件的处理。

1. 常用的编队控制方法

1)领航-跟随法

领航-跟随(leader-follower)法,将集群中某架无人机或引入一虚拟的无人机作为领航者(长机),其余无人机作为跟随者(僚机),随同领航者运动。该方法是目前无人机编队控制中应用最普遍、最基础的一种方法。领航-跟随控制律主要是针对跟随者的控制律,领航者则需要采用其他的控制手段。例如,文献[53-54]在地面控制站上通过无线电信号控制领航者,并设计了跟随者的跟踪控制律,从而实现了两架固定翼无人机的编队飞行;为跟随者设计的控制律分为外环和内环两层,外环控制器以最小化跟随者相对于领航者的位置误差为目标,生成期望的滚转角和俯仰角以交给内环控制。文献[55]使领航者沿航线飞行,跟随者借助机载的视觉传感器估计领航者的位置,进而实现了两架固定翼无人机按两倍的翼展距离紧密编队飞行。北京航空航天大学段海滨教授团队把领航-跟随法结合鸽群的分层策略[56],设计了无人机集群的分布式控制方法,并通过 8 架无人机的数值仿真对算法加以验证[57]。文献[32]对 20 架固定翼无人机采用领航-跟随法进行了飞行验证,但是该文献并未给出控制律的具体形式。而文献[53-55,57]虽针对固定翼无人机设计了跟随领航者的控制律,但是未作闭环系统稳定性的分析,也未考虑固定翼无人机控制受限的影响。

值得一提的是,领航-跟随法作为最基本的编队控制框架,很容易与其他方法,如势场法[58-59]等相结合,并应用模型预测控制[60]、滑模控制[59,61-62]等现代控制方法。领航-跟随法的主要问题是当领航者损毁后,可能会导致整个编队的瘫痪,为解决这一问题,很多研究引入虚拟领航者,并将编队中多个真实的个体作为虚拟领航者的直接跟随者[63-65],以避免全局领航者损毁后“牵一发而动全身”。文献[64]分别研究了虚拟领航者的轨迹对各无人机已知的情况,以及虚拟领航者选定为无人机编队的重心时的情况,并使用 3 架固定翼无人机对控制律加以验证。文献[66]研究了虚拟领航者的状态仅对部分无人机已知的问题,通过对其他无人机设计分布式估计器估计虚拟领航者的位置,进而实现集群的协同控制。

2)虚拟结构法

虚拟结构法最早由文献[67]提出,其核心思想是每个无人机跟随一个移动的刚性结构上的固定点。文献[68]利用虚拟结构法研究了多无人机的运动协调问题,并进行了数值仿真。文献[69]提出一种动态虚拟结构编队控制方法,可使固定翼无人机沿规划的编队轨迹完成队形变换。

虚拟结构法很好地避免了传统领航-跟随法当全局领航者损毁后,整个编队面临瘫痪的问题。事实上,虚拟领航者法本质上也是将传统的领航-跟随法与虚拟结构法相结合[64]。虚拟领航者可以基于虚拟结构确定,控制过程中再使每个无人机相对于虚拟领航者保持期望的位形,从而类似于领航-跟随法中对于跟随者的控制。由此,虚拟结构法与领航-跟随法两者的界限在一定程度上也变得模糊。文献[70]提出在基于虚拟结构法设计三维空间内固定翼无人机的编队控制策略时,以及文献[71]提出基于虚拟结构法设计独轮车群体队形保持控制律时,都用到了虚拟领航者这一概念。

3)基于行为的方法

基于行为的方法源于人工智能的行为主义学派,其基本思想是控制器由一系列简单的基本动作组成,该方法的核心是基本行为和行为协调机制的设计[43]。

Reynolds 在研究计算机图形学模拟鸟群、鱼群的群体行为时,于 1987 年提出了著名的 Reynolds 三原则,即碰撞规避(collision avoidance)、速度匹配(velocity matching)、向中心靠拢(flock centering)[72],该项研究被视为集群行为主义的开端。Vicsek 等[30]在研究微观粒子运动时提出了 Vicsek 模型,即每个以定常速度运动的粒子,其下一时刻的朝向取决于一定范围内的邻居当前时刻的朝向。这些研究奠定了采用基于行为的方法实现编队控制的基础。该方法因其分布式、自组织的思想,逐步成为目前构建集群系统的重要方法。Dorigo 所在的布鲁塞尔自由大学的研究团队,基于 Swarm-Bot 集群系统,开展了许多基于群体进化的集群行为生成方法研究:文献[73]设计了简单的神经元控制器,通过演化算法不断优化控制器参数，最终形成期望的队形；文献[74]将多个Swarm - Bot通过机械臂相连，通过人工演化，最终使这些Swarm - Bot可以在指定区域内搜索，并且避开区域内的“洞”。文献[21]根据指定任务和机器人当前状态，基于概率有限状态机设计控制器，经过上万次的仿真优化后，可使20个e - puck机器人产生聚集、觅食等行为，但是该方案设计的控制器与人手工设计的相比，效果仍有一定的差距；文献[75]对文献[21]的优化算法进行改进，最终使控制器的效果超越了人的手工设计。

在基于行为的无人机集群控制方面，文献[31]研究了受限空间内的集群协同控制问题，并结合演化优化的框架进行参数优化，最终完成室外30架规模的多旋翼无人机集群编队；文献[76]将Reynolds原则用于固定翼无人机，并进行了10架机的飞行验证。

基于行为的方法主要不足之处在于，难以从数学上分析集群的诸多特性，且闭环系统的稳定性不易证明，故而难以实现精确稳定的无人机集群编队飞行。

4）人工势场法

人工势场法借鉴了物理学中关于势场的概念，在集群的编队控制问题中，通过设计势场函数，使无人机收敛到期望的相对位置。人工势场法还可以将空间中的各类障碍设计为对无人机的排斥作用，从而使无人机规避各类障碍[77]。文献[78]基于人工势场法和滑模控制，研究了集群的聚集问题。文献[79]在有通信延时的条件下，基于人工势场法实现了受非完整性约束的机器人的蜂拥控制——将机器人聚集的同时，实现朝向一致，但其方法最终会使机器人停下来，因而并不适用于固定翼无人机。文献[58]针对固定翼无人机转弯约束以及最小空速必须为正的约束，提出一种非对称的局部势场法，并借助领航 - 框架，使无人机的空速和航向角收敛至其领航者的空速和航向角。文献[80]在传统势场法的基础上，提出一种分叉势场法，使用该方法设计的控制器不仅可以使无人机形成一定的队形，并且可以通过一个参数的改变，使无人机集群实现在某些队形之间的切换，该方法采用无人机的六自由度线性化模型，对10架无人机进行了队形变换的数值仿真。

人工势场法最主要的问题是容易存在局部极值，由此造成势场函数的设计以及闭环系统稳定性的证明都较为困难。例如，文献[58,80]针对固定翼无人机设计的基于人工势场法的编队控制律，都未证明闭环系统的稳定性。

5）协同路径跟随法

协同路径跟随也是实现无人机集群编队飞行的一种方式。由于固定翼无人机在飞行过程中有最小前向速度的约束，因而无人机必须在运动过程中保持或变换编队构形，其运动形式可以设定为无人机共同沿预先规划好的航线飞行，即协同路径跟随。协同路径跟随控制可以通过路径跟随控制与上述几种编队控制方法的结合来实现，如文献[71]即是将基于虚拟结构法的编队控制律与路径跟随控制律相结合实现编队的路径跟随。无人机集群通过协同路径跟随实现编队飞行的优势在于，当通信极度不畅或者受到干扰时，无人机依然能够沿航线飞行，从而尽可能保证整个集群系统的安全。

早期的协同路径跟随控制研究主要针对一般的非线性系统。例如，文献[81]证明了路径跟随系统的无源性，并结合无源性的协同策略，建立了基于无源性的协同路径跟随框架；文献[82]研究了存在通信丢包和时延的协同路径跟随问题，并给出了系统稳定的充分条件。

作为满足非完整性约束机器人的简化，独轮车（unicycle）模型的协同路径跟随控制问题受到了许多研究者的关注。为处理独轮车模型的非线性特性，在设计协同路径跟随控制器时，常用的控制方法包括混合控制[83]、反馈线性化[84-86]、级联系统理论[87-89]等。此外，许多文献还考虑了不同场景下独轮车的协同路径跟随控制。例如，文献[87]研究了各机器人之间的信息交互发生在量化通信网络上的协同路径跟随问题，并给出了闭环稳定性的充分条件；文献[89]研究了采用事件驱动的控制和通信策略的协同路径跟随问题；文献[90]研究了在时不变的流场中，独轮车沿不同的闭合曲线协同路径跟随的情形。

对于无人机的协同路径跟随问题，文献[91-92]研究了多旋翼的情形。对于固定翼无人机而言，由于其独特的控制约束限制，针对一般的独轮车模型和多旋翼的协同路径跟随控制方法通常难以适用于固定翼无人机。在一些现有的固定翼无人机的协同路径跟随控制的文献中，讨论了部分控制限制。例如，文献[93-94]研究了时间关键（time-critical）的协同路径跟随控制问题，其控制目标是使所有无人机沿航线飞行的同时，同步到达各自目标点，并采用两架无人机的室外协同飞行对算法进行了验证，其研究考虑了无人机的最小速度和最大速度的限制，但是未考虑航向角速率的约束，反而假设航向角速率的指令不会导致输入饱和；文献[95]研究了多无人机协同跟随一条可移动路径的情形，并通过仿真对算法加以验证，该研究同样也考虑了无人机的最小速度和最大速度的限制，但是对于航向角速率的限制仅是保证了该约束能够在系统稳态时满足，而对于系统的瞬态过程，则忽略了这一限制。

2. 编队控制中的意外事件处理

本书考虑的意外事件有两类：一类是部分通信链路失效；另一类是部分无人机损毁。现有文献对集群编队控制中的这两类意外事件处理的研究较少，在此将主要的工作介绍如下。

1)部分通信链路失效的处理

早在2000年,意大利比萨大学的几位研究者就针对一个虚拟领航者和多个无人机的情况下,潜在的部分通信链路失效问题展开了研究,其采用的方案是增加额外的通信边[63],但遗憾的是,当时一致性理论尚未提出,代数图论与控制理论尚未深度结合,因此,在本书中并未证明采用此方案后闭环系统的稳定性,也未深入研究此类图的性质并设计更一般(如多个领航者的情形)的拓扑图生成算法。文献[96]针对只有唯一领航者的期望队形,提出了当有某条通信链路失效时的拓扑重构算法,其算法保证总的通信路径最短,该文献还设计了基于独轮车模型的无人机协同控制律,并结合其拓扑设计方法和拓扑重构算法,证明了闭环系统的稳定性。一致性理论兴起后,近年来,有学者研究了部分链路中断后对系统一致性的影响[97-100],但未结合集群模型讨论对集群协同的影响。

2)部分无人机损毁的处理

部分无人机损毁后,其影响涉及两个方面:一是破坏了集群的通信拓扑;二是破坏了编队队形。

对于通信拓扑的处理,一种方案是进行拓扑重构[101-102],但此方案对机载通信设备提出一定的要求,同时拓扑重构的分布式决策过程也需要一定的时间。另一种方案是增加额外的通信边,使通信边具有一定的冗余度,从而使集群具有“抗毁性”。近年来,在复杂网络领域,网络的抗毁性成为一大研究热点[103-105]。文献[106]将抗毁性的概念运用于多智能体协同控制中。与复杂网络领域的抗毁性研究主要从宏观上研究网络的统计物理特征不同,在集群协同控制中,由于其规模远小于互联网、运输网等网络,因而更关注拓扑图每个顶点的连通性。在无向网络连接的集群系统中,抗毁性与无向图的顶点连通度、边连通度等概念相对应[107-108]。文献[109-111]研究了生成k边连通无向图的方法,文献[106,112-113]研究了生成k顶点连通无向图的方法。但对于有向网络连接的集群系统而言,抗毁性与有向图的顶点连通度、边连通度等概念并不完全对应,抗毁性的相关研究尚为空白。

对于队形调整的处理,文献[63]针对部分无人机损毁后的队形调整问题,提出了“重构映射”(reconfiguration map)方法。当给定飞机数目后,针对特定的队形,预先指定好每个位置飞机损毁后,其他飞机的位置调整规则,即重构映射,当飞机数目发生变化后,按照重构映射调整每架飞机的位置。这种方法的缺点在于,当无人机数目较多,且在任务执行过程中需要变换队形时,将导致重构映射的规则集非常庞大。

1.2.3 研究现状分析

总体而言，目前围绕集群控制问题的研究已取得了大量成果，初步形成了较为完备的理论体系和方法体系。但面向复杂条件下无人机集群运用，现有研究仍存在一定的不足。主要体现在以下方面。

（1）对固定翼无人机控制受限条件下的协同问题理论分析不足。

固定翼无人机在运动学上区别于其他机器人平台的主要特点是：不仅受航向角速率的限制，还受最大和最小（失速）速度的限制，并且最小速度为正值。现有文献往往只是在单机层面，如单无人机路径跟随控制中考虑固定翼的这些控制限制，并证明了闭环系统的稳定性。但在编队控制层面，许多文献或未证明闭环系统的稳定性，或虽证明闭环系统的稳定性，但未考虑整个控制过程中固定翼无人机特有的约束。

（2）对复杂条件下无人机集群编队飞行中意外事件的处理较少。

现有编队控制研究大都考虑较为理想的情况，对于复杂条件下部分通信链路失效和部分无人机损毁等意外事件的处理研究不多。部分研究虽具备了“抗毁性”概念的雏形，但是研究还不够系统，主要局限于无向图的情形，尚未泛化至有向图，缺乏有向抗毁性拓扑结构的性质与生成算法。

（3）对大规模固定翼无人机集群的分布式控制研究很少。

虽然目前已有规模在 100 架以上的固定翼无人机集群的新闻报道，但未见公开发表的学术论文和技术细节。从公开的集群飞行视频看，很难看出集群有明确的队形保持和变换能力，且编队控制的精度非常有限。此外，现有的无人机集群分布式协同控制方法尚未成熟，在许多旋翼机的集群演示中，往往为每一架无人机设定好轨迹，以单机轨迹跟踪或集中控制的方式实现。

第2章　数学理论基础

工欲善其事，必先利其器。

——《论语·卫灵公》

本章介绍无人机集群编队控制问题中所用到的基础理论。编队控制是多智能体系统研究领域中的一个重要问题。对于多智能体系统，通常采用图(graph)来建模智能体以及智能体相互之间的关系，并借助控制系统的相关理论方法，设计协同控制律。对于固定翼无人机集群的编队控制，往往要采用非线性控制系统的分析设计方法。本章主要介绍本书研究中所涉及的非线性系统理论和代数图论的相关理论，为后续研究的开展奠定基础。

2.1　非线性系统理论基础

实际的物理系统都是非线性的，此类系统的一大特点是，不能采用分析线性系统时常用的叠加原理进行分析，因而在研究上具有一定的复杂性，至今尚无通用的方法处理所有类型的非线性系统。20世纪中叶以来，许多数学工具广泛应用于非线性系统的分析中。囿于篇幅，本书主要介绍无源性理论、不变集理论以及系统稳定性理论。感兴趣的读者可以阅读H. Khalil所著的《Nonlinear Systems》一书[114]，了解更多常用的非线性系统分析方法。

2.1.1　无源性理论

无源性(passivity)理论是根据实际物理系统抽象得出的一套非线性系统分析的有效工具。本节首先从无记忆系统出发，给出无源性定义，再将其定义扩展到一般的非线性动态系统。

1. 无记忆系统

定义2.1　无记忆系统的无源性[114]

无记忆系统 $\boldsymbol{\eta}=\pi(t,\boldsymbol{\xi})$，系统输入、输出向量分别为 $\boldsymbol{\xi}$、$\boldsymbol{\eta}$。

① 若 $\forall(t,\boldsymbol{\xi})$，都有 $\boldsymbol{\xi}^{\mathrm{T}}\boldsymbol{\eta}\geqslant 0$，则称系统是无源的。

② 若 $\forall(t,\boldsymbol{\xi})$，都有 $\boldsymbol{\xi}^{\mathrm{T}}\boldsymbol{\eta}\geqslant\epsilon\boldsymbol{\xi}^{\mathrm{T}}\boldsymbol{\xi}$，其中 $\epsilon>0$，则称系统是严格输入无源的。

从定义 2.1 可以看出，无源性的概念比严格输入无源性概念更广泛。根据定义 2.1，图 2.1(a)所示的系统具有严格输入无源性，图 2.1(b)所示的系统为典型的有死区约束的系统，该系统具有无源性，但不具有严格输入无源性，而图 2.1(c)所示的系统不具有无源性。事实上，图 2.1 所示的输入输出关系都有实际的电路系统与之对应。图 2.1(a)可以描述一隧道二极管(tunnel diode)的电流-电压(current-voltage)特性，图 2.1(b)可以描述一忆阻器(memristor)的通量-电荷(flux-charge)特性，图 2.1(c)可以描述一约瑟夫接面(Josephson junction)的电流-通量(current-flux)特性，可参考 M. Hasler 与 N. Jacques 合著的《Nonlinear Ciruits》一书[115]。

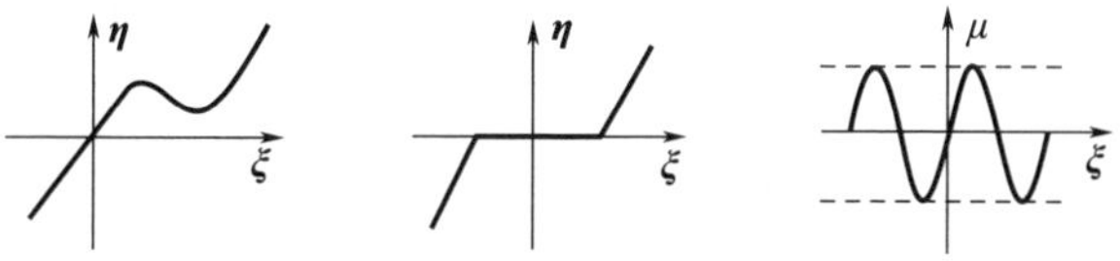

(a)　(b)　(c)

图 2.1　典型非线性函数

2. 动态系统

现考虑动态系统方程

$$\begin{cases} \Sigma: \dot{x}(t)=f(x(t),u(t)) \\ \quad y(t)=h(x(t),u(t)) \end{cases} \tag{2.1}$$

式中：$x(t)\in X\subseteq\mathbb{R}^n$，$u(t)\in U\subseteq\mathbb{R}^m$，$y(t)\in Y\subseteq\mathbb{R}^m$。对于动态系统而言，使得 $\dot{x}(t)=0$ 的点即系统的平衡点。为引入与动力学系统平衡点有关的无源性概念，本章遵照惯例[116-118]，使用意大利体表示动态信号，如 $y(t)$，采用普通字体表示常信号，如 y。

现给出动态系统平衡点独立无源性(equilibrium-independent passivity，EIP)的概念。

定义 2.2　平衡点独立无源性[119]

对于系统式(2.1)，若存在定义在 $\overline{U}\subseteq U$ 上的连续函数 $g(u)$ 满足以下条件：

① 对于任意的常值输入 $\bar{u}\in\overline{U}$，$\bar{x}=g(\bar{u})$ 是系统式(2.1)的平衡点，即 $f(x,u)=0$；

② 系统关于 $\bar{u}$ 和 $\bar{y}=h(\bar{x},\bar{u})$ 是无源的，即对于每一个 $\bar{u}\in\overline{U}$，存在连续可微的半正定函数 $S:X\to\mathbb{R}$ 满足

$$\dot{S} \leqslant (u(t)-\bar{u})^{\mathrm{T}}(y(t)-\bar{y}) \tag{2.2}$$

则称系统式(2.1)具有平衡点独立无源性(EIP)。

关于更多EIP系统的性质,可参考文献[119]。但遗憾的是,EIP排除了一些重要的系统类型,如积分器。文献[116]对EIP的概念进行扩展,借助极大单调性的概念,提出了极大平衡点独立无源性(maximal equilibrium independent passivity,MEIP)。MEIP与EIP的共同点在于都要求关于系统轨迹和平衡点的无源性不等式成立。但与EIP建立平衡点的输入输出函数关系不同,MEIP建立了平衡点的输入–输出映射关系。本书用σ表示平衡点的所有稳态输入–输出关系的集合,即$\sigma=\{(\bar{u},\bar{y}):\bar{u}\in\bar{U}\}$;若$(\bar{u},\bar{y})\in\sigma$,本章记$\bar{y}\in\sigma(\bar{u})$。如果有两个输入–输出对满足单调性,即当$(\bar{u}',\bar{y}'),(\bar{u}'',\bar{y}'')\in\sigma$时,关系$(\bar{u}'\leqslant\bar{u}'',\bar{y}'\leqslant\bar{y}'')$与$(\bar{u}'\geqslant\bar{u}'',\bar{y}'\geqslant\bar{y}'')$必有其一成立,并且$\sigma$不能再被一个更大的单调关系所包含,则称关系$\sigma$是极大单调的[120]。

定义2.3 极大平衡点独立无源性[116]

考虑由式(2.1)表示的系统Σ,如果存在极大单调关系σ,使得对所有的平衡点输入输出对$(\bar{u},\bar{y})\in\sigma$都存在连续可微的半正定函数$S:X\to\mathbb{R}$满足式(2.2),则称系统$\Sigma$具有极大平衡点独立无源性(MEIP)。

例2.1 MEIP涵盖了一些常见的系统,如1阶积分器。1阶积分器系统可表示为

$$\begin{cases}\Sigma:\dot{x}(t)=u(t)\\ \quad y(t)=x(t)\end{cases} \tag{2.3}$$

选择$S=\frac{1}{2}[x(t)-\bar{y}]^2$,可得$\dot{S}=\dot{x}(t)(x(t)-\bar{y})=(u(t)-0)(y(t)-\bar{y})$。因此,1阶积分器(2.3)也是MEIP系统。

2.1.2 不变集理论

不变集(invariant set)理论是控制系统稳定性分析的基础。本节首先给出关于不变集的定义,并给出与不变集相关的几个重要结论。

定义2.4 不变集[114]

考虑自治系统$\dot{x}=f(x)$,若已知系统的轨迹在t_0时刻属于S,可以推得系统在未来和过去的所有时刻都属于S,即

$$x(t_0) \in S \Rightarrow x(t) \in S, \forall t \in \mathbb{R}$$

则称 S 是系统的不变集；若

$$x(t_0) \in S \Rightarrow x(t) \in S, \forall t \geqslant t_0$$

则称 S 是系统的正不变集。

命题 2.1 为判断一个集合是否为正不变集提供了一种方法。

命题 2.1[114]

考虑由 $g(x)=0$ 描述的一个闭合轮廓，轮廓内满足 $g(x)<0$，其中 $g(x)$ 是连续可微函数。若在轮廓上一点 $\boldsymbol{x}$ 的向量场 $f(\boldsymbol{x})$ 与梯度向量 $\nabla g(\boldsymbol{x})$ 的内积为负，即 $f(\boldsymbol{x}) \cdot \nabla g(\boldsymbol{x})<0$，则向量场指向轮廓内；若 $f(\boldsymbol{x}) \cdot \nabla g(\boldsymbol{x})>0$，则向量场指向轮廓外；若 $f(\boldsymbol{x}) \cdot \nabla g(\boldsymbol{x})=0$，则向量场与轮廓相切。若系统 $\dot{\boldsymbol{x}}=f(\boldsymbol{x})$ 的轨迹从轮廓内运动到轮廓外，则必然存在轮廓上的点 x_0，满足 $g(\boldsymbol{x}_0)=0$ 且 $f(\boldsymbol{x}_0) \cdot \nabla g(\boldsymbol{x}_0)>0$。

由命题 2.1 知，若闭合轮廓上的所有点均满足 $f(\boldsymbol{x}) \cdot \nabla g(\boldsymbol{x}) \leqslant 0$，则集合 $S=\{\boldsymbol{x}: g(\boldsymbol{x}) \leqslant 0\}$ 为系统 $\dot{\boldsymbol{x}}=f(\boldsymbol{x})$ 的一个正不变集。

下面给出不变集理论中最重要的一个定理。

定理 2.1 LaSalle 定理[114]

设 Ω 是系统 $\dot{\boldsymbol{x}}=f(\boldsymbol{x})$ 的一个正不变紧集。设 $V: \Omega \rightarrow R$ 是连续可导函数，且满足 $\dot{V}(\boldsymbol{x}) \leqslant 0$。设 E 是 Ω 内所有满足 $\dot{V}(\boldsymbol{x})=0$ 的集合，M 是 E 内的最大不变集，则 $t \rightarrow \infty$ 时，使在 Ω 内的每个解都趋于 M。

定理 2.1 针对的系统为自治系统。对于非自治系统，与定理 2.1 相对应的另一个定理是极限方程定理。

定理 2.2 极限方程定理[121]

考虑非自治系统，假设 $f(x,t)=g(x,t)+h(x,t)$，则有

$$\dot{x}(t)=f(x,t) \tag{2.4}$$

式中：$h(x,t)$ 为瞬态项，满足 $\lim\limits_{t \rightarrow \infty} h(x,t)=0$。此外，系统

$$\dot{x}(t)=g(x,t) \tag{2.5}$$

满足 $|g(x,t)|$ 对任意有界的 x 均为有界的，且 $t\to\infty$ 时，系统式(2.5)的轨迹趋近于有界的正不变集 $\mathbf{M}$，则系统式(2.4)所有有界的轨迹都趋近于 $\mathbf{M}$。

2.1.3 稳定性与相对稳定性

在不变集理论的基础上，可进一步讨论系统的稳定性(stability)以及相对稳定性(relative stability)。

1. 稳定性

首先引入下列记号：考虑自治系统 $\Sigma:\dot{x}=f(x)$，其状态空间为 $X\subseteq\mathbb{R}^n$。设 $\mathbf{S}\subseteq X$，$d:X\times X\to[0,\infty)$ 表示 X 上两点的距离函数，点 x 到集合 $\mathbf{S}$ 的距离定义为 $\|x\|_s:=\inf\{d(x,y):y\in\mathbf{S}\}$。对于 $\epsilon>0$，记 $B_\epsilon(\mathbf{S}):=\{x\in X:\|x\|_s<\epsilon\}$ 表示状态空间中到集合 S 的距离小于 ϵ 的点的集合，$\Phi(\mathbf{S})\subseteq X$ 为状态空间中包含 $\mathbf{S}$ 的一个开集。

定义 2.5 系统稳定性[122]

设闭集 $\Gamma\subseteq X$ 是系统 Σ 的一个正不变集，用 $X(t,x_0)$ 表示系统 Σ 在 t 时刻对应于初始状态 $x(t_0)=x_0$ 的解。

① 若对于任意的 $\epsilon>0$，都存在 $\Phi(\Gamma)\subseteq X$，使得对任意的 $x_0\in\Phi(\Gamma)$，都有 $X(t,x_0)\in B_\epsilon(\Gamma)$，则称 Γ 对系统 Σ 是稳定(stable)的；进一步，若 $\Phi(\Gamma)$ 的选择仅与 ϵ 有关，而与初始时刻 t_0 无关，则称 Γ 对系统 Σ 是一致稳定(uniformly stable)的。

② 若存在 $\Phi(\Gamma)\subseteq X$，使得对于所有的 $x_0\in\Phi(\Gamma)$，满足 $\lim\limits_{t\to\infty}\|X(t,x_0)\|_\Gamma=0$，则称 Γ 是系统 Σ 的一个吸引子(attractor)，Γ 的吸引域为 $\{x_0\in X:\lim\limits_{t\to\infty}\|X(t,x_0)\|_\Gamma=0\}$；若 Γ 的吸引域为 X，则称 Γ 是系统 Σ 的全局吸引子(global attractor)。

③ 如果 Γ 对系统 Σ 是稳定的，并且是 Σ 的一个吸引子，则称 Γ 对系统 Σ 是局部渐近稳定的(locally asymptotically stable, LAS)；如果 Γ 对系统 Σ 是一致稳定的，并且是 Σ 的一个吸引子，则称 Γ 对系统 Σ 是局部一致渐近稳定的(locally uniformly asymptotically stable, LUAS)；如果 Γ 对系统 Σ 既是稳定的，又是 Σ 的全局吸引子，则称 Γ 对系统 Σ 是全局渐近稳定的(globally asymptotically stable, GAS)；如果 Γ 对系统 Σ 既是一致稳定的，又是 Σ 的全局吸引子，则称 Γ 对系统 Σ 是全局一致渐近稳定的(globally uniformly asymptotically stable, GUAS)。

定义 2.5 是对一些经典文献中稳定性定义的推广。例如,在文献[114]定义 4.1 中,稳定性的定义局限于 $x=0$,而定义 2.5 推广到了一般的系统正不变集 Γ。

指数稳定(exponential stability)是一致渐近稳定性的一个特例,其定义如下。

定义 2.6　指数稳定

设闭集 $\Gamma\subseteq X$ 是系统 Σ 的一个正不变集,用 $X(t,x_0)$ 表示系统 Σ 在 t 时刻对应于初始状态 $x(t_0)=x_0$ 的解,若存在 $c,k,\lambda>0$,满足

$$\|X(t,x_0)\|_{\Gamma}\leqslant k\|x(t_0)\|_{\Gamma}\cdot \mathrm{e}^{-\lambda(t-t_0)},\ \forall\|x(t_0)\|_{\Gamma}<c \tag{2.6}$$

则称 Γ 对系统 Σ 是指数稳定的。如果式(2.6)对于任何初始状态 $x(t_0)\in X$ 都成立,则称 Γ 对系统 Σ 是全局指数稳定的。

对于 Γ 为原点的情形,下面的定理给出了判断系统是否为指数稳定的方法。

定理 2.3[114]

设 $x=0$ 是系统 $\dot{x}=f(x)$ 的平衡点。$D\subseteq X$ 是包含 $x=0$ 的定义域。设 $V:[t_0,\infty)\times D\to\mathbb{R}$ 是连续可微函数,且满足

$$k_1\|x\|^a\leqslant V(t,x)\leqslant k_2\|x\|^a \tag{2.7}$$

$$\frac{\partial V}{\partial t}+\frac{\partial V}{\partial x}f(t,x)\leqslant -k_3\|x\|^a \tag{2.8}$$

对于 $\forall t\geqslant 0$ 和 $\forall x\in D$ 都成立,其中 k_1、k_2、k_3、$a>0$,则 $x=0$ 是指数稳定的。如果式(2.7)和式(2.8)对任意的 $x\in X$ 成立,则 $x=0$ 是全局指数稳定的。

2. 相对稳定性

在系统稳定性定义的基础上,还可进一步定义两个集合的相对稳定性。为简单起见,本书只介绍相对全局渐近稳定性(relative GAS)。

定义 2.7　相对全局渐近稳定性[123]

X 的两个子集 $\Gamma_1\subseteq\Gamma_2$ 为系统 Σ 的两个正不变集。若对任意的初始状态 $x_0\in\Gamma_2$,都能使得 Γ_1 对系统 Σ 是全局渐近稳定的,则称对于系统 Σ,集合 Γ_1 相对于集合 Γ_2 全局渐近稳定。

基于稳定性与相对稳定性的定义,现给出关于级联系统稳定性的一个重要定理。

定理 2.4　约简定理[122-123]

设 X 的两个子集 $\Gamma_1 \subseteq \Gamma_2$ 为系统 Σ 的两个正不变闭集，且 Γ_1 为紧集。若：

① 集合 Γ_2 对系统 Σ 是全局渐近稳定的；

② 对于系统 Σ，集合 Γ_1 相对于集合 Γ_2 是全局渐近稳定的；

③ Σ 的所有轨迹都是有界的；

则集合 Γ_1 对系统 Σ 是全局渐近稳定的。

2.2　代数图论基础

图模型是用于建模多智能体系统的主要工具，以图为研究对象形成的一整套数学理论即图论(graph theory)。代数图论是用代数方法研究图论问题的分支。本节简要介绍代数图论的基础知识，首先介绍图的表示方法及与图相关的几个代数矩阵，随后介绍几种典型图的性质。

2.2.1　图的表示

用于建模无人机集群的图可记为 $G=(V,E)$，其中 V 是顶点集，每个顶点表示一架无人机，E 是边集，每条边对应两个无人机之间通信关系。根据边的性质，可以把图分为两类：一类是无向图，无向图中的每条边都是双向连通；一类是有向图，有向图中的每条边仅单向连通。本书仅考虑简单图。所谓简单图，其满足以下两条性质：①E 中不存在某一条边其两端连接的是 V 中的同一个顶点；②若 G 为无向图，则 E 中不存在两条不同的边连接的是 V 中的同一对顶点；若 G 为有向图，则 E 中不存在两条边连接同一对顶点且方向相同[124]。

为表示方便，对 V 中的各个顶点分别标号 $1,2,\cdots,n$。在无向图中，若顶点 i 与 j 被一条边相连，则记为 $[i,j]\in E$；令 $V_1\subseteq V, E_1:=\{[i,j]\in E: i,j\in V_1\}$，则称 $G_1=(V_1,E_1)$ 是 V_1 在无向图 G 上的诱导子图。相应地，在有向图中若有一条由顶点 i 指向顶点 j 的边，则记为 $(i,j)\in E$；令 $V_1\subseteq V, E_1:=\{(i,j)\in E: i,j\in V_1\}$，则称 $G_1=(V_1,E_1)$ 是 V_1 在有向图 G 上的诱导子图。

在无向图中，若任意两个顶点之间均存在一条边相连，则该无向图是完全图；相应地，若有向图任意两个顶点 i 和 j 之间，既有一条由 i 指向 j 的边，又有一条从 j 指向 i 的边，则该有向图是完全图。无向完全图中，$|E|=\dfrac{n(n-1)}{2}$，

有向完全图中，$|E| = n(n-1)$。两点之间的连通性还可以用邻接矩阵 $\boldsymbol{A} = [A_{ij}]$ 来表示。在有向图中，若 $(j,i) \in E$，则 $A_{ij} = 1$，并称顶点 j 是顶点 i 的邻居；否则 $A_{ij} = 0$。同理，在无向图中，若 $[i,j] \in E$，则 $A_{ij} = A_{ji} = 1$，此时顶点 i 与 j 互为邻居；否则 $A_{ij} = 0$。显然，无向图的邻接矩阵为对称矩阵。在无向图中，顶点 i 的邻居个数称为顶点 i 的度，可记为 $d(i)$；在有向图中，顶点 i 邻居的个数称为顶点 i 的入度，可记为 $d-(i)$。在完全图中，各顶点的邻居数为 $n-1$。对 E 中每条边赋予正的权重，可以得到加权邻接矩阵 $\boldsymbol{A} = [A_{ij}]$。无向图的加权邻接矩阵同样为对称矩阵。利用加权邻接矩阵，可定义加权拉普拉斯矩阵 $\boldsymbol{L} = [L_{ij}]$ 为[125]

$$L_{ij} = \begin{cases} -A_{ij}, & i \neq j \\ \sum\limits_{j=1, j\neq i}^{n} A_{ij}, & i = j \end{cases} \tag{2.9}$$

显然，根据拉普拉斯矩阵的定义，1_n 位于拉普拉斯矩阵的零空间，即 $\boldsymbol{L}1_n = 0_n$。在 2.2.2 节将看到，几种典型图的拉普拉斯矩阵，其零空间即为向量 1_n 所张成的空间。由于无向图的拉普拉斯矩阵是对称矩阵，因此 1_n 也为拉普拉斯矩阵零特征值所对应的左特征向量，即 $\boldsymbol{L}^{\mathrm{T}}1_n = 0_n$。此外，拉普拉斯矩阵的值域空间具有以下性质。

引理 2.1[126]

设向量 $y \in \mathbb{R}^n$ 位于拉普拉斯矩阵的值域空间 $R(\boldsymbol{L})$，即存在向量 $\boldsymbol{x}$，使得 $\boldsymbol{y} = \boldsymbol{Lx} \in R(\boldsymbol{L})$，则向量 $\boldsymbol{y}$ 的各元素不可能全部为正或全部为负。

进一步，对 E 中的每一条边也可编号为 $1,2,\cdots,m$。当 G 为无向图时，可随机为每一条边指定一方向；当边的方向确定后，可定义 $n \times m$ 维的关联矩阵 $\boldsymbol{E} = [E_{ij}]$ 为[125]

$$E_{ij} = \begin{cases} 1, & \text{若顶点 } i \text{ 是边 } j \text{ 的起点} \\ -1, & \text{若顶点 } i \text{ 是边 } j \text{ 的终点} \\ 0, & \text{其他} \end{cases} \tag{2.10}$$

若记 w_e 为边 e 的权重，则无向图的加权拉普拉斯矩阵与关联矩阵的关系为 $\boldsymbol{L} = \boldsymbol{EWE}^{\mathrm{T}}$，其中 $W = \mathrm{diag}(w_1, w_2, \cdots, w_m)$。

2.2.2　几种典型图的性质

对于无向图，若 V 中任意两点之间存在一条路径，则称该无向图是连通的。对于有向图，由于每条边有特定方向，因而其连通性有多个概念[125]：若忽略每条边的方向后,其对应的无向图是连通的,则称该有向图是弱连通的;若考虑有向图每条边的方向,对于有向图中任意两个顶点 $i、j \in V$,同时存在从顶点 i 到顶点 j 和从顶点 j 到顶点 i 的有向路径,则称该有向图是强连通的;若有向图中存在顶点 $i \in V$,对于任意其他顶点 $j \in V$,都存在从顶点 i 到顶点 j 的有向路径,则称该有向图是有根图(rooted digraph)[124],且顶点 i 是该有向图的根顶点。显然,强连通图是一类特殊的有根图,V 中的每个顶点都是根顶点。对于连通无向图及有根图,其拉普拉斯矩阵与关联矩阵具有以下性质。

引理 2.2[127]

若 $G=(V,E)$ 是无向图或有根图,$|V|=n$,则其拉普拉斯矩阵 $\boldsymbol{L}$ 和关联矩阵 $\boldsymbol{E}$ 的秩为 $n-1$,即 $\operatorname{rank}(\boldsymbol{L})=\operatorname{rank}(\boldsymbol{E})=n-1$,此时 $\boldsymbol{L}$ 与 $\boldsymbol{E}^{\mathrm{T}}$ 的零空间均为向量 1_n 所张成的空间。

在 2.2.1 小节提到,无向图的拉普拉斯矩阵,1_n 也是其零特征值对应的左特征向量。对于有向图而言,该性质一般不成立,但强连通图的拉普拉斯矩阵零特征值对应的左特征向量有以下性质。

引理 2.3[128]

若 $G=(V,E)$ 为强连通图,$|V|=n$,向量 $\boldsymbol{r}=[r_1,r_2,\cdots,r_n]^{\mathrm{T}}$ 为其拉普拉斯矩阵 $\boldsymbol{L}$ 零特征值所对应的左特征向量。令 $\boldsymbol{R}=\operatorname{diag}(\boldsymbol{r})$,$\boldsymbol{Q}=\boldsymbol{RL}+\boldsymbol{L}^{\mathrm{T}}\boldsymbol{R}$,则 $\boldsymbol{R}$ 为正定矩阵,$\boldsymbol{Q}$ 为半正定矩阵,且矩阵 $\boldsymbol{Q}$ 的零空间为向量 1_n 所张成的空间。

对于非强连通图的有根图,其拉普拉斯矩阵也有其独特性。

引理 2.4[129]

若 $G=(V,E)$ 为有根图,但非强连通图,$|V|=n$,设顶点 $1,2,\cdots,n_0$ 为其根顶点($1<n_0<n$),令

$$\boldsymbol{H}=\begin{bmatrix} L_{n_0+1,n_0+1} & \cdots & L_{n_0+1,n} \\ \vdots & \ddots & \vdots \\ L_{n,n_0+1} & \cdots & L_{n,n} \end{bmatrix} \in \mathbb{R}^{(n-n_0)\times(n-n_0)}$$

则 $\boldsymbol{H}$ 满秩。进一步,令

$$
\begin{cases}
\boldsymbol{p}=[p_1,p_2,\cdots,p_{n-n_0}]^{\mathrm{T}}=(\boldsymbol{H}^{\mathrm{T}})^{-1}1_{n-n_0} \\
\boldsymbol{P}=\mathrm{diag}\{p_1,p_2,\cdots,p_{n-n_0}\} \\
\boldsymbol{W}=\boldsymbol{PH}+\boldsymbol{H}^{\mathrm{T}}\boldsymbol{P}
\end{cases}
\tag{2.11}
$$

则 $\boldsymbol{P}$ 和 $\boldsymbol{W}$ 均为正定矩阵。

在无向图中,如果存在一条路径,其起始点和终止点是同一个顶点,则这条路径称为回路。若无向图中存在一条经过每个顶点的回路,且除起始点外其他顶点只经过一次,则该回路称为哈密尔顿回路。在有向图中,也可相应定义回路、哈密尔顿回路的概念。为加以区分,对有向图中的回路和哈密尔顿回路分别称为有向回路和有向哈密尔顿回路。显然,若有向图 G 中存在有向哈密尔顿回路,则 G 是强连通图;反之不然,即并非所有的强连通图均存在有向哈密尔顿回路。

2.3 小结

本章简要回顾了固定翼无人机集群编队控制研究所需的非线性控制系统理论和代数图论的知识,为后续各章研究的开展奠定了基础。

第3章　集群网络的一致性分析

二人同心，其利断金；同心之言，其臭如兰。

——《周易·系辞上》

集群协同问题本质上是个体通过局部信息交流产生某种所需的一致性，因此一致性理论在协同控制领域得到广泛应用。集群的一致行为与集群的交联拓扑有着密切关系。本章采用极大平衡点独立无源性（MEIP）刻画抽象的无人机非线性模型，并使用图来建模集群的交联拓扑。基于无源性理论，本章从拓扑的角度分析集群一致性的拓扑条件。无向网络和有向网络是两类典型的集群网络。由于两类网络的拓扑在性质上存在一定的差异，本章对这两类网络的一致性分别展开研究。

3.1　无向集群网络的一致性分析

本节分析无向网络连接的非线性集群对象的一致性。考虑集群网络的交联拓扑 $G=(V,E)$ 为无向图，其任一顶点对象 $i\in V$ 可由满足式（3.1）的一般性单输入单输出非线性系统刻画。

$$\begin{cases} \Sigma_i: \dot{x}_i(t)=f_i(x_i(t),u_i(t)) \\ \quad y_i(t)=h_i(x_i(t),u_i(t)) \end{cases} \tag{3.1}$$

式中：$x_i\in X_i$ 为网络中每个顶点对象的状态；$u_i\in U_i\subseteq\mathbb{R}$ 为网络中每个顶点对象的输入；$y_i\in Y_i\subseteq\mathbb{R}$ 为网络中每个顶点对象的输出。为表示方便，本书使用粗体符号表示向量，例如，$\boldsymbol{u}(t)=[u_1(t),u_2(t),\cdots,u_{|V|}(t)]^{\mathrm{T}}$。

集群的协同由每个顶点对象与其邻居的信息交互实现，较常用的一类协议是将自身与其各个邻居的输出差异通过某种函数的映射，而后叠加作为顶点对象自身的输入，即

$$u_i(t)=-\sum_{j\in N_i}\psi_{ij}(y_i(t)-y_j(t)) \tag{3.2}$$

其中，对于无向网络有 $\psi_{ij}(z)=-\psi_{ji}(-z),z\in\mathbb{R}$。

从反馈控制的角度来看，式（3.2）可以视为智能体通过交联拓扑的边进行

协调：每一条边所连接的两个顶点对象的相对输出之差通过某种函数（即边函数）的作用产生控制信号，该控制信号的本质是各顶点对象之间基于相对输出的差异所设计的控制协议；而后控制信号分别添加到两个顶点对象上以影响顶点对象的内部状态和输出。借助关联矩阵，可建立图 3.1 所示的无向网络模型。

在图 3.1 中，顶点对象的相对输出之差的向量形式为 $\boldsymbol{\zeta}(t)\in\mathbb{R}^{|E|}$，可通过关联矩阵表示为

$$\boldsymbol{\zeta}(t)=\boldsymbol{E}^{\mathrm{T}}\boldsymbol{y}(t) \tag{3.3}$$

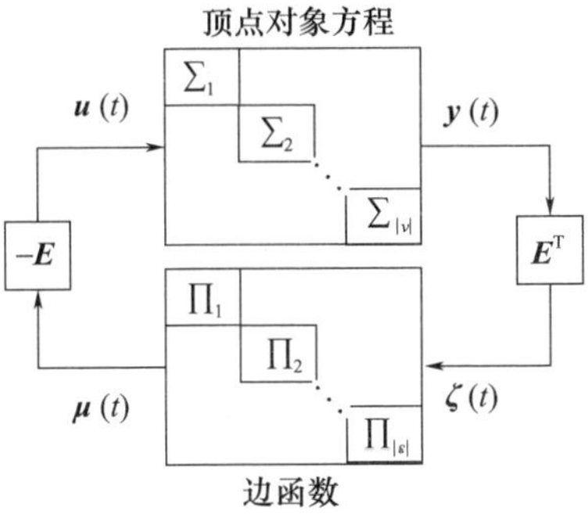

图 3.1　多智体系统通过边函数构建起的网络化模型

本节主要目的是分析图 3.1 所刻画的顶点对象的输出一致性，即当 $t\to\infty$ 时，有 $\boldsymbol{y}(t)\to\beta\boldsymbol{1},\beta\in\mathbb{R}$，从而使得 $\boldsymbol{\zeta}(t)\to\boldsymbol{0}$。

现考虑边函数，即各顶点对象之间基于相对输出的差异所设计的控制协议。对每一条边 $e\in\boldsymbol{E}$，其利用所连接的两个顶点对象的相对输出之差作为输入，以产生控制量，故可建模为

$$\Pi_e:\mu_e(t)=\psi_e(\zeta_e(t)) \tag{3.4}$$

类似地，使用向量形式 $\boldsymbol{\mu}(t)$ 表示所有边函数的值。式(3.4)的向量形式可表示为 $\boldsymbol{\mu}(t)=\boldsymbol{\Psi}(\boldsymbol{\zeta}(t))=[\psi_1(\zeta_1(t)),\cdots,\psi_{|E|}(\zeta_{|E|}(t))]^{\mathrm{T}}$。记 I_e 为边 e 的函数值为 0 时所对应的 ζ_e 的取值范围，即对任意的 $\zeta_e(t)\in I_e$，有 $\psi_e(\zeta_e(t))=0$。使用笛卡儿积 $\boldsymbol{I}=I_1\times I_2\times\cdots\times I_{|E|}$ 来表示所有边函数值为 0 时对应的 $\boldsymbol{\zeta}$ 的取值范围。对于每一个边函数 $\psi_e(\cdot)$，本书要求 $\psi_e(0)=0$，以使得 $\boldsymbol{I}$ 包含原点，从而当 $\boldsymbol{\zeta}(t)\to\boldsymbol{0}$ 时，$\boldsymbol{\mu}(t)\to\boldsymbol{0}$。边函数的值 μ_e 以相反数的形式分别叠加到边 e 连接的两个顶点对象的输入中。从而，向量 $\boldsymbol{u}(t)$ 和向量 $\boldsymbol{\mu}(t)$ 的关系可表示为

$$\boldsymbol{u}(t)=-\boldsymbol{E}\boldsymbol{\mu}(t) \tag{3.5}$$

依据方程式(3.3)和式(3.5)，可以得到关系式

$$\boldsymbol{u}(t)^{\mathrm{T}}\boldsymbol{y}(t)=-\boldsymbol{\mu}(t)^{\mathrm{T}}\boldsymbol{E}^{\mathrm{T}}\boldsymbol{y}(t)=-\boldsymbol{\mu}(t)^{\mathrm{T}}\boldsymbol{\zeta}(t) \tag{3.6}$$

方程式(3.1)至式(3.5)建立了一种通用的网络化耦合系统框架，可以用

三元组(G,Σ,Π)表示。由式(3.1)至式(3.5)可得

$$\boldsymbol{u}(t) = -\boldsymbol{E}\boldsymbol{\Psi}(\boldsymbol{E}^{\mathrm{T}}y(t)) \tag{3.7}$$

其中,$\boldsymbol{\Psi}(\cdot)$根据2.2.1小节定义关联矩阵$\boldsymbol{E}$时为每条边所选取的方向所定义,从而可使$\boldsymbol{u}$独立于关联矩阵$\boldsymbol{E}$的定义中边的方向选取。

注3.1

对于简单1阶积分器,顶点对象方程式(3.1)对应于

$$\begin{cases} \Sigma_i: \dot{x}_i(t) = u_i(t) \\ y_i(t) = x_i(t), i \in V \end{cases} \tag{3.8}$$

边函数为式(3.9)的常系数与ζ_e相乘的形式,即

$$\Pi_e: \mu_e(t) = w_e \cdot \zeta_e(t) \tag{3.9}$$

式中:$w_e > 0$。顶点对象方程式(3.8)和边函数式(3.9)结合式(3.3)与式(3.5),可以推导出文献[130]所讨论的1阶积分器的线性一致性问题。

进一步,假设每一个满足方程式(3.1)的顶点对象均具有MEIP性质,并记σ_i为顶点对象i的极大单调性平衡点输入输出关系,则对任意的平衡点输入输出对$(\bar{u}_i,\bar{y}_i) \in \sigma_i$,存在能量函数$S_i$满足无源性不等式:

$$\dot{S}_i \leqslant (u_i(t) - \bar{u}_i)(y_i(t) - \bar{y}_i) \tag{3.10}$$

注3.2

当无人机i沿一条期望路径飞行时,其动态特性可由MEIP对象刻画。选择路径上一点p_0作为参考点,并用l_i表示从p_0到无人机i最近投影点的曲纹距离,则有

$$\dot{l}_i(t) = v_i^r(t) \tag{3.11}$$

式中:v_i^r为无人机i沿路径Γ的推进速度,则有$v_i^r \in [v_{i,\min}^r, v_{i,\max}^r]$,其中$v_{i,\min}^r$、$v_{i,\max}^r$与无人机当前状态以及无人机的速度限制$(v_{\min}, v_{\max})$有关,且由于无人机向前飞行,有$0 < v_{\min} < v_{\max}$。若期望无人机以恒常速度$v_{\mathrm{d}}$沿路径$\Gamma$向前推进,且$v_{\mathrm{d}} \in (v_{\min}, v_{\max})$,令$\tilde{l}_i(t) = l_i(t) - v_{\mathrm{d}} \cdot t$,则

$$\dot{\tilde{l}}_i(t) = v_i^r(t) - v_{\mathrm{d}} \tag{3.12}$$

令$u_i(t) = v_i^r(t) - v_{\mathrm{d}}$,由于$u_i(t) \in [v_{i,\min}^r - v_{\mathrm{d}}, v_{i,\max}^r - v_{\mathrm{d}}]$,且$v_{i,\min}^r - v_{\mathrm{d}} < 0$,$v_{i,\max}^r - v_{\mathrm{d}} > 0$,式(3.12)对象是一类特殊的MEIP对象。其平衡点输入输出

关系为 $\boldsymbol{\sigma}_i=\{(0,\tilde{l}_i):\tilde{l}_i\in\mathbb{R}\}$，对每架无人机，可构建能量函数 $S_i=\frac{1}{2}(\tilde{l}_i(t)-\tilde{l}_i)^2$，则

$$\dot{S}_i=(u_i(t)-0)(\tilde{l}_i(t)-\tilde{l}_i) \tag{3.13}$$

即满足 MEIP 性质。

本书使用 $\boldsymbol{u}$、$\boldsymbol{y}$ 和 $\boldsymbol{\sigma}(\cdot)$ 分别表示所有顶点的平衡点输入、输出以及输入输出关系，即 $\boldsymbol{y}=\boldsymbol{\sigma}(\boldsymbol{u})$，等价于对于任意的 $i\in V$，有 $y_i\in\sigma_i(u_i)$ 成立。

依照式(3.7)，当 $\boldsymbol{y}(t)$ 位于一致性空间时，即 $\boldsymbol{y}(t)=\beta\boldsymbol{1},\beta\in\mathbb{R}$，顶点对象的输入是 $\boldsymbol{u}(t)=\boldsymbol{0}$。为保证达到输出一致时，系统存在可行的平衡点解，应存在 $\tilde{\boldsymbol{y}}\in\boldsymbol{\sigma}(\boldsymbol{0}\cap\mathcal{N}(\boldsymbol{E}^{\mathrm{T}})$，使得一致性空间是 $\boldsymbol{y}(t)$ 的一个正不变集。在此将其表述为以下假设。

假设 3.1

每一个由式(3.1)表示的顶点对象均满足 MEIP 性质，且其平衡点输入输出关系满足 $\boldsymbol{\sigma}(\boldsymbol{0})\cap\mathcal{N}(\boldsymbol{E}^{\mathrm{T}})\neq\varnothing$。

根据 $\boldsymbol{I}$ 的定义，若 $\lim\limits_{t\to\infty}\boldsymbol{\zeta}(t)=\tilde{\boldsymbol{\zeta}}\in\boldsymbol{I}$，则有 $\lim\limits_{t\to\infty}\boldsymbol{\mu}(t)=\boldsymbol{0}$，结合式(3.5)，有 $\lim\limits_{t\to\infty}\boldsymbol{u}(t)=\boldsymbol{0}$。进一步，若假设 3.1 成立，则 $\lim\limits_{t\to\infty}\boldsymbol{y}(t)=\tilde{\boldsymbol{y}}$ 存在，意味着所有的顶点对象在 $t\to\infty$ 时有稳态输出。若 $\lim\limits_{t\to\infty}\boldsymbol{y}(t)=\tilde{\boldsymbol{y}}=\beta\boldsymbol{1},\beta\in\mathbb{R}$，则顶点对象达到输出一致。

本书假设网络中的所有边函数都满足无源性条件(见定义 2.1)。注意经典的线性一致性协议中的边函数式(3.9)实质上属于严格输入无源性的特例。

根据上述模型，现分析无向图连接的 MEIP 对象的收敛性。

定理 3.1

考虑满足式(3.1)至式(3.5)的无向网络系统 (G,Σ,Π)，其中 $G=(V,E)$ 为连通的无向图，同时所有的边函数式(3.4)满足无源性条件，且假设 3.1 成立，则 $\lim\limits_{t\to\infty}\boldsymbol{\zeta}(t)=\tilde{\boldsymbol{\zeta}}\in\boldsymbol{I}$。

证明　考虑李亚普诺夫函数 $V_1(\boldsymbol{x}(t))=\sum\limits_{i=1}^{|V|}S_i(x_i(t))$，其中 $S_i(x_i(t))$ 是对应于顶点对象 i 的能量函数，由关系式(3.10)，可得

$$\dot{V}_1=\sum_{i=1}^{|V|}\dot{S}_i \leqslant (\boldsymbol{u}(t)-\boldsymbol{0})^{\mathrm{T}}(\boldsymbol{y}(t)-\tilde{\boldsymbol{y}})=-\boldsymbol{\zeta}(t)^{\mathrm{T}}\boldsymbol{\mu}(t)$$

由于所有的边函数具有无源性，根据定义2.1，有$-\boldsymbol{\zeta}(t)^{\mathrm{T}}\boldsymbol{\mu}(t)\leqslant 0$，且等号仅在$\boldsymbol{\mu}(t)=\boldsymbol{0}$取得。根据$\boldsymbol{I}$的定义，$\boldsymbol{\mu}(t)=\boldsymbol{0}$意味着$\boldsymbol{\zeta}(t)\in\boldsymbol{I}$。根据定理2.1，网络系统会收敛到满$\boldsymbol{\zeta}(t)^{\mathrm{T}}\boldsymbol{\mu}(t)=\boldsymbol{0}$的最大不变集上，即$\lim_{t\to\infty}\boldsymbol{\mu}(t)=\boldsymbol{0}$，$\lim_{t\to\infty}\boldsymbol{\zeta}(t)\in\boldsymbol{I}$。因此，$\lim_{t\to\infty}\boldsymbol{u}(t)=\lim_{t\to\infty}-\boldsymbol{E}\boldsymbol{\mu}(t)=\boldsymbol{0}$，且$\lim_{t\to\infty}\boldsymbol{y}(t)=\tilde{\boldsymbol{y}}\in\boldsymbol{\sigma}(\boldsymbol{0})$，并有$\lim_{t\to\infty}\boldsymbol{\zeta}(t)=\tilde{\boldsymbol{\zeta}}=\boldsymbol{E}^{\mathrm{T}}\tilde{\boldsymbol{y}}$存在。证毕。

进一步分析定理3.1，显然，如果每一个边函数均具有严格输入无源性，则$\boldsymbol{I}$即为原点，当$\boldsymbol{\zeta}(t)\to\boldsymbol{0}$时，$\boldsymbol{y}(t)$会收敛到一致性空间。由此可得到以下推论。

推论 3.1

考虑满足式(3.1)至式(3.5)的无向网络系统(G,Σ,Π)，其中$G=(V,E)$为连通的无向图，同时所有的边函数式(3.4)具有严格输入无源性，且假设3.1成立，则$\lim_{t\to\infty}\boldsymbol{\zeta}(t)=\boldsymbol{0}$，且$\lim_{t\to\infty}\boldsymbol{y}(t)=\beta\boldsymbol{1}$，$\beta\in\mathbb{R}$。

推论3.1指出，在满足严格输入无源性的协议作用下，连通无向网络所连接的MEIP对象可以达到输出一致。

3.2 有向集群网络的一致性分析

有向网络是一种应用更为广泛的网络，而无向图可以视为有向图的一种特殊情况，即将无向图的每一条边看作两个方向相反的有向边。由于有向图的邻接矩阵不一定满足对称性，因而其分析相对复杂。本书针对一类特殊的MEIP对象——输入有界对象展开分析，探究能够使此类对象实现一致性的拓扑条件。

真实的物理世界中，包括无人机在内的绝大多数受控对象都是输入有界对象。本节研究状态方程如式(3.14)所示的输入有界对象，其实质是一种特殊的MEIP对象。

$$\dot{x}_i=\gamma_i(u_i),i=1,2,\cdots,n \tag{3.14}$$

其中，$\gamma_i(\cdot)$满足以下几点。

① $\gamma_i(\cdot)$为一有界连续函数，即存在$\gamma_{\max}>0$，使得$|\gamma_i(z)|\leqslant\gamma_{\max}$，

$\forall z \in \mathbb{R}$。

② $\gamma_i(\cdot)$在$\mathbb{R}$上满足 Lipschitz 条件,即存在常数 M 对 $\forall a$、$b \in \mathbb{R}$,有

$$|\gamma_i(a) - \gamma_i(b)| \leqslant M|a - b| \tag{3.15}$$

③ $\gamma_i(\cdot)$满足 $\gamma_i(z) \cdot z \geqslant 0$,当且仅当 $z = 0$ 时等号成立。

注 3.3

根据上述 $\gamma_i(\cdot)$的定义,有 $\gamma_i(0) = 0$。满足 $\gamma_i(\cdot)$性质的函数如 tanh$(\cdot)$、atan$(\cdot)$等。但注意 $\gamma_i(\cdot)$并不要求是奇函数,并且 $\gamma_i(\cdot)$的上、下界不要求对称,即可以有 $\gamma_{\min} < 0$ 且 $\gamma_{\min} \neq -\gamma_{\max}$,使得 $\gamma_{\min} \leqslant \gamma_i(\cdot) \leqslant \gamma_{\max}$。

对于式(3.14)所示的输入有界对象,令 $y_i = x_i$,其平衡点输入输出关系为 $\sigma_i = \{(0, y_i) : y_i \in \mathbb{R}\}$,对每个对象,可构建能量函数 $S_i = \frac{1}{2M}(x_i(t) - y_i)^2$,根据 $\gamma_i(\cdot)$的定义,有

$$\dot{S}_i = \frac{1}{M}\gamma_i(u_i(t))(y_i(t) - y_i) \leqslant (u_i(t) - 0)(y_i(t) - y_i) \tag{3.16}$$

满足式(3.10),因此式(3.14)所示的输入有界对象是一类特殊的 MEIP 对象。事实上,注 3.2 给出的无人机沿一条期望路径飞行时的动态特性同样可以由式(3.14)所表示的输入有界对象来刻画。

对于 n 个满足式(3.14)的输入有界对象,考虑以下经典一致性协议,即

$$u_i = -\sum_{j=1}^{n} a_{ij}(x_i - x_j) \tag{3.17}$$

式中:a_{ij}为有向图加权邻接矩阵第 i 行第 j 列的值。协议式(3.17)实质上对应于边函数为常系数与自变量相乘的形式,即

$$\Pi_k : \mu_k(t) = w_k \cdot \zeta_k(t) \tag{3.18}$$

对于无向图而言,$w_k = a_{ij} = a_{ji} > 0$,$k$ 为连接顶点 i 和 j 的无向边。根据推论 3.1,在连通的无向网络系统中,协议式(3.17)可使式(3.14)所示的顶点对象达到一致性。

现分析有向图的情形。首先证明,协议式(3.17)可以使强连通有向网络连接的输入有界对象最终状态达到一致。

定理 3.2

考虑强连通图 $G = (V, E)$ 连接的由式(3.14)所描述的智能体网络($|V| = n$),采用控制协议式(3.17),有$\lim\limits_{t \to \infty} x_i - x_j = 0$, $\forall i$、$j \in V$。

证明 考虑李亚普诺夫函数

$$V_1 = \sum_{i=1}^{n} r_i \int_0^{u_i} \gamma_i(s)\,\mathrm{d}s \tag{3.19}$$

式中:r_i 的定义与引理 2.3 中相同,u_i 的定义见协议式(3.17)。根据引理 2.3,有 $r_i>0$,同时根据 $\gamma_i(\cdot)$ 的性质,可得 $\int_0^{u_i}\gamma_i(s)\,\mathrm{d}s \geqslant 0$。因此 $V_1 \geqslant 0$。根据拉普拉斯矩阵的性质,式(3.17)可以重新写为

$$u_i = -\sum_{j=1}^{n} L_{ij}x_j \tag{3.20}$$

对 u_i 关于时间求导,并与式(3.14)联立,可得

$$\dot{u}_i = -\sum_{j=1}^{n} L_{ij}\dot{x}_j = -\sum_{j=1}^{n} L_{ij}\gamma_j(u_j) \tag{3.21}$$

对式(3.19)关于时间求导,并与式(3.21)联立,有

$$\dot{V}_1 = \sum_{i=1}^{n} r_i\gamma_i(u_i)\dot{u}_i = -\frac{1}{2}\boldsymbol{\gamma}(\boldsymbol{u})^{\mathrm{T}}\boldsymbol{Q}\boldsymbol{\gamma}(\boldsymbol{u}) \tag{3.22}$$

其中,$\boldsymbol{Q}$ 的定义见引理 2.3,$\boldsymbol{\gamma}(\boldsymbol{u}) = [\gamma_1(u_1),\gamma_2(u_2),\cdots,\gamma_n(u_n)]^{\mathrm{T}}$。根据引理 2.3,$\boldsymbol{Q}$ 为半正定矩阵,因此 $\dot{V}_1 \leqslant 0$。根据定理 2.1 和引理 2.3,每一个由式(3.14)描述的智能体轨迹最终将收敛到满足 $\boldsymbol{\gamma}(\boldsymbol{u}) = c\boldsymbol{1}$ 的不变集,其中 $c \in \mathbb{R}$。由于 $\boldsymbol{u} = -\boldsymbol{L}\boldsymbol{x}$,根据引理 2.1 以及 $\gamma_i(\cdot)$ 的性质,$\gamma_i(u_i)$ 不能同时为正或同时为负。因此,$\lim\limits_{t\to\infty}\boldsymbol{\gamma}(\boldsymbol{u}) = \boldsymbol{0}$,即 $\lim\limits_{t\to\infty}\boldsymbol{u} = \boldsymbol{0}$。根据拉普拉斯矩阵 $\boldsymbol{L}$ 的性质,有 $\lim\limits_{t\to\infty}x_i - x_j = 0,\ \forall i、j \in V$。

事实上,强连通有向图仍是一个较强的约束,本节通过理论分析,可将该约束放宽至一般的有根图。为证明这一结论,现研究只存在唯一根顶点的有根图情况。

定理 3.3

考虑有根图 $G=(V,E)$ 连接的由式(3.14)所描述的智能体网络($|V| = n$),图 G 只有一个根顶点,采用控制协议式(3.17),有 $\lim\limits_{t\to\infty}x_i - x_j = 0,\ \forall i、j \in V$。

证明 由于根顶点唯一,因此根顶点对象不受其他顶点对象的影响,在协议式(3.17)的作用下,根顶点对象输入值恒为 0,故其状态值保持不变。将唯一的根顶点记为顶点 1,其余顶点记为 $2,\cdots,n$。令 $\tilde{x}_i(t) = x_{i+1}(t) - x_1,\ i = 1,2,\cdots,n-1$,并记 $\tilde{\boldsymbol{x}} = [\tilde{x}_1,\tilde{x}_2,\cdots,\tilde{x}_{n-1}]^{\mathrm{T}}$,对于向量 $\boldsymbol{z} = [z_1,z_2,\cdots,z_{n-1}]^{\mathrm{T}}$,记向量值函数 $\boldsymbol{\gamma}(z) = [\gamma_1(z_1),\gamma_2(z_2),\cdots,\gamma_n(z_{n-1})]^{\mathrm{T}}$,根据式(3.14)和式(3.17),可得闭环系统方程为

$$\dot{\tilde{\boldsymbol{x}}} = \boldsymbol{\gamma}(-\boldsymbol{KH}\tilde{\boldsymbol{x}}) \tag{3.23}$$

其中 $\boldsymbol{H}$ 的定义与式(2.11)相同。令 $\boldsymbol{\varrho} = -\boldsymbol{H}\tilde{\boldsymbol{x}}$，$\boldsymbol{\varrho} = [\varrho_1, \varrho_2, \cdots, \varrho_{n-1}]^{\mathrm{T}}$，由式(3.23)可得

$$\dot{\boldsymbol{\varrho}} = -\boldsymbol{H}\gamma(\boldsymbol{\varrho}) \tag{3.24}$$

根据 $\boldsymbol{\gamma}_i(\cdot)$ 函数的定义，$\boldsymbol{\gamma}_i(\varrho_i)$ 与 ϱ_i 同号，考虑下面的李亚普诺夫函数，即

$$V_2 = \sum_{i=1}^{n} \int_0^{\varrho_i} p_i \gamma_i(s)\,\mathrm{d}s \tag{3.25}$$

其中，p_i 的定义见式(2.11)，由引理2.4知，$p_i > 0$。利用 $\boldsymbol{\gamma}_i$ 函数的定义，可得 $V_2 \geqslant 0$，记 $\boldsymbol{\kappa} = [\kappa_1, \kappa_2, \cdots, \kappa_n]^{\mathrm{T}}$，其中 $\kappa_i = \gamma_i(\varrho_i)$，则 κ_i 与 ϱ_i 同号，且 $\varrho_i = 0 \Leftrightarrow \kappa_i = 0$。由式(3.24)可得 $\dot{\boldsymbol{\varrho}} = -\boldsymbol{H\kappa}$，对式(3.25)求导，有

$$\dot{V}_2 = -\frac{1}{2}\boldsymbol{\kappa}^{\mathrm{T}}\boldsymbol{W\kappa} \tag{3.26}$$

由引理2.4知，$\boldsymbol{W}$ 为正定矩阵，故 $\dot{V}_2 \leqslant 0$，且 $\dot{V}_2 = 0 \Leftrightarrow \boldsymbol{\kappa} = \boldsymbol{0}$ 时成立。因此，根据定理2.1，$\lim\limits_{t\to\infty} \boldsymbol{\kappa} = \boldsymbol{0}$，进而有 $\lim\limits_{t\to\infty} \boldsymbol{\varrho} = \boldsymbol{0}$，由于 $\boldsymbol{\varrho} = -\boldsymbol{H}\tilde{\boldsymbol{x}}$，且由引理2.4知 $\boldsymbol{H}$ 满秩，故 $\lim\limits_{t\to\infty} \tilde{\boldsymbol{x}} = \boldsymbol{0}$，由 $\tilde{\boldsymbol{x}}$ 的定义知，系统最终收敛到一致状态，该一致状态即为根顶点的初始状态。证毕。

基于定理3.2和定理3.3的结论，可分析一般的有根图连接的输入有界对象。

定理3.4

考虑有根图 $G = (V, E)$ 连接的由式(3.14)所描述的智能体网络($|V| = n$)，采用控制协议式(3.17)，有 $\lim\limits_{t\to\infty} x_i - x_j = 0$，$\forall i、j \in V$。

证明 记 $V_0 \subseteq V$ 为根顶点集合，$\varepsilon_0 = \{(i,j) \in \varepsilon : i \in V_0, j \in V_0\}$。显然，若 $V_0 = V$，由定理3.2知，协议式(3.17)可使系统状态达到一致；若 $|V_0| = 1$，则根据定理3.3，同样可得系统状态将达到一致。在此仅考虑 $1 < |V_0| = n_0 < n$ 的情形。

令 $\zeta_e = x_i - x_j$，其中 e 为边(i,j)，$\boldsymbol{\zeta} = [\zeta_1, \zeta_2, \cdots, \zeta_{|V|}]^{\mathrm{T}}$。在此用 Σ 表示在协议式(3.17)作用下由满足式(3.14)描述的对象所组成的闭环系统，并记 $\boldsymbol{\Lambda} := \{\boldsymbol{\zeta} \in \mathbb{R}^{|E|} : \zeta_e = 0, e \in E_0\}$，则 Λ 是 Σ 的一个正不变闭集。由于 G 为有根图，因此 $\lim\limits_{t\to\infty} x_i - x_j = 0$，$\forall i、j \in V$ 等价于 $\boldsymbol{\zeta} = \boldsymbol{0}$ 对系统 Σ 是全局渐近稳定的。

① 记 $G_0 = (V_0, E_0)$，则 G_0 为强连通图，并且集合 V_0 中的对象，其控制输入只依赖于 V_0 内的对象状态，而与 $V \backslash V_0$ 的对象状态无关。由定理3.2知，$\lim\limits_{t\to\infty} x_i - x_j = 0$，$\forall i、j \in V_0$，因此 Λ 对于 Σ 是全局渐近稳定的。

② 现假定$\boldsymbol{\mu}(t_0)\in\Lambda$，则对于任意的$i$、$j\in V_0$，$x_i(t)=x_j(t)\equiv\text{const}$，$\forall t\geqslant t_0$。不失一般性，记$V_0=\{1,2,\cdots,n_0\}$。因此，采用与定理3.3相似的方法可以证明，$\lim\limits_{t\to\infty}x_i-x_j=0$，$\forall i$、$j\in V$，即对于系统$\Sigma$，$\hat{\boldsymbol{x}}=\boldsymbol{0}$相对于$\Lambda$全局渐近稳定。

③ 记$x_{\max}(t_0)=\max_{i\in V}x_i(t_0)$，则必有$x_i(t)\leqslant x_{\max}(t_0)$，$\forall t\geqslant t_0$对所有的$i\in V$成立；否则，设$i'$为第一个不满足该条件的对象，则存在时刻$t_1>t_0$，满足$x_{i'}(t_1)=x_{\max}(t_0)$和$\dot{x}_{i'}(t_1)>0$，且当$t\in[t_0,t_1]$时，有$x_i(t)\leqslant x_{\max}(t_0)$，$i\in V$。但在协议式(3.17)的作用下，若$x_i(t_1)\leqslant x_{i'}(t_1)$，$\forall i\in V$，由式(3.14)，有$\dot{x}_{i'}(t_1)\leqslant 0$矛盾。因此$x_i(t)\leqslant x_{\max}(t_0)$，$\forall t\geqslant t_0$对所有的$i\in V$成立。同理，记$x_{\min}(t_0)=\min_{i\in V}x_i(t_0)$，必有$x_i(t)\geqslant x_{\min}(t_0)$，$\forall t\geqslant t_0$对所有的$i\in V$成立。综上，系统$\Sigma$的轨迹都是有界的。

由上述①~③，根据定理2.4得，$\boldsymbol{\zeta}=\boldsymbol{0}$对系统$\Sigma$是全局渐近稳定的，即在协议式(3.17)的作用下，所有对象的状态值将达到一致。证毕。

定理3.4推广了文献[126,131-132]讨论的带饱和约束的积分器在有向网络中的一致性等相关结论。此外，文献[133]为有根图网络连接的单积分器设计了非线性一致性协议，即

$$u_i=f\left(-\sum_{j=1}^{n}a_{ij}(x_i-x_j)\right)\tag{3.27}$$

式中：$f(\cdot)$为单调递增的奇函数。但事实上，一致性结果并不要求$f(\cdot)$必须满足单调递增且为奇函数的性质；从定理3.2至定理3.4的证明过程中也可看出，只需满足式(3.14)中$\gamma_i(\cdot)$的第③条性质即可。

3.3 小结

本章面向无人机集群拓扑，分别对无向网络和有向网络两种网络结构进行了一致性分析。对于无向网络，证明了在满足严格输入无源性的协议作用下，连通的无向图所连接的MEIP对象均可以达到输出一致；对于有向网络，证明了在满足严格输入无源性的经典一致性协议作用下，有向网络为有根图时，输入有界对象可达到输出一致。本章关于一致性的相关讨论可参见文献[134-135]。

第4章　面向集群拓扑的抗毁性设计

居安思危，思则有备，有备无患。

——《左传·襄公十一年》

第3章指出，无向网络所连接的 MEIP 对象达到输出一致的拓扑条件是无向图连通，有向网络所连接的输入有界对象达到一致的拓扑条件是网络为有根图。但当局部链路失效或部分无人机损毁时，可能导致原本满足一致性的拓扑条件不再成立。本章针对复杂条件下潜在的局部通信链路失效、部分无人机损毁等意外事件，基于集群一致性的拓扑条件，提出抗毁性拓扑的概念，以使集群拓扑具备一定的冗余度，从而在上述意外事件发生后仍能满足集群一致性的拓扑条件。本章将分析抗毁性拓扑的性质，并设计相应的拓扑生成算法。由于无向网络和有向网络在性质上的差异，本章同样分别对这两类网络的抗毁性展开研究。

4.1　无向网络抗毁性

4.1.1　网络性质

由推论 3.1 知，对于无向网络连接的 MEIP 顶点对象，采用具有严格输入无源性的协议，达到输出一致性的拓扑要求仅需连通即可。但面向复杂环境下集群的运用需求，拓扑设计需要具备一定的冗余度，即满足一定的抗毁性，以保证在意外事件发生后无向拓扑仍连通。在此给出集群无向抗毁性拓扑的定义如下。

定义 4.1　无向抗毁性

对于无向图 $G=(V,E)$，若断开 E 中任意 k 条边后，生成的新图 $G'=(V,E')$ 仍然是一个连通的无向图，则称 G 具有 k 边无向抗毁性；类似地，若去掉 V 中任意 k 个顶点以及与这 k 个顶点所连接的边后，生成的新图 $G'=(V',E')$ 仍然是一个连通的无向图，则称 G 具有 k 顶点无向抗毁性。

在此以图4.1中的例子阐述无向抗毁性的定义。图4.1(a)中的拓扑结构，当去掉任意一条边，或任意一个顶点及该顶点所连接的边之后，无向图依然是连通的，因此该拓扑结构具有1边无向抗毁性和1顶点无向抗毁性；而对于图4.1(b)中的拓扑结构，若去掉顶点 v_1 和顶点 v_2 之间的边或顶点 v_2 和顶点 v_3 之间的边，都会造成新得到的图不具有连通性；同样，当顶点2或顶点3去掉之后，也有类似效果。因此，该拓扑结构不具有抗毁性。

注4.1

依据定义4.1，若图 G 具有 $k+1$ 边($k+1$ 顶点)无向抗毁性，则同样认为 G 具有 k 边(k 顶点)无向抗毁性。

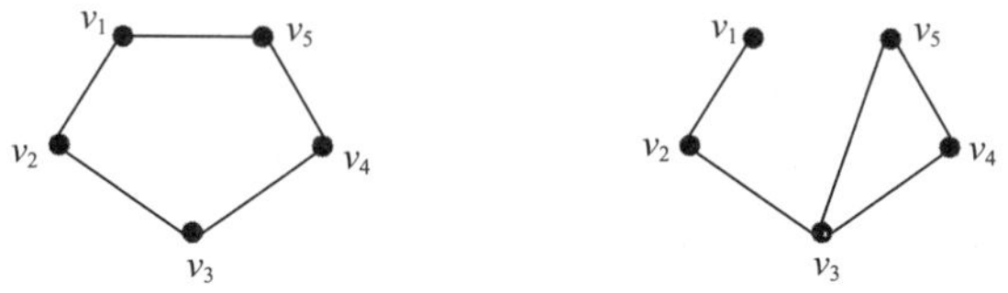

(a) 1边和1顶点无向抗毁性拓扑　　(b) 不具有抗毁性

图4.1　5个顶点的无向抗毁性拓扑示例

注4.2

在多智能体协同控制领域，有许多与本章的抗毁性相类似的概念。例如，文献[136]基于刚性图的概念提出了 k 边刚性和 k 顶点刚性的概念，其含义是去掉任意 $k-1$ 条边($k-1$ 顶点)后，仍然能得到一个刚性图。本章的抗毁性定义则建立在一致性的拓扑条件基础之上，保证在去掉相应数量的边或顶点，仍然能保证一致性的拓扑条件成立。

在图论中，对于无向图有 k 边连通度和 k 顶点连通度的概念[107]。对于无向拓扑，抗毁性与连通度的关系为：若 $G=(V,E)$ 具有 k 边(k 顶点)无向抗毁性，当且仅当其具备 $k+1$ 边($k+1$ 顶点)连通度。

现给出一个关于 k 边(顶点)连通图性质的重要定理。

定理4.1　Menger定理[107]

对于无向图 $G=(V,E)$，其边(顶点)连通度等于 V 内任意两个顶点之间边(顶点)不相关的路径的数目的最小值。

由 Menger 定理知，若无向图 $G=(V,E)$ 具有 k 边（k 顶点）抗毁性，则 V 中任意两个顶点之间存在 $k+1$ 边（$k+1$ 顶点）不相关的无向通路。基于 Menger 定理，很容易有以下结论，该命题总结了 k 边无向抗毁性与 k 顶点无向抗毁性的关系。

命题 4.1

若图 $G=(V,E)$ 具有 k 顶点无向抗毁性，则 G 也具有 k 边无向抗毁性。

4.1.2 生成算法

现假设集群网络中的 n 个顶点两两之间的通信代价已知，如何构造 k 边无向抗毁性拓扑（或 k 顶点无向抗毁性拓扑），使网络中总的通信代价最小？

遗憾的是，当 $k \geqslant 2$ 时，该问题是 NP 困难的；特别地，当 $k=2$ 时，上述问题即为旅行商问题[109]。现有文献对具有 k 边和 k 顶点连通度的无向图构造问题也进行了较为深入的研究。L. Yang 针对模式识别领域高维流形映射到低维空间的数据嵌入问题发表了一系列 k 边和 k 顶点连通图的构造性算法，包括 k 边连通图构建方法：k - MST 方法[109]（重复提取 k 个最小生成树）、Min - k - ST 方法[110]（寻找总长最小的 k 个边不相关的生成树）、k - EC 方法[111]（按边长非减的顺序添加连接两个尚不存在 k 条边不相关路径的顶点的边）以及 k - VC 方法[112]（按边长非减的顺序添加连接两个尚不存在 k 个顶点不相关路径的顶点的边）。其中，使用 k - MST 方法和 Min - k - ST 方法得到的 k 条边连通图边数均为 $k(|V|-1)$，k - EC 方法和 k - VC 方法得到的 k 边连通图和 k 顶点连通图的边数小于 $k(|V|-1)$，但高于 $k|V|/2$。本节简要介绍 k - EC 方法和 k - VC 方法。根据无向拓扑的抗毁性与连通度的对应关系，这些方法都可用于生成具有 $k-1$ 边/k 顶点无向抗毁性的拓扑结构。

k - EC 方法见算法 1。该方法将各条边的代价从小到大排序（第 1 行），并采用贪婪策略逐一向图中添加各无向边；第 4 行至第 9 行实质是利用了 k 边连通性的传递性：即若顶点 v_1 与 v_2 之间有 k 边不相关的无向通路，顶点 v_2 与 v_3 之间有 k 边不相关的无向通路，则 v_1 与 v_3 之间也存在 k 边不相关的无向通路；算法初始时设置共计 $|V|$ 个组，在运行过程中，每组中的任意两个顶点之间都有 k 边不相关的无向通路，算法利用 k 边连通性的传递性合并各组，直到所有的组都合并到同一个组中。两个顶点之间边不相关的通路数目检测可以采用网络最大流算法（参考 Jungnickel 所著的《Graphs, Networks and Algorithms》

一书[107]第 6 章。) k - EC 算法的复杂度为 $O(k^2n^2)$，具体分析可参考文献[111]。

算法1 k - EC 方法

输入：一个无向完全图 $K_n=(V,E_c)$，图中每一条边 $e\in E_c$ 都有相应的代价，记为 $\boldsymbol{c}(e)$。

输出：一个 k 边连通无向图 $G=(V,E)$。

初始化：$E=\varnothing$，$nc=|V|$，将每一个顶点 $v\in V$ 分到一个独立的组中；

将 E_c 中各条边按照代价升序排序；
while $nc>1$ **do**
 按序取下一条边 $[v_1,v_2]\in E$；
 if v_1 和 v_2 位于不同的组中 **then**
  if 在图 G 中 v_1 与 v_2 边不相关的无向通路数目小于 k **then**
   $E=E\cup\{[v_1,v_2]\}$；
  else
   将 v_1 与 v_2 所在的组合并；
   $nc=nc-1$；
  end if
 end if
end while

---

k - VC 方法见算法 2。值得注意的是，k 顶点连通性并不具备传递性。例如，在图 4.2 中，顶点 v_1 与 v_3 之间有 2 个顶点不相关的无向通路，即 v_1-v_3 和 $v_1-v_2-v_3$，顶点 v_3 与 v_4 之间有 2 个顶点不相关的无向通路，即 v_3-v_4 和 $v_3-v_5-v_4$。但 v_1 与 v_4 之间的无向通路都需要经过顶点 v_3，因而两者之间顶点不相关的无向通路数目为 1。但 k 顶点连通性的一个性质是，如果至少有 k 个顶点到 v_1 和 v_2 的顶点不相关的无向通路数均不小于 k，则顶点 v_1 和顶点 v_2 之间也存在 k 个顶点不相关的无向通路。k - VC 方法利用这一性质为每个顶点建立一个集合，当两个集合中有 k 个相同元素时，无需再进行顶点不相关无向通路数目的检测。两个顶点之间顶点不相关的通路数目检测同样可以采用网络最大流算法。k - VC 算法的复杂度为 $O(n^3+k^3n^2)$，具体分析可参考文献[112]。

算法 2　k – VC 方法

输入：一个无向完全图 $K_n = (V, E_c)$，图中每一条边 $e \in E_c$ 都对应有相应的代价，记为 $\boldsymbol{c}(e)$。

输出：一 k 顶点连通无向图 $G = (V, E)$。

初始化：$E = \varnothing$，为每一个顶点 $\boldsymbol{v} \in V$ 分配一个集合 $B_v = \varnothing$；

1：将 E_c 中各条边按照代价升序排序；

2：**for** 每一条排序的边 $[\boldsymbol{v}_1, \boldsymbol{v}_2] \in E$ **do**

3：　**if** $|B_{v_1} \cap B_{v_2}| < k$，并且顶点 $\boldsymbol{v}_1$ 与 $\boldsymbol{v}_2$ 在 G 中顶点不相关的无向通路数小于 k **then**

4：　　$E = E \cup \{[\boldsymbol{v}_1, \boldsymbol{v}_2]\}$；

5：　**else**

6：　　$B_{v_1} = B_{v_1} \cup \{\boldsymbol{v}_2\}$；$B_{v_2} = B_{v_2} \cup \{\boldsymbol{v}_1\}$；

7：　**end if**

8：**end for**

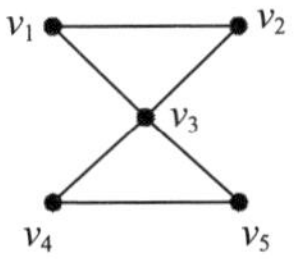

图 4.2　k 个顶点连通性不具备传递性的案例

4.2　有向网络抗毁性

现分析有向网络的抗毁性。根据定理 3.4，对有向网络需要建立有根图，以使满足式(3.14)的输入有界对象在经典的一致性协议式(3.17)的作用下达到状态一致。为保证无人机集群在局部通信中断和部分平台损毁等意外事件下仍能正常工作，需要研究具有抗毁性的有根图，即保证拓扑图在去掉一定数量的边或顶点之后仍为有根图。本节首先概述集群一致性意义下的有向抗毁性网络，再分别针对 k 边有向抗毁性拓扑和 k 顶点有向抗毁性拓扑，讨论网络的性质，并提出网络拓扑的构造算法。

4.2.1　概述

仿照无向图中关于抗毁性的定义，对 k 边有向抗毁性拓扑可定义如下。

定义 4.2 有向抗毁性

对于有根图 $G=(V,E)$，若去掉 E 中任意 k 条边后，生成的新图 $G'=(V,E')$ 仍然是一个有根图，则称 G 具有 k 边有向抗毁性，又称其为 $k+1$ 边连通有根图；类似地，若去掉 V 中任意 k 个顶点以及与这 k 个顶点所连接的边后，生成的新图 $G'=(V',E')$ 仍然是一个有根图，则称 G 具有 k 顶点有向抗毁性，又称其为 $k+1$ 顶点连通有根图。

注 4.3

同样地，若图 G 具有 $k+1$ 边(顶点)有向抗毁性，则同样认为 G 具有 k 边(k 顶点)有向抗毁性。特别地，有根图也可视为 1 边连通有根图及 1 顶点连通有根图。

在图论中，也有一些与本节提出的抗毁性拓扑类似的概念。例如，k 边(或 k 顶点)连通有向图(k-edge(vertex)-connected digraphs)是指去掉 $k-1$ 条边(或 $k-1$ 个顶点以及与这些顶点所连接的边)后，仍然是强连通图[108]。由于强连通图是一种特殊的有根图，因此 k 边(或 k 顶点)连通有向图是 k 边(或 k 顶点)连通有根图的子集。另一个相关的概念是文献[137]有根 k 边(或 k 顶点)连通有向图(rooted k-edge(vertex)-connected digraphs)。此类有根图 $G=(V,E)$ 含有唯一根顶点 v_0，并且对于 V 中除了 v_0 以外的顶点，都存在 k 条从 v_0 到该顶点的边(或顶点)不相关的有向通路。有根 k 边(或 k 顶点)连通有向图与本书讨论的 k 边(或 k 顶点)连通有根图有一些显著的差异。首先，根据定义，有根 k 边连通有向图是一类特殊的 k 边连通有根图，但有根 k 边连通有向图只有唯一根顶点，因此其定义未涵盖强连通图等；其次，当 $k>1$ 时，有根 k 顶点连通有向图未必是 k 顶点连通有根图，因为去掉顶点 v_0 后最终得到的图未必是有根图。例如，图 4.3 中的有向图既是一个有根 2 边连通有向图，又是一个有根 2 顶点连通有向图，因为该图中有唯一的顶点 v_3，并且除 v_3 以外的其他顶点，都存在 2 条 v_3 到其自身的边或顶点不相关的有向通路。该有向图同样是 2 边连通有根图，因为去掉任意一条边后得到的图仍然是以 v_3 为根顶点的有根图。但该有向图不是 2 顶点连通有根图，因为去掉 v_3 以及与其连接的各边后，得到的图不再是有根图。图 4.4 以韦恩图的形式，展示了 k 边(或 k 顶点)连通有根图、k 边(或 k 顶点)连通有向图以及有根 k 边(或 k 顶点)连通有向图几个概念之间的关系。

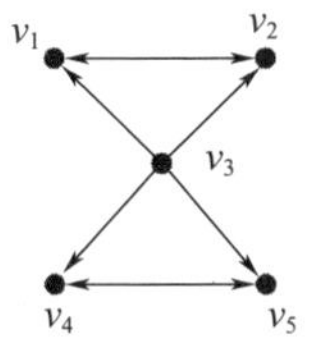

图 4.3　有根 k 顶点连通有向图不是 k 顶点连通有根图的例子

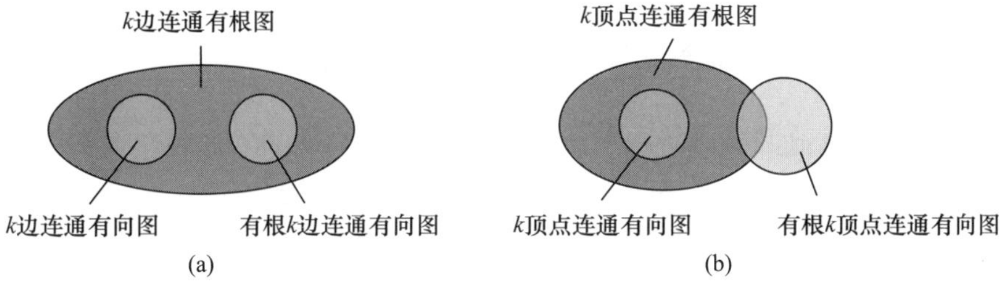

图 4.4　几种有向图之间的关系

接下来的两节将分别讨论 k 边连通有根图与 k 顶点连通有根图的性质和生成算法。根据定义 4.2，这两种有根图分别对应 $k-1$ 边有向抗毁性拓扑和 $k-1$ 顶点有向抗毁性拓扑。

4.2.2　k 边连通有根图

1. 图的性质

下面命题给出了 k 边连通有根图的一个基本性质。

命题 4.2

若有根图 $G=(V,E)$ 为 k 边连通有根图，则

$$k \leqslant d^-(v), \forall v \in V \backslash V_0 \tag{4.1}$$

$$k \leqslant d^-(v) + d^+(v), \forall v \in V_0 \tag{4.2}$$

式中：V_0 为有根图 G 中根顶点的集合。

证明　采用反证法证明。假设存在顶点 $v \in V \backslash V_0$，使得 $d^-(v) \leqslant k-1$，记从 v 的邻居指向 v 的边集为 $E_1 := \{(u,v): u \in \mathcal{N}^-(v)\}$。因此，$|E_1| = d^-(v) \leqslant k-1$。令 $G' = (V, E')$，其中 $E' = E \backslash E_1$，则 E' 中不含指向顶点 v 的边。同时，$v \notin V_0$，因此 G' 不是有根图，这与 G 为 k 边连通有根图矛盾。因此，不等式(4.1)成立。不

等式(4.2)可以通过将 E_1 定义为 $E_1:=\{(u,v):u\in\mathcal{N}^-(v)\}\cup\{(v,u):u\in\mathcal{N}^+(v)\}$ 后,采用同样的思路证明。证毕。

从命题4.2中可以看出,在 k 边连通有根图中,对根顶点与非根顶点的入度有不同的要求。若 $V=V_0$,则每个顶点都是根顶点,相应地,G 为强连通图。对于强连通图,有以下命题。

命题 4.3

强连通图都是2边连通有根图。

证明 对于强连通图 $G=(V,E)$,考虑图中任意一条边 $e\in E$,假设边 e 指向 $v_1\in V$。由于 G 是强连通的,因此,对于任意其他顶点 $v_2\in V\backslash\{v\}$,在 G 中都存在从 v_1 指向 v_2 的有向通路,并且边 e 并不在这条有向通路上。设 $E'=E\backslash\{e\}$,则有向图 $G'=(V,E')$ 为有根图,v_1 是一个根顶点。相应地,G 是2边连通有根图。证毕。

根据命题4.3,可以直接推出以下结论。

定理 4.2

$k-1$ 边连通有向图($k>1$)是 k 边连通有根图。

证明 考虑 $k-1$ 边连通有向图 $G=(V,E)$,$E_1\subsetneq E$ 为满足 $|E_1|\leqslant k-2$ 的任一边集。令 $G=(V,E')$,其中 $E'=E\backslash E_1$,则 G' 为强连通有向图。根据命题4.3,G' 是2边连通有根图,因此 G 是 k 边连通有根图。证毕。

在4.1节还提到了 k 边连通无向图,将此无向图的每一条边替换为方向各异的两条有向边后,可以得到一 k 边连通有向图,该有向图不仅是 $k+1$ 边连通有根图,而且是 $2k$ 边连通有根图。为证明这一结论,首先给出以下引理。

引理 4.1

考虑有向图 $G=(V,E)$,若任意两个顶点 v_1、$v_2\in V$,$v_1\neq v_2$,都存在一条从 v_1 到 v_2 的有向通路,或一条从 v_2 到 v_1 的有向通路,则 G 为有根图。

证明 记 V_{v_1} 为在 G 中存在从 v_1 到该顶点的有向通路的顶点集合,并记 $\tilde{V}_{v_1}=V\backslash(V_{v_1}\cup\{v_1\})$,则对于 $\tilde{V}_{v_1}$ 中任意的顶点,在 G 中都存在从该顶点到 v_1 的有向通路。若 $\tilde{V}_{v_1}=\varnothing$,则意味着 $|V|-|V_{v_1}|=1$,即 v_1 为根顶点,相应地,G 为有根图。对于任意的顶点 $v_2\in\tilde{V}_{v_1}$,由于在 G 中存在从顶点 v_2 到 v_1 的有向通路,以

及从顶点 v_1 到 $v_3 \in V_{v_1}$ 的有向通路，因而在 G 中也存在从顶点 v_2 到 $v_3 \in V_{v_1}$ 的有向通路。因此，$V_{v_1} \subsetneq V_{v_2}$、$\tilde{V}_{v_2} \subsetneq \tilde{V}_{v_1}$。依此类推，存在一个顶点 v^* 使得 $\tilde{V}_{v^*} = \varnothing$，意味着 v^* 为根顶点，相应地，G 为有根图。证毕。

由此，可给出定理 4.3。

定理 4.3

假设 $G_u = (V,E)$ 为 k 条边连通无向图。现将 E 的每一条无向边替换为方向各异的两条有向边，并记新的边集为 E'，则 $G = (V,E')$ 为 $2k$ 条边连通有根图。

证明　由于有向图 G 是通过将 k 边连通无向图中的每一条无向边替换为方向各异的两条有向边而得到，因此对于任意两个顶点 v_1、$v_2 \in V, v_1 \neq v_2$，在 G 中存在以下 $2k$ 条边不相关的有向通路，即 k 条从 v_1 到 v_2 的和 k 条从 v_2 到 v_1 的。记 $G' = (V,E')$ 为去掉 G 中 $2k-1$ 条边后得到的有向图，则对于任意两个顶点 v_1、$v_2 \in V, v_1 \neq v_2$，在 G' 中存在从 v_1 到 v_2 的一条有向通路或者从 v_2 到 v_1 的一条有向通路。根据引理 4.1，G' 为有根图，相应地，G 为 $2k$ 边连通有根图。证毕。

定理 4.2 和定理 4.3 建立了 k 边连通有根图与一些已有概念之间的联系。现考虑假设已在一群智能体之间建立了 k 边连通有根图的网络拓扑结构，这时又有其他的智能体加入。定理 4.4 指出，只需在原来的网络中添加几条指向新加入智能体的边，就可以重新得到 k 边连通有根图网络。

定理 4.4

假设 $G_1 = (V_1, E_1)$ 为 k 边连通有根图。现向 G_1 中加入另一顶点 $v \notin V_1$ 以及至少 k 条从 V_1 的顶点指向 v 的边，得到一个新的有向图 $G = (V,E)$，其中 $V = V_1 \cup \{v\}$，$E = E_1 \cup \{(v_1, v), \cdots, (v_{\bar{k}}, v)\}$，$v_1, \cdots, v_{\bar{k}} \in V_1$，$\bar{k} \geqslant k$，则 G 为 k 边连通有根图。

证明　对于有向图 G，假设去掉至多 $k-1$ 条边后得到的有向图为 $G' = (V,E')$，其中 V_1 在 G' 上的诱导子图为 $G'_1 = (V_1, E'_1)$。由于 $|E| - |E'| \leqslant k-1$，并且 G_1 是 k 边连通有根图，因此 G'_1 为有根图。同时，在 G' 中至少存在一条边指向顶点 v，因此 G' 也是有根图，相应地，G 为 k 边连通有根图。证毕。

2. 生成算法

现假设集群网络中的 n 个顶点两两之间的通信代价已知，研究如何构造 k 边连通有根图，使网络中总的通信代价最小。该问题同样是 NP 困难的。本节考虑利用定理4.3和定理4.4的结论,设计生成k边连通有根图的两个贪婪算法。

k边连通有根图的第一个生成算法是直接由定理4.3得到,其实质是通过无向图构造k边连通有根图(construct k – Edge – connected rooted digraphs from undirected graphs,k – ECRU)。根据定理4.3,可以首先使用k – EC方法生成一个$\left[\dfrac{k+1}{2}\right]$边连通无向图,其中$[x]$表示不超过$x$的最大整数;然后将该无向图的每一条边替换为方向各异的两条有向边,即可得到k边连通有根图。k – ECRU算法全流程如算法3所示。k – ECRU方法的复杂度与k – EC方法相同,都是$O(k^2n^2)$。

算法3 k – ECRU 方法

输入:包含n个顶点的有向完全图$G_c=(V,E_c)$,图中每一条边$e\in E_c$都对应有相应的代价,记为$\boldsymbol{c}(e)$。

输出:k连通有根图$G=(V,E)$。

初始化:$E=\varnothing$。

1:将G_c转化为无向完全图$K_n=(V,E_c^u)$,对E_c^u中的每一条边$[v_1,v_2]$,设置其代价为$\boldsymbol{c}([v_1,v_2])=\dfrac{\boldsymbol{c}(v_1,v_2)+\boldsymbol{c}(v_2,v_1)}{2}$。

2:使用k – EC方法生成$\left[\dfrac{k+1}{2}\right]$边连通无向图$G=(V,E^u)$。

3:将每一条无向边$[v_1,v_2]\in E^u$替换为两条有向边(v_1,v_2)和(v_2,v_1),得到$G=(V,E)$。

---

k边连通有根图的第2个生成算法是利用定理4.4,向一个已有的k边连通有根图中逐个添加顶点(construct k – edge – connected rooted digraphs by iteratively adding vertices,k – ECRI)。k – ECRI方法的全流程如算法4所示。注意k – ECRI方法是不能自启动的,即算法需要一个已有的k边连通有根图G_1作为输入,G_1可以先通过k – ECRU方法基于较小规模的顶点生成,然后启动k – ECRI方法。对于不在V_1中的顶点v,k – ECRI方法为其保存一个潜在的邻居集合$N_p^-(v)$。根据定理4.4,$N_p^-(v)$需要包含不少于k个V_1中的顶点。出于减少边的数目以及总代价的考虑,算法设定$N_p^-(v)$恰好包含k个顶点。k – ECRI方法逐个添加不在V_1中的顶点,并使得每次添加的顶点能使由其潜在邻居指向其自身的边的代价总和最小,(见算法4的第5~6行)。在添加该顶点后,其余不在V_1中的顶点更新其潜在邻居A(见算法4的第7~9行)。当所有的顶点

都被加入到 V_1 之后,k - ECRI 算法终止。

现分析 k - ECRI 方法的复杂度。在实现时,可以为每一个顶点 $\boldsymbol{v} \in V \backslash V_1$ 建立一个大小为 k 的最大堆,每一个最大堆包含 k 个元素,代表顶点 $\boldsymbol{v}$ 的 k 个潜在邻居。为确保 $\boldsymbol{c}(\boldsymbol{v})$ 最小,需要找到 k 条边使得 $\{(u,\boldsymbol{v}):u \in V_1\}$ 最小。由于为每一个顶点 $\boldsymbol{v} \in V \backslash V_1$ 建立最大堆时需要检查 V_1 中的每一个顶点到 $\boldsymbol{v}$ 的代价是否小于堆的头到 $\boldsymbol{v}$ 的代价,如果是则将其插入堆中。因此,每个堆花费的时间为 $O(|V_1| \log k)$,在算法4第1~3行的复杂度为 $O(|V \backslash V_1||V_1| \log k)$,即 $O(n^2 \log k)$。之后,第5~6行的复杂度为 $O(|V \backslash V_1|)$,第7~9行的复杂度为 $O(|V \backslash V_1| \log k)$。因此,第4~10行整个循环的复杂度为 $O(n^2 \log k)$。相应地,整个 k - ECRI 方法的复杂度为 $O(n^2 \log k)$。

算法4 k - ECRI 方法

输入:包含 n 个顶点的有向完全图 $G_c=(V,E_c)$,一个 k 边连通有根图 $G_1=(V_1, E_1)$,其中 $|V_1| \geqslant k$,且 $V_1 \subseteq V$。

输出:k 边连通有根图 $G=(V,E)$。

1: **for all** $v \in V \backslash V_1$ **do**

2: 记 $N_p^-(\boldsymbol{v}) \subset V_1$ 为顶点 $\boldsymbol{v}$ 潜在邻居集合,并满足 $|N_p^-(\boldsymbol{v})|=k$,且 $\boldsymbol{c}(\boldsymbol{v}):=\sum_{u \in N_p^-(\boldsymbol{v})} \boldsymbol{c}(u,\boldsymbol{v})$ 值最小;

3: **end for**

4: **while** $|V_1|<n$ **do**

5: 选择 $\boldsymbol{v}^* \in V \backslash V_1$ 使得 $\boldsymbol{c}(\boldsymbol{v}^*)$ 的值最小

6: $V_1=V_1 \cup \{\boldsymbol{v}^*\}$,$E_1=E_1 \cup \{(u,\boldsymbol{v}^*):u \in N_p^-(\boldsymbol{v}^*)\}$;

7: **for all** $v \in V \backslash V_1$ **do**

8: 更新其潜在邻居集合 $N_p^-(\boldsymbol{v}) \subset V_1$,使得 $|N_p^-(\boldsymbol{v})|=k$,且 $\boldsymbol{c}(\boldsymbol{v}):=\sum_{u \in N_p^-(\boldsymbol{v})} \boldsymbol{c}(u,\boldsymbol{v})$ 的值最小;

9: **end for**

10: **end while**

11: $G=G_1$。

4.2.3 k 顶点连通有根图

本节讨论 k 顶点连通有根图的性质和生成算法。本书对于抗毁性拓扑的

定义是在一致性意义下讨论的，因而在讨论 k 顶点连通有根图时，要求 $k<|V|$；否则，若 $k=|V|$，移去 $k-1$ 顶点后原图只剩一个顶点，相当于单智能体，这对于讨论一致性意义不大。

1. 图的性质

首先给出命题4.2的顶点版本。

命题 4.4

若 $G=(V,E)$ 是 k 顶点连通有根图，则不等式(4.2)对所有的 $v\in V$ 成立。

命题4.4可以采用与命题4.2相似的思路证明。命题4.4表明，k 顶点连通有根图中，不等式（4.1）不再对非根顶点成立。例如，图4.5中的有根图是2顶点连通有根图，因为无论去掉哪个顶点以及与该顶点连接的边，都剩余两个顶点以及从一个顶点指向另一个顶点的边。该有根图中 v_2 并不是根顶点，$d^-(v_2)=1<2$，不等式(4.1)不对该顶点成立。进一步还可以发现，图4.5中的有根图不是2边连通有根图，因为去掉边(v_1,v_2)后得到的图不再是有根图。

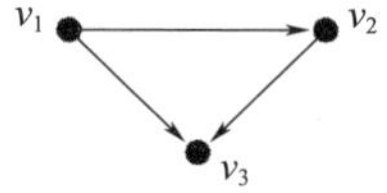

图4.5　2顶点连通有根图但非2边连通有根图

另一方面，若 k 顶点连通有根图中的根顶点数目不小于 k，则不等式(4.1)将对所有的非根顶点成立。

命题 4.5

若 $G=(V,E)$ 是 k 顶点连通有根图，其根顶点集合记为 V_0，且 $|V_0|\geqslant k$，则不等式(4.1)对所有的顶点 $v\in V\backslash V_0$ 成立。

证明　不妨设 $v\in V\backslash V_0$，且 $d^-(v)\leqslant k-1$。令 $V_v:=\{u\in V:(u,v)\in E\}$，则 $|V_v|\leqslant k-1$。现去掉 V_v 中所有的顶点以及与这些顶点连接的边，则在新得到的图 G' 中，将不再有边指向 v。同时 V_0 中至少还有一个顶点在 G' 中，因此 G' 不是有根图，这与 G 是 k 顶点连通有根图矛盾。证毕。

关于 k 边连通有根图和 k 顶点连通有根图的关系，有以下结论。

命题 4.6

并非所有的 k 顶点连通有根图都是 k 边连通有根图，也并非所有的 k 边连通有根图都是 k 顶点连通有根图。

命题 4.6 的前半句可以从图 4.5 的例子得出。现分析后半句，考虑图 4.6 中的有根图，该有根图是 2 边连通有根图，但不是 2 顶点连通有根图，若去掉顶点 v_2 及与之连接的边后，将只剩 v_1 和 v_3 两个孤立的顶点。

命题 4.6 也揭示了一致性意义下，本书所讨论的顶点连通性和边连通性的关系与已有概念的区别。事实上，k 顶点连通无向图（或 k 顶点连通有向图、有根 k 顶点连通有向图）同时也是 k 边连通无向图（或 k 边连通有向图、有根 k 边连通有向图），但相应的关系并不存在于 k 边连通有根图和 k 顶点连通有根图之间。

图 4.6　2 边连通有根图但非 2 顶点连通有根图

图 4.6 中的有根图也是强连通有根图，从中可以看出，并非所有的强连通有根图都是 2 顶点连通有根图。命题 4.7 给出了一个比强连通更严苛的条件，以保证有根图是 2 顶点连通有根图。

命题 4.7

若强连通的有向图 $G=(V,E)$ 中存在一个有向哈密尔顿回路，则图 G 是 2 顶点连通有根图。

证明　考虑任一顶点 $v_i \in V$，记哈密尔顿回路中以其为邻居的顶点是 v_{i+1}。令 $G'=(V',E')$，其中 $V'=V\setminus\{v_i\}$，$E'=E\setminus(\{(u,v_i):u\in V\}\cup\{(v_i,u):u\in V\})$，则对于任一其他顶点 $v_j\in V'$，$v_j\neq v_{i+1}$，图 G' 中存在从 v_{i+1} 到 v_j 的有向通路，该通路是图 G 中沿着哈密尔顿回路的路径。因此，G' 是有根图，v_{i+1} 是一个根顶点。相应地，G 是 2 顶点连通有根图。证毕。

尽管强连通图未必是 2 顶点连通有根图，但是由于强连通图也是有根图，相应地，k 顶点连通有向图也是 k 顶点连通有根图，正如图 4.4(b) 所示。另外，当把 k 顶点连通无向图的每一条边替换为方向各异的两条有向边后，可以得到一 k 顶点连通有向图。由此可以给出定理 4.3 的顶点版本。

定理 4.5

假设 $G=(V,\varepsilon)$ 是 k 顶点连通无向图。现将 E 的每一条无向边替换为方向各异的两条有向边，并记新的边集为 E'，则 $G=(V,E')$ 为 k 顶点连通有根图。

定理 4.5 可以很容易证明。另外，比较定理 4.3 和定理 4.5 可以发现，当把 k 边连通无向图的每一条边替换为方向各异的两条有向边后，可以得到 $2k$ 边连通有根图，而把 k 顶点连通无向图的每一条边替换为方向各异的两条有向边后，只能确保得到的是 k 顶点连通有根图。例如，图 4.7(a) 中的无向图既是 2 边连通无向图，又是 2 顶点连通无向图，但将其无向边替换为方向各异的有向边后（图 4.7(b)），可以验证，该有向图是 4 边连通有根图，但只是 2 顶点连通有根图。

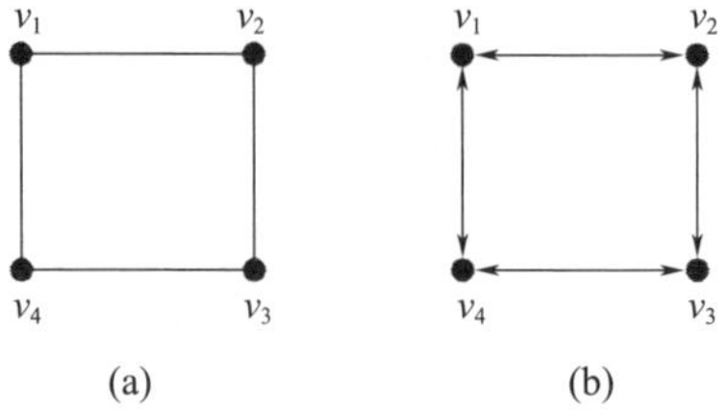

图 4.7　2 边（2 顶点）连通无向图以及将其无向边替换为有向边后的有向图

现考虑包含 n 个顶点的无向完全图 K_n，这样的图也是 $n-1$ 顶点连通无向图[107]。若将 K_n 的每一条无向边替换为方向各异的两条有向边后，可以得到一个有向完全图，根据定理 4.5，该图也是 $n-1$ 顶点连通有根图，包含 $n(n-1)$ 条边。下面的定理指出，只需要其中一半数目的边仍然可以得到 $n-1$ 顶点连通有根图。

定理 4.6

设有向图 $G=(V,E)$ 满足 $|V|=n\geq 2$，若任意两个顶点 v_1、$v_2\in V$，$v_1\neq v_2$，或者 $(v_1,v_2)\in E$，或者 $(v_2,v_1)\in E$，则 G 是 $n-1$ 顶点连通有根图。

证明　定理的证明通过对 n 的数学归纳法得出。当 $n=2$ 时，该有向图同构于 G_1 和 G_2 两者之一：$G_1=(V,E_1)$，$G_2=(V,E_2)$，其中 $V=\{v_1,v_2\}$，$E_1=\{(v_1,v_2)\}$，$E_2=\{(v_1,v_2),(v_2,v_1)\}$。显然，$G_1$ 和 G_2 都是有根图，v_1 是其根顶点。

现假设定理对于 $n=j\geq 2$ 成立，要证明其同样对于 $n=j+1$ 成立。令 $G=(V,E)$ 满足 $|V|=j+1$，并且 V 中任意两个顶点之间都存在一条有向边。现去掉 G 中任意一顶点以及与该顶点连接的边，得到一个新的有向图 $G'=(V',E')$，

则 $|V'|=j$，并且 V' 中任意两个顶点之间都存在一条有向边。根据假设，G' 是 $j-1$ 顶点连通有根图，相应地，G 就是 j 顶点连通有根图。通过归纳，可知定理对所有的 $n\geqslant 2$ 成立。证毕。

定理4.6并没有与之对应的边的版本，正如图4.5中 $n=3$ 的例子，该有向图中任意两个顶点之间都存在一条有向边，因而该图是2顶点连通有根图，但其并非2边连通有根图。

定理4.4有其对应的顶点版本。

定理4.7

假设 $G_1=(V_1,E_1)$ 为 k 顶点连通有根图。现向 G_1 中加入另一顶点 $v\notin V_1$ 以及至少 k 条从 V_1 中不同顶点指向 v 的边，得到一个新的有向图 $G=(V,E)$，其中 $V=V_1\cup\{v\}$，$E=E_1\cup\{(v_1,v),\cdots,(v_{\bar{k}},v)\}$，$v_1,\cdots,v_{\bar{k}}\in V_1$，$\bar{k}\geqslant k$，则 G 为 k 顶点连通有根图。

证明　对于有向图 G，假设去掉至多 $k-1$ 顶点以及与这些顶点连接的边后得到的有向图为 $G'=(V',E')$，此时记原 G_1 中剩余的顶点集为 V'_1，V'_1 在 G' 上的诱导子图为 $G'_1=(V'_1,E'_1)$。现有两种情况：如果 $v\notin V'$，则 $G'=G'_1$，且 $|V_1|-|V'_1|\leqslant k-2$，由于 G_1 是 k 顶点连通有根图，因而 G'_1 也是有根图，相应地，G' 也是有根图；如果 $v\in V'$，则 $|V_1|-|V'_1|\leqslant k-1$，同样可以证明 G'_1 是有根图，至少有一条边从 V'_1 中的某个顶点指向顶点 v。因此，G' 也是有根图。在两种情形下都可以说明 G 为 k 顶点连通有根图。证毕。

对比定理4.4与定理4.7可以看出，为确保 G 为 k 顶点连通有根图，唯一改变的前提条件是 G_1 为 k 顶点连通有根图。

2. 生成算法

当以最小化网络中边的代价之和为目标时，k 顶点连通有根图的构造问题也是NP困难的。在此利用定理4.5至定理4.7提出的 k 顶点连通有根图的一系列充分条件，设计生成 k 顶点连通有根图的两个贪婪算法。

第一个算法与 k－ECRU 方法相似，称为 k－VCRU 方法（construct k－vertex－connected rooted digraphs from undirected graphs），该方法首先利用 k－VC 方法生成 k 顶点连通无向图，再将该图的每一条无向边替换为方向各异的两条有向边。k－VCRU 的流程如算法5所示。可以看出，与 k－ECRU 方法仅是在第2行不同。k－VCRU 方法的复杂度与 k－VC 方法相同，都是 $O(n^3+k^3n^2)$。定理4.5确保了 k－VCRU 方法的有效性。

算法5　k - VCRU 方法

输入: 包含 n 个顶点的有向完全图 $G_c=(V,E_c)$，图中每条边 $e\in E_c$ 都对应有相应的代价，记为 $\boldsymbol{c}(e)$。

输出: k 顶点连通有根图 $G=(V,E)$。

初始化: $E=\varnothing$。

1：将 G_c 转化为无向完全图 $K_n=(V,E_c^u)$，对 E_c^u 中的每条边 $[v_1,v_2]$，设置其代价为 $\boldsymbol{c}([v_1,v_2])=\dfrac{\boldsymbol{c}(v_1,v_2)+\boldsymbol{c}(v_2,v_1)}{2}$；

2：使用 k - VC 方法生成 $\left\lceil\dfrac{k+1}{2}\right\rceil$ 顶点连通无向图 $G=(V,E^u)$；

3：将每条无向边 $[v_1,v_2]\in E^u$ 替换为两条有向边 (v_1,v_2) 和 (v_2,v_1)，得到 $G=(V,E)$。

k 顶点连通有根图的第二个算法是利用定理4.7向一个已有的 k 顶点连通有根图逐个添加顶点，类似于 k - ECRI 方法，该方法称为 k - VCRI 方法(construct k - vertex - connected rooted digraphs by iteratively adding vertices)。k - VCRI方法与 k - ECRI 方法的唯一不同之处在于要求输入的有向图 G_1 为 k 顶点连通有根图而非 k 边连通有根图，算法流程则完全相同。定理4.7保证了 k - VCRI 方法的正确性。

4.3　仿真分析

本节通过数值仿真进一步阐述 k 边连通有根图和 k 顶点连通有根图的性质和对应的生成算法，正如4.2节的介绍，在设计 k 边连通有根图和 k 顶点连通有根图时，也会用到4.1节介绍的 k - EC 方法和 k - VC 方法；之后，针对给出的数值算例，进一步分析讨论。

4.3.1　数值算例

考虑12架旋翼无人机均匀地分布在半径为 $r=100\mathrm{m}$ 的圆上，旋翼无人机 i 在二维平面上的运动模型可以近似表示为

$$\begin{cases}\dot{x}_i=\mathrm{Sat}(u_i^x,u_{\max},-u_{\max})\\ \dot{y}_i=\mathrm{Sat}(u_i^y,u_{\max},-u_{\max})\end{cases}\tag{4.3}$$

式中：$[x_i,y_i]^{\mathrm{T}}\in\mathbb{R}^2$ 表示无人机 i 的质心在惯性坐标系 I 中的二维平面坐标，

$[u_i^x, u_i^y]^{\mathrm{T}} \in \mathbb{R}^2$为无人机的控制输入，该输入受饱和约束，饱和函数Sat(·)定义为

$$\mathrm{Sat}(x,a,b)=\begin{cases} x, & 若 \min(a,b)\leqslant x\leqslant \max(a,b) \\ \min(a,b), & 若 x<\min(a,b) \\ \max(a,b), & 若 x>\max(a,b) \end{cases} \tag{4.4}$$

$u_{\max}$为无人机在x或y方向的最大速度。

假设无人机之间的通信代价为其欧几里得距离的平方，该通信代价可以用边的代价来建模。使用4.2节提出的4种方法可以构建3边连通有根图和3顶点连通有根图。4种方法得到的有根图见图4.8，表4.1归纳了采用几种方法得到的图的属性。在表4.1中，$\boldsymbol{c}(E)$为所有边的代价之和，其计算方式为$\boldsymbol{c}(E):=\sum_{e\in E}\boldsymbol{c}(e)$。

表4.1　生成的有根图的属性

有根图	方法	$\lvert E\rvert$	$\boldsymbol{c}(E)$	3-ECR*	3-VCR**
图4.8(a)	k-ECRU	24	64307.81	是	否
图4.8(b)	k-ECRI	32	287512.89	是	是
图4.8(c)	k-VCRU	44	264307.81	是	是
图4.8(d)	k-VCRI	30	282153.90	否	是

*:是否为3边连通有根图。

**:是否为3顶点连通有根图。

从表4.1中可以看出，使用k-ECRU方法得到的有根图(图4.8(a))包含了数目最少的边(24条)，且边的代价总和最小。不过该有根图仍然不是最优的，可以验证去掉该有根图的任意一条边后，得到的图依然是3边连通有根图，即图4.8(a)实际给出了一个4边连通有根图。该有根图并不是3顶点连通有根图，因为去掉该图的任意两个顶点及与这两个顶点连接的边后，有根图将不再连通。

由于k-ECRI方法不能自启动，首先选择$V_1=\{\boldsymbol{v}_1,\boldsymbol{v}_2,\boldsymbol{v}_3\}$作为输入的3边连通有根图的顶点集。由于由这3个顶点对应的有向完全图是4边连通有根图，为此，再去掉该有向完全图的边$(\boldsymbol{v}_1,\boldsymbol{v}_3)$，将该图作为算法初始时输入的3边连通有根图$G_1$。然后，启动$k$-ECRI方法。$k$-ECRI方法依次向$V_1$中添加了顶点$\boldsymbol{v}_4,\boldsymbol{v}_5,\cdots,\boldsymbol{v}_{12}$。可以看到，$k$-ECRI算法运行过程中，不会添加方向相反的两条边。由于相邻两个顶点之间最多只有一条边被添加，因此$\boldsymbol{c}(E)$增长很快。根据命题4.2，在k边连通有根图中，非根顶点的入度比根顶点有更高的要求；k-ECRU方法能够保证所有的顶点都是根顶点，而k-ECRI方法则不会在其运行过程中为初始输入的V_1添加新的根顶点。因此，k-ECRI方法生成的有根图边的数目也更多。另外，图4.8(b)中的有根图不仅是3边连通有根图，也是3顶点连通有根图。这是因为其任意两个根顶点之间都有一条边，当添加第

4 个顶点，即 v_4 时，k - ECRI 方法又添加了 3 条指向 v_4 的边，根据定理 4.6，添加 v_4 之后，G_1 是 3 顶点连通有根图；定理 4.7 可以确保 k - ECRI 方法之后的操作使得最终生成的图 G 是 3 顶点连通有根图。

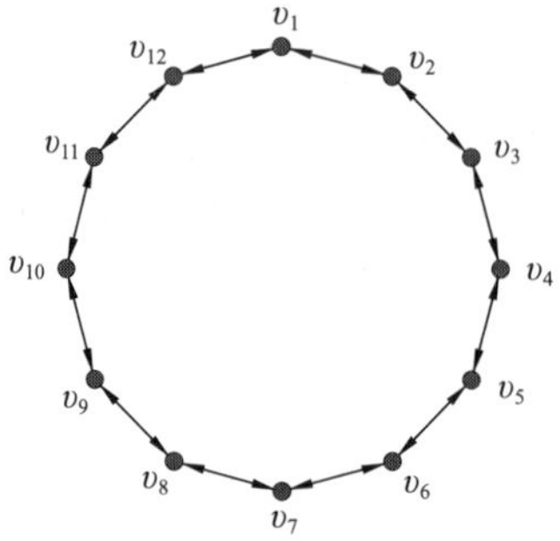

(a) k–ECRU方法

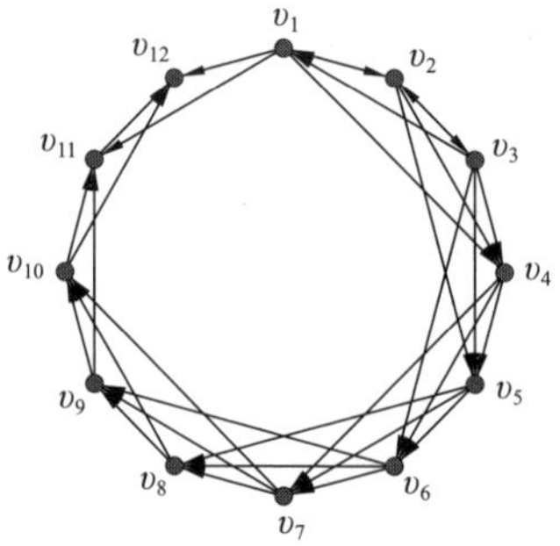

(b) k–ECRI方法

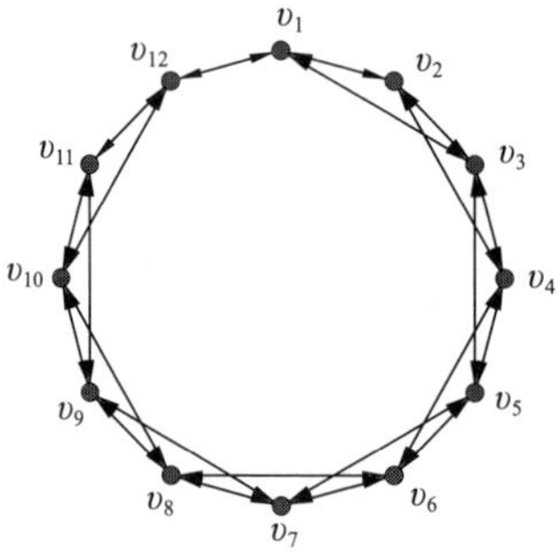

(c) k–VCRU方法

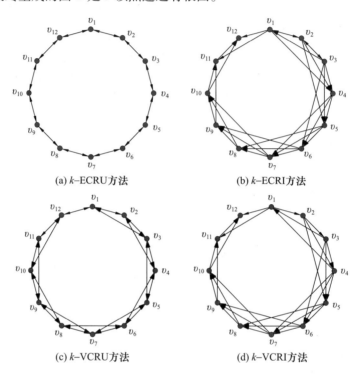

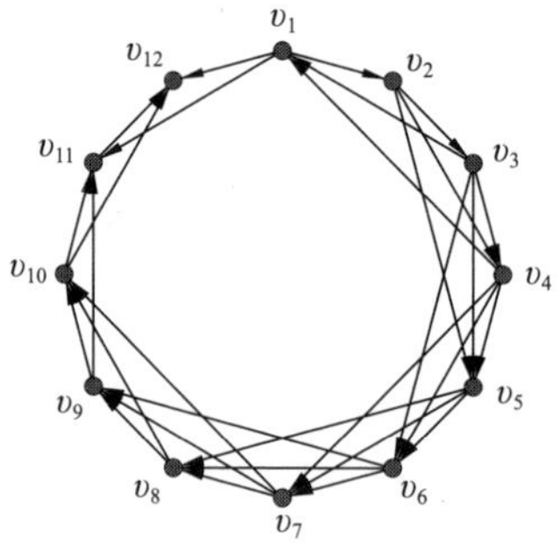

(d) k–VCRI方法

图 4.8　使用 k - ECRU 和 k - ECRI 方法得到的 3 边连通有根图以及使用 k - VCRU 和 k - VCRI 方法得到的 3 顶点连通有根图

由于 k 顶点连通无向图也是 k 边连通无向图，并且 k - VCRU 方法是将 k 顶点连通无向图的每一条无向边替换为方向各异的两条有向边得到 k 顶点连通有根图，因而图 4.8(c) 展示的由 k - VCRU 方法得到的 3 顶点连通有根图同时也是 3 边连通有根图。事实上，图 4.8(a) 中的有根图的所有边均存在于图 4.8(c) 的有根图中，而图 4.8(c) 的有根图的边的数目也是 4 个图中最多的，但是其所有边的代价之和并非最高，原因是 k - VC 方法使用贪婪策略首先添加代价最小的边。

图 4.8(d) 展示的由 k - VCRI 方法得到的 3 顶点连通有根图。由于算法不能自启动，首先利用定理 4.6 生成 3 顶点连通有根图。取 $V_1 = \{v_1, v_2, v_3, v_4\}$，$E_1 = \{(v_1, v_2), (v_2, v_3), (v_3, v_4), (v_4, v_1), (v_3, v_1), (v_2, v_4)\}$，则 $G_1 = (V_1, E_1)$ 是 3 顶点连通有根图。k - VCRI 方法启动后，顺序地向集合 V_1 中添加顶点 $v_5, v_6, \cdots, v_{12}$。尽管图 4.8(d) 中的有根图非根顶点数目多于图 4.8(c) 中的有根图，图

4.8(d)中边的数目更少。另外,k - ECRI 方法与 k - VCRI 方法的唯一不同之处在于初始时选取的输入 G_1 不同。不过,尽管 k - VCRI 方法相比 k - ECRI 方法降低了边的数目以及所有边的代价之和,在本例中,构建的有向图不是 3 边连通有根图,可以验证,当去掉边$(\boldsymbol{v}_1,\boldsymbol{v}_2)$和$(\boldsymbol{v}_2,\boldsymbol{v}_3)$之后,得到的图不再是有根图。

为进一步阐释 k 边连通有根图与 k 顶点连通有根图的抗毁性,现考虑旋翼无人机汇聚问题。控制目标是$\lim\limits_{t\to\infty} x_i - x_j = 0$、$\lim\limits_{t\to\infty} y_i - y_j = 0$,其中 i 和 j 表示能够正常运动的旋翼无人机。为旋翼无人机设计的控制律为

$$\begin{cases} u_i^x = \sum_{j\in N-(i)} (x_j - x_i) \\ u_i^y = \sum_{j\in N-(i)} (y_j - y_i) \end{cases} \tag{4.5}$$

取 $u_{\max} = 10\text{m/s}$,根据定理 3.4,在控制律式(4.5)的作用下,若无人机的网络拓扑为有根图,则无人机将汇聚到一点。图 4.9 展示了当无人机的网络拓扑如图 4.8所示的 4 个有根图时,对应的无人机的运动轨迹。在图 4.9 中,空心圆表示无人机的初始位置,实心圆表示无人机在 $t = 200\text{s}$ 时的位置,从图中可以看出,在这 4 种情况下,无人机最终都汇聚到同一点。

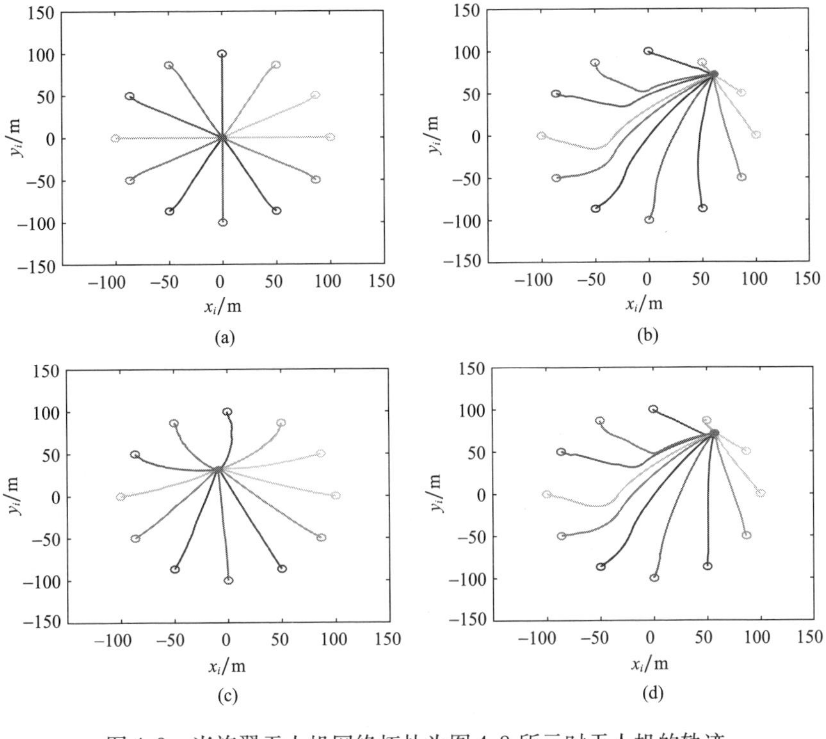

图 4.9　当旋翼无人机网络拓扑为图 4.8 所示时无人机的轨迹

现考虑由无人机 1 到无人机 2、无人机 2 到无人机 3 的通信链路损毁，即边 (v_1,v_2) 和 (v_2,v_3) 从拓扑图中移除。其他初始条件不变，无人机的运动轨迹如图 4.10 所示。从图中可以看出，使用 k - ECRU、k - ECRI 和 k - VCRU 得到的有根图在去掉这两条边后，仍能保证无人机最终汇聚到一点；而使用 k - VCRI 方法得到的有根图在去掉这两条边后由于不再是有根图，导致无人机无法汇聚到一点。

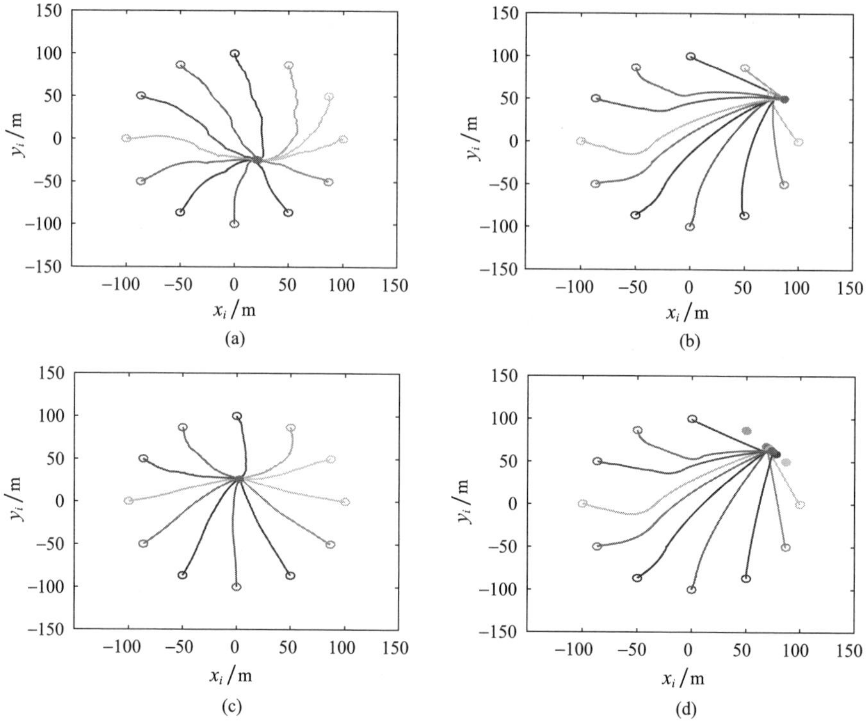

图 4.10　当旋翼无人机网络拓扑为图 4.8 所示的图移去边 (v_1,v_2) 和 (v_2,v_3) 时无人机的轨迹

再考虑无人机 1 和无人机 7 损毁的情况，当无人机损毁后，无人机无法再向其他无人机发送信息，也无法再移动，此时相当于在图 4.8 中的各有根图上移去顶点 v_1 和 v_7，以及与这两个顶点连接的边。其他初始条件不变，剩余 10 架旋翼无人机相应的运动轨迹如图 4.11 所示。从图中可以看出，使用 k - ECRI、k - VCRU 和 k - VCRI 得到的有根图在去掉这两个顶点以及与之连接的边后，仍能保证无人机最终汇聚到一点；而使用 k - ECRU 方法得到的有根图由于不是 3 顶点连通有根图，因而在去掉这两个顶点以及与之连接的边后不再是有根图，导致无人机无法汇聚到一点。

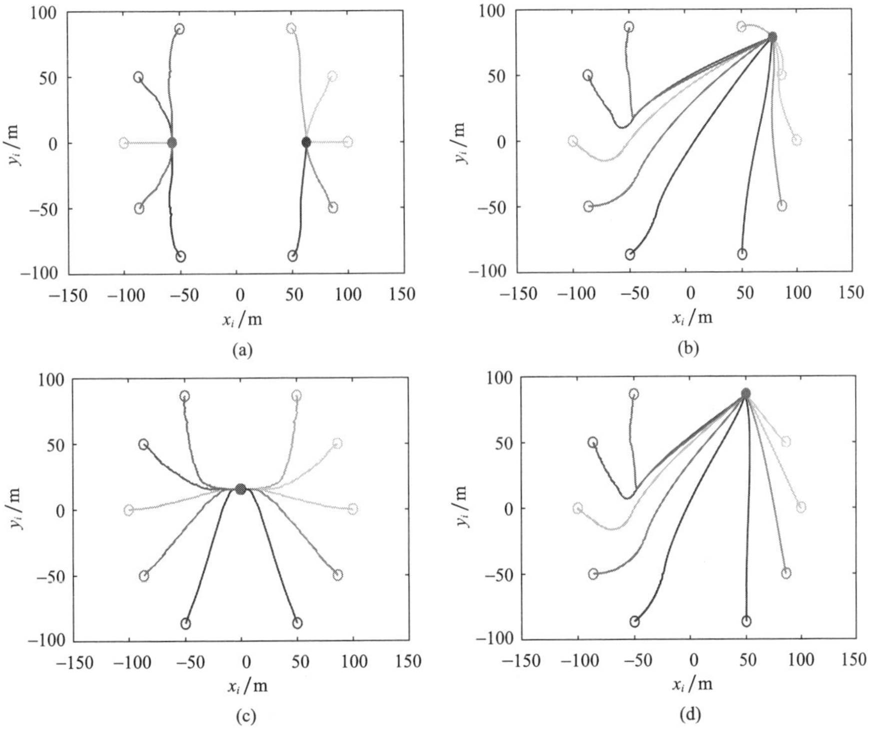

图 4.11　当旋翼无人机网络拓扑为图 4.8 所示的图移去顶点 v_1 和 v_7 以及与之连接的边时无人机的轨迹

4.3.2　进一步讨论

4.3.1 节给出了使用 4.2 节提出的 4 种方法生成的 3 边连通有根图以及 3 顶点连通有根图。本节进一步结合 4.3.1 节的例子，分析 3 边连通有根图以及 3 顶点连通有根图这两类有根图的性质。

定理 4.8 指出了 3 边连通有根图的最少边数。

定理 4.8

考虑 3 边连通有根图 $G=(V,E)$，当 $|V|\geqslant 3$ 时，$|E|\geqslant 2|V|-1$。

证明　首先证明，最多有一个顶点的入度小于 2；否则，假设顶点 v_1 和 v_2 的入度都小于 2。现去掉图 G 中指向 v_1 和 v_2 的边，则去掉的边数最多为 2，但新得到的有向图 G' 中，顶点 v_1 和 v_2 的入度都为 0，这意味着 G' 不是有根图，这与 G

是 3 边连通有根图矛盾。因此,图 G 中最多有一个顶点的入度小于 2,记该顶点为 v^*,则顶点 v^* 的入度为 0 或 1。

① 若顶点 v^* 的入度为 0,则 3 边连通有根图 G 的其他顶点均为非根顶点,根据命题 4.2,这些顶点的入度均不小于 3。因而,该情况下有向图 G 的边数至少为 $3(|V|-1)$。此外,为确保简单有向图 G 为 3 边连通有根图,需保证 $|V|\geqslant 4$。

② 若顶点 v^* 的入度为 1,其他顶点的入度至少为 2,则有向图 G 所包含的边数至少为 $2|V|-1$,其中 $|V|\geqslant 3$。

可以验证,若 $|V|\geqslant 4$ 时,$3(|V|-1)\geqslant 2|V|-1$。这意味着,当 $|V|\geqslant 3$ 时,$|E|\geqslant 2|V|-1$。证毕。

边数最少的 3 边连通有根图可以采用以下方法构造。

第一步:利用顶点集 V 生成一个有向哈密尔顿回路,得到图 $G_1=(V,E_1)$。

第二步:向图 G_1 中添加所有与 E_1 中的边为相反方向的边,得到图 $G_2=(V,E_2)$。

第三步:去掉 E_2 中任意一条边,新的边集记为 E,则 $G=(V,E)$ 为一个边数最少的 3 边连通有根图。

图 4.12 展示了 4.3.1 节场景下边数最少且所有边的代价之和最小的一个 3 边连通有根图。该图也是图 4.8(a) 中的有根图去掉边 (v_{12},v_1) 所得。该有根图并不是一个 3 顶点连通有根图,当去掉图中任意两个不相邻的顶点及与之连接的边后,有向图将不再连通。

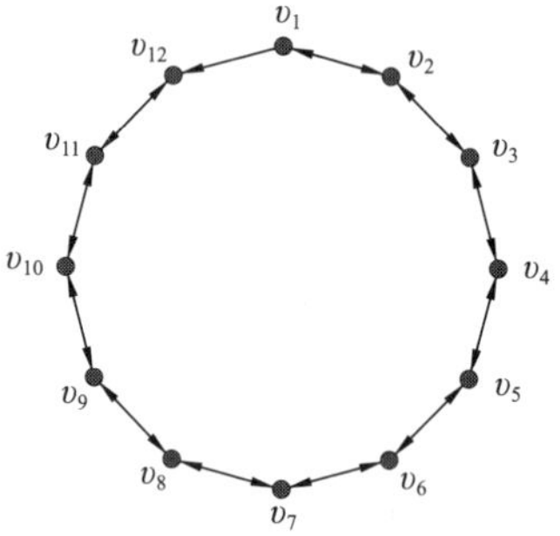

图 4.12　包含 12 顶点的边数最少的 3 边连通有根图

定理 4.9 指出了 3 顶点连通有根图的最少边数。

定理 4.9

3 顶点连通有根图 $G=(V,E)$ 满足 $|E|\geqslant 2|V|-2$,其中 $|V|\geqslant 4$。

证明　首先证明在3顶点连通有根图 G 中,若至少有2个顶点的入度小于2,则每2个这样的顶点之间必有一条边;否则,不妨设顶点 v_1 和 v_2 的入度均为1,但是 v_1 和 v_2 之间没有直接相连的边。令 (v_3,v_1) 和 (v_4,v_2) 分别为图 G 中指向顶点 v_1 与 v_2 的边。当去掉顶点 v_3、v_4 以及这两条边之后,得到的有向图 G' 中,顶点 v_1 和 v_2 的入度都变为0,意味着 G' 不是有根图,这与 G 是3顶点连通有根图矛盾。故而,3顶点连通有根图 G 中,若至少有2个顶点的入度小于2,则每2个这样的顶点之间必有一条边。为此,有以下2种情形。

① 有3个顶点的入度恰好为1,并且这3个顶点构成一条有向回路。在图 G 中,不能再有由其他顶点指向这3个顶点的边;否则这3个顶点的入度就会比1大,不满足该条件。因而只有这3个顶点为有根图的根顶点。根据命题4.4其他顶点的入度至少为3。因此,该情形下,$|E| \geqslant 3|V|-6$。

② 恰好有2个顶点的入度小于2,现证明该情形下 $|E| \geqslant 2|V|-2$;否则,则有一个顶点的入度为0,不妨记为 v_1,另一个顶点的入度为1,记为 v_2。根据上述分析,$(v_1,v_2) \in E$;并且,对于其他顶点 $v \in V$,且 $v \neq v_1$、v_2,满足 $d^-(v)=2$。为保证单独去掉顶点 v_1 或 v_2 以及同时去掉这2个顶点后,得到的图 G'_1 仍然是有根图,则必须有一个顶点 $v_3 \in V$ 是 G'_1 的根顶点,并且 (v_1,v_3) 和 $(v_2,v_3) \in E$。由于 v_3 是图 G'_1 的根顶点,存在顶点 $v_4 \in V$ 满足 $(v_3,v_4) \in E$。由于 $d^-(v_4)=2$,则要么 $(v_1,v_4) \notin E$,要么 $(v_2,v_4) \notin E$。若 $(v_1,v_4) \notin E$,则图 G 去掉顶点 v_2 和 v_3 后,得到的有向图 G'_2 将不再是有根图;若 $(v_2,v_4) \notin E$,则图 G 去掉顶点 v_1 和 v_3 后,得到的有向图 G'_3 将不再是有根图。这都与 G 是3顶点连通有根图矛盾。当图 G 至多有1个顶点的入度小于2时,显然此时有 $|E| \geqslant 2|V|-2$。

当 $|V| \geqslant 4$ 时,$3|V|-6 \geqslant 2|V|-2$。证毕。

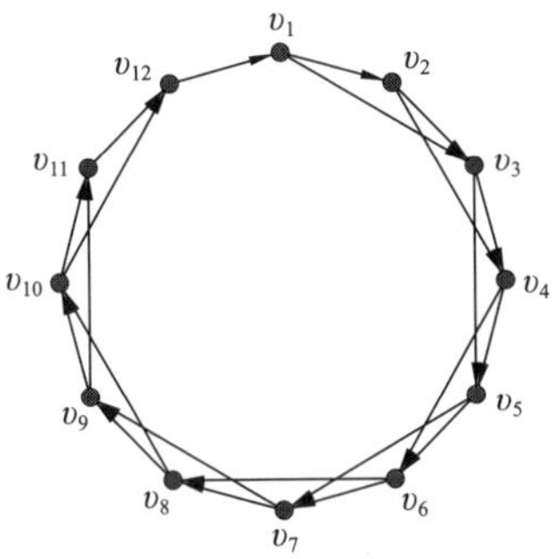

图4.13　包含12顶点的边数最少的3顶点连通有根图

图4.13展示了4.3.1小节场景下边数最少且所有边的代价之和最小的3顶点连通有根图。实际上,图4.8(c)展示的使用 k-VCRU 方法生成的3顶点

连通有根图边集恰好由图 4.13 中有根图的边以及与之方向相反的边组成。同样地,图 4.13 中的有根图也不是 3 边连通有根图。

4.4 小结

本章基于一致性的拓扑条件,分别针对集群的无向网络和有向网络两种网络结构进行了抗毁性分析和设计。对于无向网络,本章提出 k 边无向抗毁性与 k 顶点无向抗毁性的定义,并建立了其与 k 边无向连通图、k 顶点连通无向图等概念的联系。对于有向网络,本章提出了 k 边连通有根图与 k 顶点连通有根图这两个全新的概念,并分析了此类有根图的性质以及与已有的 k 边(k 顶点)连通有向图、有根 k 边(k 顶点)连通有向图等概念之间的联系。本章还设计了相应的网络生成算法,可有效生成满足约束的边或者顶点抗毁性的网络结构。本章研究内容对集群系统的鲁棒拓扑结构的设计具有一般性意义,但 k 边连通有根图与 k 顶点连通有根图还有很多性质有待进一步探究,生成算法也存在进一步的优化空间。本章相关研究工作可参考文献[R1][R2]。

第 5 章　无人机协同路径跟随控制律设计

同行无疏伴。

——《隋唐演义》

由于固定翼无人机的运动控制受限特性，其编队控制问题也与旋翼无人机、地面小车等对象有显著差异。一方面，无人机最大航向角速率和最小速度决定了无人机的最小转弯半径，因此无人机在编队飞行过程中机动能力有限；另一方面，在队形的形成过程中，无人机不能因等待其他无人机而停下来，或以过慢的速度飞行，否则会导致无人机因失速而坠毁。故而，固定翼无人机控制受限为精确稳定的编队控制带来了巨大挑战。本章采用协同路径跟随的方法解决无人机集群的编队控制问题，提出一种以协同路径跟随为核心的协同框架，在此基础上，设计协同路径跟随控制律，实现无人机集群精确稳定的队形保持和队形变换。

5.1　框架设计

由于固定翼无人机的控制受限特性，无人机需要在保持前向运动的过程中形成队形或保持队形。为此，本章采用协同路径跟随的方法实现无人机集群的编队飞行，并提出了图 5.1 所示的控制框架，该框架中共包含 4 个模块，分别是协同规划模块、机间通信模块、协同路径跟随控制模块以及稳定回路控制模块。现逐一介绍。

(1) 协同规划。该模块可以以预先规划的方式离线运行，或者在通信和计算资源充分的情况下，以实时规划的方式在线运行。该模块根据任务需求，为无人机生成一系列航线。关于具体的无人机规划算法可参考文献[138－139]。

(2) 机间通信。通信数据为协同路径跟踪控制提供协同变量，以保证无人机能够协同飞行。关于多无人机系统通信网络的综述可参考文献[50,140－141]。在许多实际应用中，通信资源极其有限。因此，必须选择合适的协同变量，以保证算法在有限通信资源的条件下仍可以应用于较大规模的集群。

(3) 协同路径跟随控制。该模块是整个编队控制框架的核心，其目标是使无人机沿协同规划模块生成的期望航线飞行，同时利用机间通信提供的其他无人机的状态信息实现协同。该模块实质上可视作外环的导引控制，为内环的稳定回路控制生成导引指令。在很多任务场景下，无人机的高度保持不变[95,142-143]，在二维场景下，该模块的输出为期望速度和期望航向角速率。

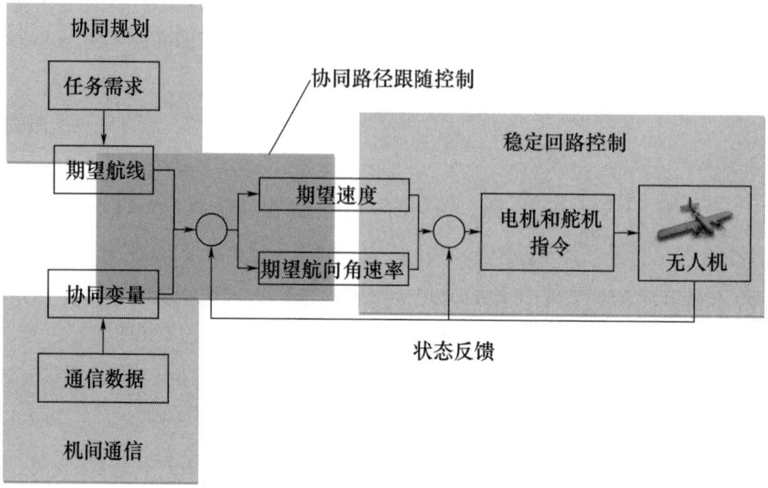

图 5.1 基于协同路径跟随的编队控制框架

(4)稳定回路控制。该模块利用协同路径跟踪控制模块的输出，生成电机和舵机指令，从而实现无人机的姿态、高度及速度的稳定，并直接控制无人机的运动。在该模块中，通常会用到自驾仪。关于无人机自驾仪的综述可参考文献[144]。

协同规划模块会为无人机生成期望的轨迹。当轨迹生成后，通常有两种任务执行方式[93]：一种是轨迹跟踪控制[145]，使每一架无人机跟踪一条以时间为参数的轨迹；另一种是协同路径跟随控制，即所有的无人机跟随各自路径并实现某种方式的协同。路径与轨迹的区别在于，路径并非以时间为参数，因此在生成轨迹之后可以再重新参数化，将空间的曲线路径与时间参数解耦。本书采用协同路径跟随控制，主要原因是当存在不稳定的零动态时，轨迹跟踪无论采用何种控制结构，都存在一些基本性能限制[146-147]，此外，在风扰下，轨迹跟踪控制的效果会更差[148-149]。

该框架与文献[94]中的方法主要不同点在于，协同规划生成的轨迹会重新参数化得到路径。因此，协同路径跟随控制模块使用多条路径而非轨迹作为输入。本章采取该方式的主要原因是，相比于表示时间参数化的轨迹，表示路径的方式更为灵活。事实上，在许多航空领域，飞行任务往往由一系列的航路点来表示[143-144,149]，这样当任务发生变更时，调整会更方便，并且地面控制站向无人机发送航路点而非时间参数化的轨迹，也会减小通信量。通过曲线拟合方法，空间曲线可以由一系列的航路点生成。

本章聚焦于该框架中的协同路径跟随控制模块，在充分考虑固定翼无人机控制受限特性的基础上，研究设计基于协同路径跟随的无人机集群队形保持和队形变换的控制算法。

5.2　基于协同路径跟随的队形保持

本节研究基于协同路径跟随的队形保持控制。不失一般性，考虑 n 架完全相同的固定翼无人机在二维平面内协同跟随同一条航线。控制目标是使所有的无人机沿该路径运动，同时使前后相邻两个飞机之间的曲纹距离收敛到期望的常数。

5.2.1　问题描述与数学模型

对于无人机 i 的状态可以用向量 $\boldsymbol{q}_i=(x_i,y_i,\theta_i)^{\mathrm{T}}\in\mathbb{R}^2\times[-\pi,\pi)$ 表示，其中 $(x_i,y_i)^{\mathrm{T}}$ 为无人机 i 在惯性坐标系 I 下的位置，θ_i 为无人机 i 与惯性坐标系 I 的 x 轴所成的夹角。无人机 i 的运动学模型可以表示为

$$\dot{\boldsymbol{q}}_i=\begin{bmatrix}\dot{x}_i\\ \dot{y}_i\\ \dot{\theta}_i\end{bmatrix}=\begin{bmatrix}\cos\theta_i & 0\\ \sin\theta_i & 0\\ 0 & 1\end{bmatrix}\begin{bmatrix}\boldsymbol{v}_i\\ \boldsymbol{\omega}_i\end{bmatrix} \tag{5.1}$$

式中：控制量 $\boldsymbol{v}_i$ 和 $\boldsymbol{\omega}_i$ 分别为无人机 i 的速度和航向角速率。

对于固定翼无人机而言，除式(5.1)外，还需考虑控制约束。一方面，无人机的速度受饱和约束和死区约束，即存在最大速度和最小速度的限制；另一方面，航向角速率受饱和约束限制。对无人机 i 的控制约束，可以数学化地表示为

$$\begin{cases}0<\boldsymbol{v}_{\min}\leqslant\boldsymbol{v}_i\leqslant\boldsymbol{v}_{\max}\\ |\boldsymbol{\omega}_i|\leqslant\boldsymbol{\omega}_{\max}\end{cases} \tag{5.2}$$

式中：$\boldsymbol{v}_{\min}$ 和 $\boldsymbol{v}_{\max}$ 分别为无人机的最小速度和最大速度；$\boldsymbol{\omega}_{\max}$ 为无人机允许的最大航向角速率。

考虑所有无人机都试图跟随一条有向的曲线路径 Γ，该路径存在解析表达式 $\Gamma(x,y)$，其 2 阶导数存在且连续。将曲线路径上 $\boldsymbol{p}$ 点处路径的单位切向量记为 $\boldsymbol{T}(\boldsymbol{p})$，则 $\boldsymbol{p}$ 点处的曲率可以定义为 $\kappa(\boldsymbol{p})=\mathrm{d}\boldsymbol{T}(\boldsymbol{p})/\mathrm{d}s$，其中 s 是表示曲线长度的自然参数。对该路径 Γ 进一步作以下假设。

假设 5.1

Γ 对所有的无人机都全局已知，并且 Γ 在点 p 处的曲率的绝对值小于一常数 κ_0，即 $|\kappa(p)|<\kappa_0$。

由于无人机速度和航向角速率的约束，为使无人机能够跟随路径，应满足 $\kappa_0 \leqslant \omega_{\max}/v_{\min}$。对于路径上一点 $\boldsymbol{p}=(p_x,p_y)^{\mathrm{T}}$，若向量 $\boldsymbol{t}=(x_i-p_x,y_i-p_y)^{\mathrm{T}}$ 垂直于 $\boldsymbol{T}(\boldsymbol{p})$，则称 $\boldsymbol{p}$ 为无人机 i 在路径 Γ 上的投影。定义 $\boldsymbol{\phi}_i=(\rho_i,\psi_i)$ 为无人机 i 的路径跟随误差（图 5.2），其中 $\rho_i \in \mathbb{R}$ 为无人机 i 到它在路径 Γ 上最近的投影点 p_i 的带符号距离——当无人机 i 在路径 Γ 的左侧时，则 $\rho_i>0$，在右侧时，则 $\rho_i<0$。例如，在图 5.2 中，对无人机 i 有 $\rho_i<0$，对无人机 j 有 $\rho_j>0$。ψ_i 是无人机 i 的航向角与它在 Γ 的最近投影 p_i 点处的切线 $\boldsymbol{T}(p_i)$ 方向所呈的夹角。这样，ρ_i 可以看作无人机 i 相对于路径 Γ 的位置误差，$\psi_i \in [-\pi,\pi)$ 可以看作无人机 i 相对于 $\boldsymbol{T}(p_i)$ 的航向误差。

注 5.1

若 $|\rho_i|<R_0$，其中 $R_0=\dfrac{1}{\kappa_0}$，那么无人机 i 的最近投影 p_i 是唯一的[150]。

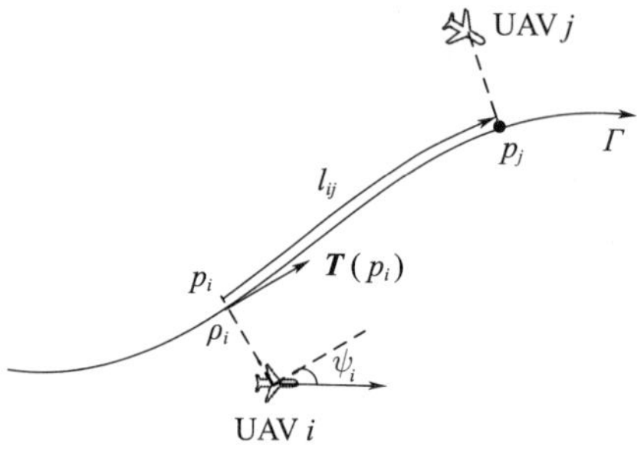

图 5.2　协同路径跟随示意图

因而，在满足 $|\rho_i|<R_0$ 的条件下，无人机的路径跟随误差满足下式，即

$$\begin{cases} \dot{\rho}_i = v_i \sin\psi_i, \\ \dot{\psi}_i = \omega_i - \dfrac{\kappa(p_i) v_i \cos\psi_i}{1-\kappa(p_i)\rho_i}, \end{cases} \quad i=1,\cdots,n \tag{5.3}$$

无人机 i 可以渐近跟随路径 Γ 当且仅当 $\lim\limits_{t\to\infty}\boldsymbol{\phi}_i=\mathbf{0}$。

根据注 3.2，无人机沿一条期望路径 Γ 飞行时，其动态特性式(3.12)具有 MEIP 性质；此外，也很容易验证，式(3.12)也可由式(3.14)描述的输入有界对象刻画。

在本节研究的协同路径跟随问题中，不仅要求所有的无人机都沿路径 Γ 飞行，还要求相邻两架无人机沿曲线的距离，收敛到期望的常数 L。在此借鉴微分几何中"曲纹坐标"的相关概念，将沿曲线的距离称为曲纹距离。为描述相邻两架无人机，引入前向邻居的概念。

定义 5.1

当满足下列条件时，称无人机 j 是无人机 i 的前向邻居：

① $|\rho_i| < R_0$，$|\rho_j| < R_0$；

② 无人机 j 在路径 Γ 上的最近投影 p_j 位于无人机 i 的最近投影 p_i 之前（图 5.2），且两个投影点之间不再有其他无人机的最近投影。

定义 5.1 中的两个条件意味着：

① 无人机在距离路径 Γ 充分近的情况下（即 $|\rho_i| < R_0$）才会有前向邻居；

② 每一架无人机最多有一个前向邻居。

注 5.2

当有多个无人机在 Γ 上的投影点相同时，可以按无人机的序号依次定义前向邻居，以避免出现歧义。

由于协同的目标是在相邻的两架无人机之间保持期望的曲纹距离，因此对于无人机 i，其只需要专注于与它的前向邻居之间的曲纹距离。为简化描述，将无人机 i 与它的前向邻居之间的曲纹距离记为 ζ_i，则对于无人机 i，其协同误差为 $L-\zeta_i$。

根据上述模型，可以将基于协同路径跟随的队形保持问题描述如下。

问题 5.1：队形保持场景下的协同路径跟随　考虑 n 架固定翼无人机，每一架都可由式（5.1）表示，且存在式（5.2）表示的控制约束，设计控制律以使得对 $i=1,2,\cdots,n$，当 $t\to\infty$ 时，有 $\boldsymbol{\phi}_i\to\mathbf{0}$，且 $L-\zeta_i\to 0$。

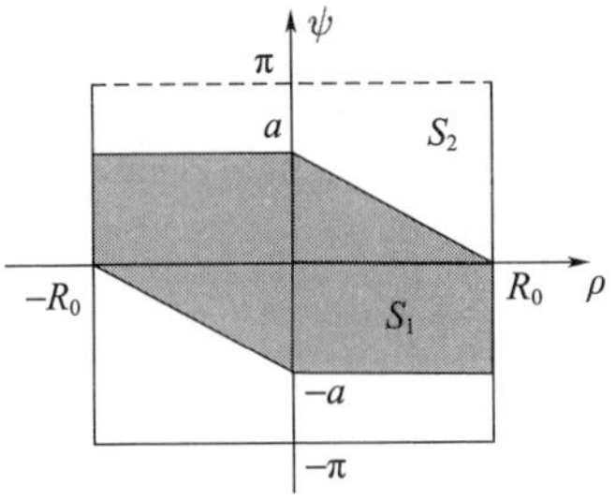

图 5.3　文献[83]中定义的集合 S 以及它的两个子集 S_1 和 S_2

在不考虑控制约束式(5.2)的情况下，可以按文献[83]定义一个集合 S：= $\{(\rho,\psi):\rho\in[-R_0,R_0],\psi\in[-\pi,\pi)\}$，其中 S 可以进一步划分成两部分，即 S_1 和 S_2，如图 5.3 所示。其中 S_1 为协同集，定义为 $S_1:=\{(\rho,\psi)\in S:|\rho|\leqslant R_0,|\psi|\leqslant a,|a\rho+R_0\psi|\leqslant aR_0\}$，$S_2:=S\backslash S_1$。参数 a 满足 $0<a<\min\{(\pi/2),R_0\}$。

文献[83]证明，在不考虑约束式(5.2)的情况下，可以设计合适的混合控制律，使得式(5.3)中的路径跟随误差 ϕ_i 收敛到 $\mathbf{0}$。具体而言，如果初始时 $\phi_i\in S$，则 ϕ_i 不会离开 S，并且会在有限时间内进入到 S_1 中，并最终收敛到 $\mathbf{0}$，且当 $t\to\infty$ 时，曲纹距离 ζ_i 收敛到 L。在该过程中，若 $\phi_i\in S_2$，则无人机 i 只会在单机层面飞行，即不会与其他飞机协同；协同算法只有当 $\phi_i\in S_1$ 时才执行。但是，当考虑式(5.2)的约束后，无法直接用上述方法设计混合控制律。

注 5.3

当考虑式(5.2)的约束后，可以构建一个区域 S_e，使得当 $\phi_i(t_0)\in S_e$，对于任何 $(v_i,\omega_i)\in[v_{\min},v_{\max}]\times[-\omega_{\max},\omega_{\max}]$，都存在一时刻 $t_1>t_0$，满足 $\phi_i(t_1)\notin S$。不失一般性，假设 $\kappa(p_i)\in(-\kappa_0,0]$。定义 $S_e=\{\phi_i\in S:\dfrac{v_{\min}(\psi_i-\epsilon_0)\sin\epsilon_0}{\omega_{\max}}+\rho_i-R_0>0,\rho_i\in[0,R_0],\psi_i\in[0,\pi/2]\}$，其中 $0<\epsilon_0<\pi/2$。注意 S_e 并不是一个空集，否则 $\dfrac{v_{\min}(\psi_i-\epsilon_0)\sin\epsilon_0}{\omega_{\max}}+\rho_i-R_0\leqslant0$ 应该对所有的 $\rho_i\in[0,R_0]$ 和 $\psi_i\in[0,\pi/2]$ 成立，但令 $\rho_i=R_0,\psi_i=\pi/2$，可以验证其不可能，故而 $S_e\neq\varnothing$。根据式(5.2)，当 $\psi_i\in[\epsilon_0,\pi/2]$，$\dot{\psi}_i=\omega_i-\dfrac{\kappa(p_i)v_i\cos\psi_i}{1-\kappa(p_i)\rho_i}\geqslant-\omega_{\max}$。假定 t^* 是达到 $\psi_i\leqslant\epsilon_0$ 这一条件所需的最小时间，则 $t^*\geqslant\dfrac{\psi_i(t_0)-\epsilon_0}{\omega_{\max}}$。当 $t\in[t_0,t_0+t^*]$ 时，有 $\dot{\rho}_i=v_i\sin\psi_i\geqslant v_{\min}\sin\epsilon_0>0$，因此 $\dot{\rho}_i\cdot\dfrac{\psi_i(t_0)-\epsilon_0}{\omega_{\max}}\geqslant\dfrac{v_{\min}(\psi_i(t_0)-\epsilon_0)\sin\epsilon_0}{\omega_{\max}}>R_0-\rho_i(t_0)$，这意味着 ϕ_i 会在 t_0+t^* 时刻之前离开 S。由于无论采用何种控制都无法保证集合 S 是一个正不变集，故无法使用文献[83]中的方法求解问题 5.1。

故而，为求解问题 5.1，需要进一步对集合 S 进行划分，确定不变子集，并相应地设计控制律。具体而言，本章 5.2.2 节重新定义了协同集，并提出了相应的控制律;5.2.3 节设计了协同集之外的单机层控制律。

5.2.2　协同集内的控制律设计

本小节设计在协同集之内的协同路径跟随控制律。在此将协同集数学化表示为 $S_1=\{(\rho,\psi):|\rho|\leqslant R_1,|\psi|\leqslant a,|a\rho+R_1\psi|\leqslant aR_1\}$,其中 $R_1<R_0$。由于 $\kappa_0=\dfrac{1}{R_0}$,故 $\kappa_0=R_1<1$。

该集合的定义相比于不考虑速度约束时的情形有所缩小(图 5.3)。在考虑速度约束的情况下,参数 a 和 R_1 的选择应当更为谨慎。本节首先讨论参数的选择,再具体设计控制律。

1. 协同集的参数选择

协同集 S_1 的参数选择遵循两个基本原则。

原则 1:要保证存在合适的控制律使 S_1 为一个正不变集,即若存在 t_0 时刻满足 $\phi_i(t_0)\in S_1$,则 $\phi_i(t)\in S_1$ 对任意 $t>t_0$ 成立。这样,对于 $\phi_i(t_0)\notin S_1$,只需设计控制律以满足 $\phi_i(t)$ 在有限时间进入 S_1。

注 5.4

记集合 ∂S_1 为 S_1 与集合 $\{(\rho,\psi):|\psi|=a\}\cup\{(\rho,\psi):|a\rho+R_1\psi|=aR_1\}$ 的交集,即 ∂S_1 是 S_1 边界的子集。根据命题 2.1,原则 1 等价于保证 $\phi_i(t)$ 不会穿过第一和第三象限的 $|a\rho+R_1\psi|=aR_1$ 以及第二和第四象限的 $|\psi|=a$。由于 $v_i>0$,则 $\phi_i(t)$ 必然不会从第二和第四象限的 $|\rho|=R_1$ 离开 S_1,因此在定义集合 ∂S_1 时未包含集合 $\{(\rho,\psi):|\rho|=R_1\}$。只要 ϕ_i 不会从 ∂S_1 离开 S_1,即可保证 S_1 是一个正不变集。

对于原则 1,有以下引理。

引理 5.1

满足原则 1 的充分条件是,对任意 $\phi_i\in\partial S_1$,都存在 v_i 和 ω_i 满足式(5.2),使得不等式(5.4)至式(5.7)中有一个成立,即

$$\begin{cases} v_i\left(a\sin\psi_i-R_1\dfrac{\kappa(p_i)\cos\psi_i}{1-\kappa(p_i)\rho_i}\right)+R_1\omega_i+R_1\alpha\leqslant 0 \\ \rho_i\geqslant 0,\psi_i\geqslant 0 \end{cases} \tag{5.4}$$

$$\begin{cases}\omega_i - \dfrac{\kappa(p_i)v_i\cos\psi_i}{1-\kappa(p_i)\rho_i} + \alpha \leqslant 0 \\ \rho_i < 0, \psi_i > 0\end{cases} \tag{5.5}$$

$$\begin{cases}v_i\left(a\sin\psi_i - R_1\dfrac{\kappa(p_i)\cos\psi_i}{1-\kappa(p_i)\rho_i}\right) + R_1\omega_i - R_1\alpha \geqslant 0 \\ \rho_i \leqslant 0, \psi_i \leqslant 0\end{cases} \tag{5.6}$$

$$\begin{cases}\omega_i - \dfrac{\kappa(p_i)v_i\cos\psi_i}{1-\kappa(p_i)\rho_i} - \alpha \geqslant 0 \\ \rho_i > 0, \psi_i < 0\end{cases} \tag{5.7}$$

式中：α 为一个小的正数。

引理5.1可以很容易通过命题2.1加以验证。利用引理5.1可以得到以下关于参数选择的不等式关系。

引理 5.2

如果存在 $v_{\mathrm{m}} \in (v_{\min}, v_{\max}]$ 使得不等式(5.8)和式(5.9)成立，那么对于任意的 $\phi_i \in \partial S_1$，存在 v_i 和 ω_i 满足约束式(5.2)，同时使得不等式(5.4)至式(5.7)中有一个成立。

$$\sqrt{\left(\frac{a}{R_1}\right)^2 + \kappa_0^2} + \frac{\alpha}{v_{\mathrm{m}}} \leqslant \frac{\omega_{\max}}{v_{\mathrm{m}}} \tag{5.8}$$

$$\frac{\kappa_0}{1-\kappa_0 R_1} + \frac{\alpha}{v_{\mathrm{m}}} \leqslant \frac{\omega_{\max}}{v_{\mathrm{m}}} \tag{5.9}$$

证明 当 ϕ_i 位于第一象限时，根据不等式(5.8)可得

$$\begin{aligned}0 &\geqslant v_{\mathrm{m}}(a\sin\psi_i + R_1\kappa_0\cos\psi_i) - R_1\omega_{\max} + R_1\alpha \\ &\geqslant v_{\mathrm{m}}\left(a\sin\psi_i - R_1\frac{\kappa(p_i)\cos\psi_i}{1-\kappa(p_i)\rho_i}\right) - R_1\omega_{\max} + R_1\alpha\end{aligned} \tag{5.10}$$

因此，令 $v_i \in [v_{\min}, v_{\mathrm{m}}]$，$\omega_i = -\omega_{\max}$，可以得到不等式(5.4)。

当 ϕ_i 位于第二象限时，根据不等式(5.9)可得

$$-\alpha \geqslant -\omega_{\max} + \frac{v_{\mathrm{m}}\kappa_0}{0-\kappa_0 R_1} \geqslant -\omega_{\max} - \frac{v_{\mathrm{m}}\kappa(p_i)\cos\psi_i}{1-\kappa(p_i)\rho_i} \tag{5.11}$$

因此，令 $v_i \in [v_{\min}, v_{\mathrm{m}}]$，$\omega_i = -\omega_{\max}$，可以得到不等式(5.5)。

不等式(5.6)和不等式(5.7)可以用同样的方式得到。证毕。

原则 2：需保证存在合适的控制律，使得当所有无人机进入 S_1 后，无人机沿路径的排序固定。具体而言，若无人机 i 和它的前向邻居无人机 j 在 t_0 时刻满足 $\phi_i(t_0), \phi_j(t_0) \in S_1$，则不会有其他无人机 $k, k \neq i, j$ 在这之后成为无人机 i 的前向邻居，即若 $\phi_i(t_0) \in S_1, \forall i = 1, 2, \cdots, n$，则 $\zeta_i(t) > 0, \forall t > t_0$。①

引理 5.3

若不等式(5.12)成立，有

$$\frac{1}{1-\kappa_0 R_1} v_{\min} + c \leqslant \frac{\cos\alpha}{1+\kappa_0 R_1} v_{\mathrm{m}} \tag{5.12}$$

其中 $c>0$，则原则 2 可以满足。

证明　记无人机 i 沿路径飞行的速度为 v_i^r，则 $v_i^r = \dfrac{\cos\psi_i}{1-\kappa(p_i)\rho_i} v_i$。设无人机 j 为无人机 i 的前向邻居，且 ϕ_i、$\phi_j \in S_1$，则 $\dot{\zeta}_i = v_j^r - v_i^r$。设初始时 $0 < \zeta_i(t_0) \leqslant L - \delta_1$，其中 $0 < \delta_1 < L$，若不等式(5.12)成立，可以令 $v_i \in [v_{\min}, v_{\mathrm{m}}]$，$v_j \in [v_{\min}, v_{\max}]$，以使得 $v_i^r = \dfrac{1}{1-\kappa_0 R_1} v_{\min}$，$v_j^r \geqslant \dfrac{1}{-\kappa_0 R_1} v_{\min}$，则 $\dot{\zeta}_i \geqslant 0$ 对于所有 $t \geqslant t_0$ 都成立，故$\zeta_i > 0$ 始终成立，即存在可行控制律使得“超车”的情况不会出现。证毕。

除不等式(5.8)、式(5.9)和式(5.12)之外（分别由引理 5.2 和引理 5.3 得到），对于参数还有以下约束，即

$$\begin{cases} 0 < a < \pi/2 \\ 0 < R_1 < R_0 \\ v_{\min} < v_{\mathrm{m}} \leqslant v_{\max} \end{cases} \tag{5.13}$$

其中 $v_{\min}$、$v_{\max}$ 和 $\omega_{\max}$ 由无人机机动性能确定；κ_0 由无人机所跟随的路径确定；c 可以由人为确定。因此，未知参数仅有 3 个，即 a、R_1 及 v_{m}。这 3 个参数的选择问题可以转化为一个优化问题，优化目标是使 S_1 尽可能大，这样 S_1 中就会包含更多可以直接由协同集内的控制律所处理的情形②。该优化问题可以表述为

$$\begin{cases} \max \quad aR_1 \\ \text{s.t.} \quad \text{不等式(5.8)、式(5.9)、式(5.12)、式(5.13)成立} \end{cases} \tag{5.14}$$

当优化问题式(5.14)存在可行解时，可以确保存在合适的控制律满足上述

---

① 若 $\zeta_i(t)$ 变为 0，则意味着在 t 时刻，无人机 i 正在被其他无人机超过，或无人机 i 正在超越其他无人机。

② 当 ϕ_i 位于 S_1 之外时，首先要使其进入到 S_1 中，然后本小节的控制律才起作用。

的两个原则；通过求解该优化问题，可以得到设计 S_1 的两个参数，即 a 和 R_1，同时还可以得到 5.2.2 节中“2. 控制律设计”时所用的一个参数 v_m。

引理 5.4

优化问题式(5.14)存在可行解的一个充分条件是

$$\begin{cases}\kappa_0\leqslant\dfrac{\omega_{\max}}{v_{\max}}\\ v_{\min}+c\leqslant v_{\max}\end{cases}\tag{5.15}$$

注 5.5

引理 5.4 可以很容易验证。由此可以得到选择式(5.14)中的参数 c 的一个准则为 $c\leqslant v_{\max}-v_{\min}$。

显然，从不等式(5.12)可以看出，c 越小，对应于问题式(5.14)的可行解越多，相应地，协同集也越大。但对于控制律设计而言，c 还影响着收敛速度(更多讨论见下文)，因此 c 并非越小越好，需要在协同集的大小和收敛速度两个方面保持平衡。

上述过程即为协同集 S_1 的参数选择过程。通过参数选择，不仅设计了协同集 S_1，还可以保证控制律的存在性。接下来将具体设计协同集内的控制律。

2. 控制律设计

设计的 S_1 内的协同路径跟随控制律如算法 6 所示。由于路径对无人机全局已知，在此假设无人机 i 可以计算得到 ρ_i、ψ_i 和 $\kappa(p_i)$，同时，ζ_i 可以由无人机 i 测量得到，或与其前向邻居通信得到。当无人机 i 不存在前向邻居时，自动设定 $\zeta_i=L$。

在具体介绍算法之前，先介绍一个连续函数 $\chi(\zeta_i)$，在第 2 行用到，其性质如下：

① $\zeta_i\in[0,L-\delta_1)$，其中 $0<\delta_1<L$ 时，满足 $\chi(\zeta_i)=\dfrac{1}{1-\kappa_0R_1}v_{\min}$；

② $\chi(L)=\dfrac{\lambda}{1-\kappa_0R_1}v_{\min}+\dfrac{(1-\lambda)\cos a}{1+\kappa_0R_1}v_m$，其中 $0<\lambda<1$；

③ 当 $\zeta_i\in[0,\infty)$ 时，$\chi(\zeta_i)$ 为单调递增函数；当 $\zeta_i\in[L-\delta_2,L+\delta_2]$，其中 $0<\delta_2\leqslant\delta_1$ 时，$\chi(\zeta_i)$ 为严格单调递增函数。

算法第 2 行和第 3 行使用了饱和函数 Sat(·)，其定义同式(4.4)。

S_1 中协同路径跟随控制律中最主要的函数 COORDCONTROL 的运行方式

为：在第 2 行，基于协同误差设置 v_i，并确保 $v_i \in [v_{\min}, v_{\max}]$。在算法第 3 行，利用第 2 行得到的 v_i 求

算法 6　S_1 内的协同路径跟随控制律

输入：$\rho_i, \psi_i, \kappa(p_i), \zeta_i$；

输出：v_i, ω_i；

1：**procedure** COORDCONTROL($\rho_i, \psi_i, \kappa(p_i), \zeta_i$)

2：　令 $v_i = \mathrm{Sat}\left(\dfrac{1-\kappa(p_i)\rho_i}{\cos\psi_i}\chi(\zeta_i), v_{\min}, v_{\max}\right)$；

3：　令 $\omega_i = \mathrm{Sat}(\omega_{\mathrm{d}} - \omega_{\max}, \omega_{\max})$，其中 $\omega_{\mathrm{d}} = v_i\left[-\dfrac{k_1\vartheta_i}{k_2} + \dfrac{\kappa(p_i)\cos\psi_i}{1-\kappa(p_i)\rho_i}\right] - \alpha \cdot \mathrm{sign}(\vartheta_i)$，且 $k_1 > 0, k_2, k_3 \geqslant 1, a \leqslant R_1 k_1 < a k_2$；

4：　$v_i \leftarrow$ RESETVALUE($v_i, \omega_i, \rho_i, \psi_i, \kappa(p_i), \zeta_i$)

5：　**return** v_i, ω_i

6：**end procedure**

7：**procedure** RESETVALUE($v_i, \omega_i, \rho_i, \psi_i, \kappa(p_i), \zeta_i$)

8：　**if** $\phi_i \in S_1^1$ **and** 不等式(5.4)不成立 **then**

9：　　$v_i = -\left[a\sin\psi_i - R_1\dfrac{\kappa(p_i)\cos\psi_i}{1-\kappa(p_i)\rho_i}\right]^{-1} R_1(\omega_i + \alpha)$

10：　**end if**

11：　**if** $\phi_i \in S_1^2$ **and** 不等式(5.5)不成立 **then**

12：　　$v_i = \dfrac{1-\kappa(p_i)\rho_i}{\kappa(p_i)\cos\psi_i}(\omega_i + \alpha)$

13：　**end if**

14：　**if** $\phi_i \in S_1^3$ **and** 不等式(5.6)不成立 **then**

15：　　$v_i = -\left[a\sin\psi_i - R_1\dfrac{\kappa(p_i)\cos\psi_i}{1-\kappa(p_i)\rho_i}\right]^{-1} R_1(\omega_i - \alpha)$

16：　**end if**

17：　**if** $\phi_i \in S_1^4$ **and** 不等式(5.7)不成立 **then**

18：　　$v_i = \dfrac{1-\kappa(p_i)\rho_i}{\kappa(p_i)\cos\psi_i}(\omega_i - \alpha)$

19：　**end if**

算法 6 S_1 内的协同路径跟随控制律

20： **if** $\phi_i \in S_1^5$ **and** $\omega_i - \dfrac{\kappa(p_i)v_i\cos\psi_i}{1-\kappa(p_i)\rho_i} - \alpha < 0$ **then**

21： $\qquad v_i = \dfrac{1-\kappa(p_i)\rho_i}{\kappa(p_i)\cos\psi_i}(\omega_i - \alpha)$

22： **end if**

23： **if** $\phi_i \in S_1^6$ **and** $\omega_i - \dfrac{\kappa(p_i)v_i\cos\psi_i}{1-\kappa(p_i)\rho_i} + \alpha > 0$ **then**

24： $\qquad v_i = \dfrac{1-\kappa(p_i)\rho_i}{\kappa(p_i)\cos\psi_i}(\omega_i + \alpha)$

25： **end if**

26： **return** v_i

27： **end procedure**

ω_i，并确保 $\omega_i \in [-\omega_{\max}, \omega_{\max}]$。在计算得到 v_i 和 ω_i 之后，需要再检查得到的 v_i 和 ω_i 是否满足某些要求（见函数 RESETVALUE），若不满足，会重新再计算 v_i。该检查和重计算过程即函数 RESETVALUE。在该函数中，将 S_1 划分成 6 个子集，在不同的子集中根据不同的规则重新计算 v_i 的值。

令 $\vartheta_i = k_1\rho_i + k_2\psi_i + k_3\sin\psi_i$，则 $\vartheta_i = 0$ 是一条经过原点的近似为直线的曲线，$\vartheta_i > 0$ 在曲线的右上方，$\vartheta_i < 0$ 在曲线的左下方。$\vartheta_i = 0$ 和 ρ 轴及 ψ 轴将 S_1 划分为图 5.4 所示的 6 个子集，定义为

$$\begin{cases} S_1^1 = \{\phi_i \in S_1 : \rho_i > 0, \psi_i \geq 0, \vartheta_i > 0\} \\ S_1^2 = \{\phi_i \in S_1 : \rho_i \leq 0, \psi_i \geq 0, \vartheta_i \geq 0\} \\ S_1^3 = \{\phi_i \in S_1 : \rho_i < 0, \psi_i \leq 0, \vartheta_i < 0\} \\ S_1^4 = \{\phi_i \in S_1 : \rho_i \geq 0, \psi_i \leq 0, \vartheta_i \leq 0\} \\ S_1^5 = \{\phi_i \in S_1 : \rho_i < 0, \psi_i > 0, \vartheta_i < 0\} \\ S_1^6 = \{\phi_i \in S_1 : \rho_i > 0, \psi_i < 0, \vartheta_i > 0\} \end{cases} \qquad (5.16)$$

图 5.4 S_1 的 6 个子集

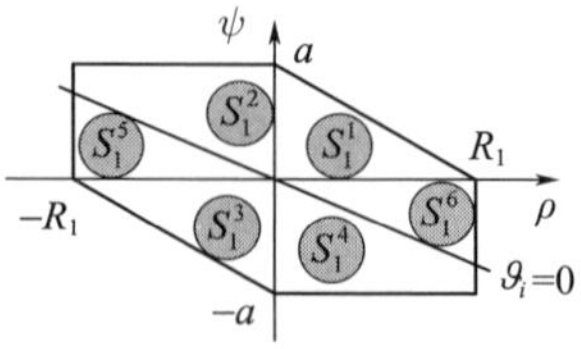

注意：根据该定义，原点既包含在 S_1^2 中，也包含在 S_1^4 中。

函数 RESETVALUE 会检查当 $\phi_i \in S_1^1 \cup S_1^2 \cup S_1^3 \cup S_1^4$ 时，不等式（5.4）至式（5.7）中是否有一个成立。如果不是，则将重新计算 v_i。易证，当 $\phi_i \in S_1^1 \cup S_1^2 \cup S_1^3 \cup S_1^4$ 时，重新计算后的 v_i 能够使不等式（5.4）至式（5.7）中有一个成立。由于 ϕ_i 不会从 $|\rho_i| = R_1$ 离开 S_1（参考注 5.4），因此当 $\phi_i \in S_1^5 \cup S_1^6$ 时，无需检查不等式（5.4）至式（5.7）中是否有一个成立。但算法会进一步确保当 $\phi_i \in S_1^5$ 时，$\dot{\psi}_i \geqslant 0$；当 $\phi_i \in S_1^6$ 时，$\dot{\psi}_i \leqslant 0$。函数 RESETVALUE 具有以下性质。

引理 5.5

若 RESETVALUE 改变了 $\boldsymbol{v}_i$ 的值，记 $\boldsymbol{v}_{i1}$ 为算法 6 第 2 行返回的速度值，$\boldsymbol{v}_i$ 为 RESETVALUE 最终返回的值，则 $\boldsymbol{v}_{\mathrm{m}} \leqslant \boldsymbol{v}_i < \boldsymbol{v}_{i1}$。

证明　以 $\phi_i(t) \in S_1^1$ 为例。若第 3 行返回的 ω_i 没有饱和，即 $\omega_i = \omega_{\mathrm{d}}$，则 $\boldsymbol{v}_i$ 的值不会在 RESETVALUE 函数中改变，原因是不等式（5.4）的左边变成

$$
\begin{aligned}
\boldsymbol{v}_{i1}\left[a\sin\psi_i - R_1\frac{\kappa(p_i)\cos\psi_i}{1-\kappa(p_i)\rho_i}\right] + R_1\omega_i + R_1\alpha &= a\boldsymbol{v}_{i1}\sin\psi_i - \frac{k_1R_1\boldsymbol{v}_{i1}}{k_2}(k_1p_i + k_2\psi_i + k_3\sin\psi_i) \\
&\leqslant a\boldsymbol{v}_{i1}\sin\psi_i - k_1R_1\boldsymbol{v}_{i1}\psi_i \leqslant 0
\end{aligned}
\tag{5.17}
$$

式中：不等式（a）是由于 $k_1R_1 \geqslant a$ 并且 $0 < \psi_i < \pi/2$。因此，当 $\omega_i = \omega_{\mathrm{d}}$ 时，不等式（5.4）成立，即 $\boldsymbol{v}_i$ 不会在 RESETVALUE 函数中改变。

现假设 $\omega_i = \omega_{\max}$，这意味着 $\omega_{\mathrm{d}} \geqslant \omega_{\max}$，则不等式（5.4）的左边变成

$$
\begin{aligned}
& v_{i1}\left[a\sin\psi_i - R_1\frac{\kappa(p_i)\cos\psi_i}{1-\kappa(p_i)\rho_i}\right] + R_1\omega_{\max} + R_1\alpha \\
\leqslant & \boldsymbol{v}_{i1}\left[\frac{k_1R_1}{k_2}(k_1\rho_i + k_2\psi_i + k_3\sin\psi_i) - R_1\frac{\kappa(p_i)\cos\psi_i}{1-\kappa(p_i)\rho_i}\right] \\
& + R_1\alpha + R_1\omega_{\max} = R_1(-\omega_{\mathrm{d}} + \omega_{\max}) \leqslant 0
\end{aligned}
\tag{5.18}
$$

因此，不等式（5.4）成立，即 $\boldsymbol{v}_i$ 不会在 RESETVALUE 函数中改变。

最后，若 $\omega_i = -\omega_{\max}$，且 $\boldsymbol{v}_i$ 在 RESETVALUE 函数中改变，则返回值

$$
\begin{aligned}
\boldsymbol{v}_i &= \left[a\sin\psi_i - R_1\frac{\kappa(p_i)\cos\psi_i}{1-\kappa(p_i)\rho_i}\right]^{-1} R_1(\omega_{\max} - \alpha) \\
&\geqslant \frac{R_1(\omega_{\max} - \alpha)}{a\sin\psi_i + R_1\kappa_0\cos\psi_i} \overset{(\mathrm{b})}{\geqslant} \boldsymbol{v}_{\mathrm{m}}
\end{aligned}
\tag{5.19}
$$

式中：不等式（b）由式（5.10）得到。显然，$\boldsymbol{v}_i < \boldsymbol{v}_{i1}$，否则不等式（5.4）会成立，

v_i 也就无需改变。因此，如果 $\phi_i \in S_1^1$，并且 v_i 在 RESETVALUE 函数中改变，则 $v_m \leqslant v_i < v_{i1}$。

其他几个子集内的情形可以用相似的方法得证。证毕。

根据 Sat(·)函数的定义，有 $v_{i1} \leqslant v_{max}$。因此，引理 5.5 意味着，算法 6 计算得到的控制输入 v_i 和 ω_i 满足约束式(5.2)。

接下来证明算法 6 能够满足 5.2.2 节提出的原则 1，使 S_1 成为一个正不变集。

定理 5.1

或 $\phi_i(t_0) \in S_1$，则算法 6 能够使 $\phi_i(t) \in S_1$，$\forall t > t_0$。

证明 当 $\phi_i \in S_1^1 \cup S_1^2 \cup S_1^3 \cup S_1^4$ 时，函数 RESETVALUE 能够确保不等式(5.4)至式(5.7)中有一个成立。根据这些集合的定义，$\partial S_1 \subsetneq S_1^1 \cup S_1^2 \cup S_1^3 \cup S_1^4$。由引理 5.1 知，$S_1$ 是一个正不变集。证毕。

注 5.6

由算法 6 易证以下结果：

① 若 $\vartheta_i > 0$，则 $\dot{\psi}_i \leqslant -\alpha$；若 $\vartheta_i < 0$，则 $\dot{\psi}_i \geqslant \alpha$；

② 若 $\phi_i \in S_1^1 \cup S_1^3$，且 $\psi_i \neq 0$，则 $\dfrac{\dot{\psi}_i}{\dot{\rho}_i} \leqslant -\dfrac{a}{R_1}$。

对于 5.2.2 节提出的原则 2，定理 5.2 指出，算法 6 能够确保所有的无人机进入 S_1 后，它们沿路径的排序会确定下来。

定理 5.2

假设 $\phi_i(t_0) \in S_1$，$\forall i = 1, 2, \cdots, n$，且 $\zeta_i(t_0) > 0$，则执行算法 6 能够使 $\zeta_i(t) > 0$ 对于 $\forall t \geqslant t_0$ 成立。

证明 首先，算法 6 能够确保每架无人机沿路径的推进速度满足 $v_i^r \geqslant \chi(0)$。当 RESETVALUE 不改变 v_i 的值时，根据 $\chi(\cdot)$ 的定义很容易得出这一点。当 v_i 的值发生改变时，由引理 5.5 可得 $v_i \geqslant v_m$，则 $v_i^r \geqslant v_m \dfrac{\cos a}{1 + \kappa_0 R_1} > \chi(0)$。

设无人机 j 是无人机 i 的前向邻居，则 $\zeta_i = v_j^r - v_i^r$。设初始时 $0 < \zeta_i(t_0) \leqslant L - \delta_1$，因此有 $v_i^r = \chi(0)$。采用与引理 5.3 的证明中相似的做法可以推出

$\zeta_i(t)>0,\forall t\geqslant t_0$。证毕。

接下来展示 5.2.2.1 节提出的两个原则对确保无人机在 S_1 内的协同路径跟随闭环系统渐近稳定的重要性。对于路径跟随误差,定理 5.3 表明,若无人机初始时在 S_1 内,则路径跟随误差收敛到零。

定理 5.3

若 $\boldsymbol{\phi}_i(t_0)\in S_1$,执行算法 6 能够使 $\lim\limits_{t\to\infty}\boldsymbol{\phi}_i(t)=\mathbf{0}$。

证明　首先,由注 5.6 的第②点,当 $\vartheta_i>0$ 时,$\dot{\psi}_i\leqslant-\alpha<0$;当 $\vartheta_i<0$ 时,$\dot{\psi}_i\geqslant\alpha>0$。由定理 5.1 知,$\boldsymbol{\phi}_i\in S_1$ 时,$|\psi_i|\leqslant a$。因此,对于任意的 $\boldsymbol{\phi}_i(0)\in S_1$,都存在一个有限的时间 $t_0\leqslant\dfrac{2a}{\alpha}$,满足 $\vartheta_i(t_0)=0$。其次,由注 5.6 的第①点,当 $\boldsymbol{\phi}_i\in S_1^5\cup S_1^6$ 时,$\vartheta_i\dot{\vartheta}_i=\vartheta_i(k_i\dot{\rho}_i+k_2\dot{\psi}_i+k_3\dot{\psi}_i\cos\psi_i)<0$,因而对于任意的 $\boldsymbol{\phi}_i(t_0)\in\{(\rho_i,\psi_i):\vartheta_i=0\}$,$\boldsymbol{\phi}_i$ 不会直接进入 S_1^5 或 S_1^6。故而,如果 $\boldsymbol{\phi}_i(t_0)\in\{(\rho_i,\psi_i):\vartheta_i=0\}$,那么 $\boldsymbol{\phi}_i$ 在 t_0 之后的轨迹可以分为以下 3 种情况。

情况 1,$\boldsymbol{\phi}_i(t)\in\{(\rho_i,\psi_i):\vartheta_i=0\}$ 对任意的 $t\geqslant t_0$ 都成立。由于 $\vartheta_i=k_1\rho_i+k_2\psi_i+k_3\sin\psi_i$,可写成 $\vartheta_i=k_1\rho_i+k_2\arcsin\dfrac{\dot{\rho}_i}{\boldsymbol{v}_i}+k_3\dfrac{\dot{\rho}_i}{\boldsymbol{v}_i}$。记 $h(x)=k_2\arcsin\dfrac{x}{\boldsymbol{v}_i}+k_3\dfrac{x}{\boldsymbol{v}_i}$,$x\in[-\boldsymbol{v}_i\sin a,\boldsymbol{v}_i\sin a]$。显然,$h(x)$ 是一个奇函数,且它的逆函数 $h^{-1}(x)$ 存在。故而,若 $\vartheta_i(t)\equiv0$ 对任意的 $t\geqslant t_0$ 成立,则 $\dot{\rho}_i=-h^{-1}(k_1\rho_i)$。由于 $h(x)$ 满足 Lipschitz 条件,因此存在一个正常数 c_1 满足 $|h(x)|\leqslant|c_1x|$。故 $|\rho_i(t)|\leqslant|\rho_i(t_0)|\exp\left[-\dfrac{k_1}{c_1}(t-t_0)\right]$,意味着当 $t\to\infty$ 时,有 $\rho_i(t)\to0$。同时,由于 $\vartheta_i(t)=k_1\rho_i+k_2\psi_i+k_3\sin\psi_i\equiv0$ 对于所有的 $t\geqslant t_0$ 都成立,故而 $\psi_i(t)\to0$。

情况 2,存在 $t>t_0$,满足 $\boldsymbol{\phi}_i(t)\notin\{(\rho_i,\psi_i):\vartheta_i=0\}$,但 $\boldsymbol{\phi}_i(t)\in S_1^2\cup S_1^4$,$\forall t>t_0$。在这种情况下,由于当 $\boldsymbol{\phi}_i\in S_1^4\setminus\{(\rho_i,\psi_i):\vartheta_i=0\}$ 时,$\dot{\psi}\geqslant\alpha$,当 $\boldsymbol{\phi}_i\in S_1^2\setminus\{(\rho_i,\psi_i):\vartheta_i=0\}$ 时,$\dot{\psi}_i\leqslant-\alpha$。因此,$|\psi_i|$ 在 $\boldsymbol{\phi}_i(t)\notin\{(\rho_i,\psi_i):\vartheta_i=0\}$ 时单调非增,且 $\boldsymbol{\phi}_i(t)\notin\{(\rho_i,\psi_i):\vartheta_i=0\}$ 的总时间是有限的,不超过 $\dfrac{a}{\alpha}$。此外,当 $\boldsymbol{\phi}_i(t)\notin\{(\rho_i,\psi_i):\vartheta_i=0\}$ 时,$|\rho_i|$ 也单调非增,结合情况 1 的结果,有 $|\rho_i(t)|\leqslant|\rho_i(t_0)|\exp\left[-\dfrac{k_1}{c_1}\left(t-t_0-\dfrac{a}{\alpha}\right)\right]$,因此 $\lim\limits_{t\to\infty}\rho_i(t)=0$。由于 $|\psi_i|$ 非增且有界,因此 $\lim\limits_{t\to\infty}|\psi_i|$ 存在。由于 $\boldsymbol{\phi}_i(t)\notin\{(\rho_i,\psi_i):\vartheta_i=0\}$ 的总时间有界且 $\lim\limits_{t\to\infty}\rho_i(t)=0$,故

$\lim_{t\to\infty}\psi_i(t)=0$，因此$\lim_{t\to\infty}\boldsymbol{\phi}_i(t)=\mathbf{0}$。

情况3：存在$t>t_0$，满足$\boldsymbol{\phi}_i(t_0)\in\{(\rho_i,\psi_i):\vartheta_i=0\}$且$\boldsymbol{\phi}_i(t)\notin S_1^2\cup S_1^4$。由于$\boldsymbol{\phi}_i$不会直接进入$S_1^5$和$S_1^6$，因此$\boldsymbol{\phi}_i$必然穿过$\psi$轴进入$S_1^1\cup S_1^3$。不失一般性，假设$\rho_i(t_0)>0,\psi_i(t_0)<0$，如图5.5所示。在$\boldsymbol{\phi}_i$进入$S_1^3$之后，由于$\dot{\psi}_i\geqslant\alpha>0$在$S_1^3$和$S_1^5$中都成立，故存在有限时刻$t_1\leqslant t_0+\dfrac{2a}{\alpha}$，满足$\boldsymbol{\phi}_i(t_1)\in\{(\rho_i,\psi_i):\vartheta_i=0\}$，且$\rho_i(t_1)\leqslant 0,\psi_i(t_1)\geqslant 0$。记$\boldsymbol{\phi}_i$的轨迹与$\rho$轴的交点为$(-r_1,0)$，由于当$\boldsymbol{\phi}_i\in S_1^4\setminus\{(\rho_i,\psi_i):\vartheta_i=0\}$时，$\dot{\psi}_i\geqslant\alpha>0$，且不等式(5.6)在$\boldsymbol{\phi}_i\in S_1^3$时始终成立，因此$r_1<\dfrac{R_1}{a}|\psi_i(t_0)|$。此外，由于在$S_1^5$中$\dot{\rho}_i=v_i\sin\psi_i>0$，故$|\rho_i(t_1)|<r_1<\dfrac{R_1}{a}|\psi_i(t_0)|$。又因$|\psi_i(t_0)|\leqslant\dfrac{k_1}{k_2}|\rho_i(t_0)|$，$|\psi_i(t_1)|\leqslant\dfrac{k_1}{k_2}|\rho_i(t_1)|$，因此，$|\rho_i(t_1)|<\dfrac{R_1k_1}{ak_2}|\rho_i(t_0)|$，$|\psi_i(t_1)|<\dfrac{R_1k_1}{ak_2}|\psi_i(t_0)|$。记$\sigma:=\dfrac{R_1k_1}{ak_2}$，则$\sigma<1$。综上，当$t\in[t_0,t_1]$时，$|\rho_i(t)|\leqslant|\rho_i(t_0)|$，$|\psi_i(t)|\leqslant|\psi_i(t_0)|$。再由对称性，当$\boldsymbol{\phi}_i(t_1)\in\{(\rho_i,\psi_i):\vartheta_i=0\}$，$t_1$时刻之后，$\boldsymbol{\phi}_i$的轨迹有3种可能，对应于这里列出的3种情况。由于其他两种情况按照上述分析都有路径跟随误差收敛到零，在此仅考虑情况3，即$\boldsymbol{\phi}_i$在t_1之后又进入S_1^1，然后又在t_2时刻到达$\{(\rho_i,\psi_i):\vartheta_i=0\}$，同理可得$t\in[t_1,t_2]$时，有$|\rho_i(t)|\leqslant\sigma|\rho_i(t_0)|$，$|\psi_i(t)|\leqslant\sigma|\psi_i(t_0)|$。不断递推，可得当$t\in[t_m,t_{m+1}]$时，$|\rho_i(t)|\leqslant\sigma^{m-1}|\rho_i(t_1)|$，$|\psi_i(t)|\leqslant\sigma^{m-1}|\psi_i(t_1)|$，其中$t_m$对应于$\boldsymbol{\phi}_i$离开$S_1^2\cup S_1^4$之后第$m$次到达$\{(\rho_i,\psi_i):\vartheta_i=0\}$。由于当$m\to\infty$时，$\sigma^{m-1}\to 0$，故而$\lim_{t\to\infty}|\rho_i(t)|=0$，$\lim_{t\to\infty}|\psi_i(t)|=0$，即$\lim_{t\to\infty}\boldsymbol{\phi}_i(t)=\mathbf{0}$。

综合以上3种情形，可得$\lim_{t\to\infty}\boldsymbol{\phi}_i(t)=\mathbf{0}$始终成立。证毕。

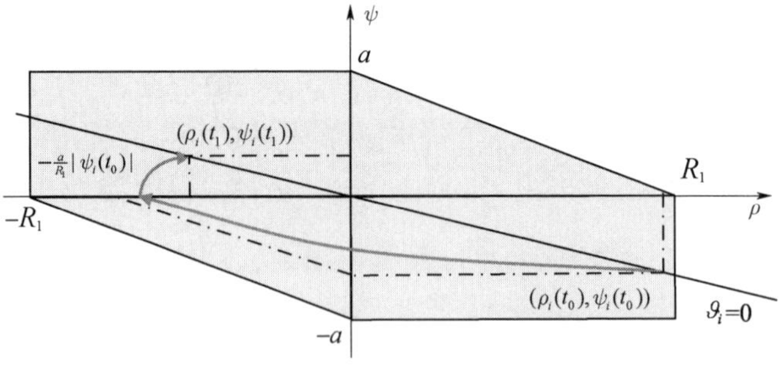

图5.5 满足$\boldsymbol{\phi}_i(t_0)\in\{(\rho_i,\psi_i):\vartheta_i=0\}$的情形3对应的系统轨迹示意图

对于协同误差，有以下定理。

定理 5.4

若$\phi_i(t_0) \in S_1$，$\forall i = 1, 2, \cdots, n$，执行算法6能够使$\lim\limits_{t\to\infty} \zeta_i(t) = L$对任意$i$成立。

证明 由定理5.4知，每一架无人机的前向邻居都不会发生改变。不妨设无人机1是无人机2的前向邻居，无人机2是无人机3的前向邻居，依此类推。由于无人机1不存在前向邻居，人为设定$\zeta_1 = L$。对无人机2，考虑李亚普诺夫函数$V_2 = (1/2)(\zeta_2 - L)^2$，则$\dot{V}_2 = (\zeta_2 - L)\dot{\zeta}_2 = (\zeta_2 - L)(v_1^r - v_2^r) = -(\zeta_2 - L)(v_2^r - \chi(L))$。根据$\chi(\cdot)$的定义及引理5.5，$(v_i^r - \chi(L)) \cdot (\zeta_i - L) \geqslant 0$，且等号仅在$\zeta_i = L$时成立。由定理2.1可得$\lim\limits_{t\to\infty} \zeta_2(t) = L$，故$\lim\limits_{t\to\infty} v_2^r = \chi(L)$。再考虑无人机3，由$\dot{\zeta}_3 = (v_2^r - \chi(L)) - (v_3^r - \chi(L))$，且方程$\dot{\zeta}_i = -(v_i^r - \chi(L))$所表示的系统满足$\lim\limits_{t\to\infty} \zeta_i = L$（类比无人机2的情形分析可得证），根据定理2.2，有$\lim\limits_{t\to\infty} \zeta_3 = L$。以此类推，可得$\lim\limits_{t\to\infty} \zeta_1(t) = \cdots = \lim\limits_{t\to\infty} \zeta_n(t) = L$。

至此，完成了在协同集S_1内控制律的设计，并证明了当所有无人机都在协同集内时，设计的控制律能够使所有无人机都沿航线飞行，同时相邻两架无人机的曲纹距离也会收敛到期望值。

回顾注5.5提出的对于c的选择指南，即c越小，对应于问题式(5.14)的可行解越多，相应地，协同集也越大。但是c并非越小越好，这一点可以从协同误差的收敛速度上看出，假设无人机j是无人机i的前向邻居，且无人机j的协同误差为零，即$\zeta_j = L$。若$\zeta_i < L$，则有

$$
\begin{aligned}
|\dot{\zeta}_i| &= |v_i^r - v_j^r| = |\chi(\zeta_i) - \chi(\zeta_j)| \\
&\leqslant (1 - \lambda)\left[\frac{\cos a}{1 + \kappa_0 R_1} v_m - \frac{1}{1 - \kappa_0 R_1} v_{\min}\right]
\end{aligned}
\tag{5.20}
$$

由于式(5.12)是优化问题式(5.14)的前提，由式(5.14)选取较大的c值，会得到较大的$\dfrac{\cos a}{1 + \kappa_0 R_1} v_m - \dfrac{1}{1 - \kappa_0 R_1} v_{\min}$，即会得到更大的关于协同误差收敛速度的上界。因此，c值需要在增大协同集和提高协同误差的收敛速度两方面权衡。

5.2.3 协同集外的控制律设计

5.2.2节设计了协同集S_1内的路径跟随控制律。本节讨论如何使协同集外的无人机进入S_1中。采用的策略是使无人机不协同，而是在单机层面根据其

路径跟随误差进行控制，以使其进入S_1。

定义集合 S 为 $S=\{(\rho,\psi):\rho\in[-R_2,R_2],\psi\in[-\pi,\pi)\}$，其中$R_2>R_1$。在此仅考虑 S 内的控制律，对于 S 之外的情形，意味着无人机距离期望的路径较远，此时可以考虑利用 Dubins 曲线等方式到达期望的路径附近。集合 S 确定后，定义$S_2:=S\setminus S_1$。进一步，将S_2 划分成 4 个子集，分别为S_2^1、S_2^2、S_2^3 和S_2^4，如图 5.6所示。4 个子集的数学定义为

$$\begin{cases} S_2^1=(\{(\rho,\psi):\psi>0\}\cap S_2\setminus S_2^2)\cup \\ \qquad \{(\rho,\psi):R_1<\rho\leqslant R_2,\psi=0\} \\ S_2^2=\{(\rho,\psi):-R_2\leqslant\rho<-R_1,0<\psi\leqslant a\} \\ S_2^3=(\{(\rho,\psi):\psi<0\}\cap S_2\setminus S_2^4)\cup \\ \qquad \{(\rho,\psi):-R_2\leqslant\rho<-R_1,\psi=0\} \\ S_2^4=\{(\rho,\psi):R_1<\rho\leqslant R_2,-a\leqslant\psi<0\} \end{cases} \tag{5.21}$$

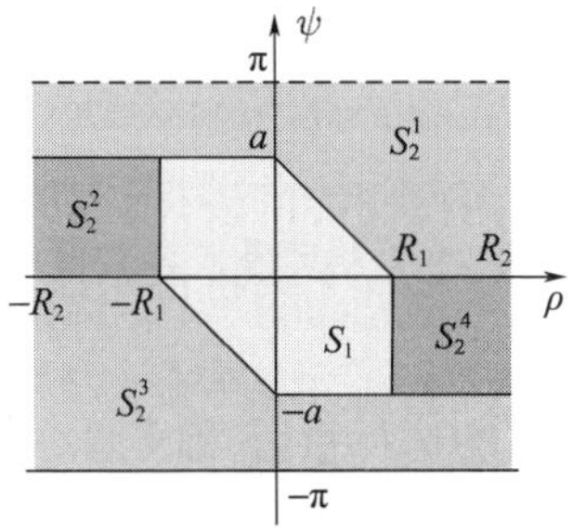

图 5.6　S_1 及S_2 的 4 个子集

本小节将设计这 4 个子集内的控制律。

1. S_2^2 和S_2^4 内的近似时间最优控制律

首先证明若ϕ_i 初始位于$S_2^2\cup S_2^4$ 内时，则ϕ_i 最终能够进入S_1 中。

定理 5.5

若$R_2<\dfrac{1}{\kappa_0}-\dfrac{v_{\min}}{\omega_{\max}}$，则对任意的$\phi_i(t_0)\in S_2^2\cup S_2^4$，存在有限时间$t_1$ 以及满足约束式(5.2)的控制律$(v_i(t),\omega_i(t))$，$t\in[t_0,t_1]$，使得$\phi_i(t_1)\in S_1$。

证明　不失一般性，考虑S_2^4 内的情形。对于S_2^2 内的情形可以同理推得。

在S_2^4 中，由于$\psi_i<0$，故$\dot{\rho}_i<0$。由命题 2.1，$\forall\,\phi_i(t_0)\in S_2^4$，$\phi_i$ 不会穿过$\rho=$

R_2 离开 S,因此,ϕ_i 只能穿过 $\rho=R_1$ 进入 S_1,或者穿过 $\psi=-a$ 进入 S_2^3,或者穿过 $\psi=0$ 进入 S_2^1,或者始终位于 S_2^4 中。下面证明通过设计合适的控制律,后面3种情况不会出现;否则,假设 ϕ_i 会进入 S_2^3 中,则存在 $\phi_i=(\rho_i,\psi_i)$ 使得

$$\dot{\psi}_i=\omega_i-\frac{\kappa(p_i)v_i\cos\psi_i}{1-\kappa(p_i)\rho_i}<0 \tag{5.22}$$

对于所有满足约束式(5.2)的v_i 和ω_i 成立。

令$\omega_i=\omega_{\max}$,$v_i=v_{\min}$,则式(5.22)变为

$$\omega_{\max}-\frac{\kappa(p_i)v_{\min}\cos\psi_i}{1-\kappa(p_i)\rho_i}<0 \tag{5.23}$$

若$\phi_i\in S_2^4$,则 $\cos\psi_i>0$,$1+\kappa(p_i)\rho_i>0$,故

$$\begin{aligned}\omega_{\max}-\frac{\kappa(p_i)v_{\min}\cos\psi_i}{1-\kappa(p_i)\rho_i}&\geqslant\omega_{\max}-\frac{\kappa_0\, v_{\min}\cos\psi_i}{1-\kappa_0\,\rho_i}\\&\geqslant\omega_{\max}-\frac{\kappa_0\, v_{\min}}{1-\kappa_0\, R_2}\geqslant 0\end{aligned} \tag{5.24}$$

显然,与式(5.23)矛盾,即存在满足约束式(5.2)的v_i 和ω_i,使得ϕ_i 不会进入S_2^3。用同样的方式,可以证明存在满足约束式(5.2)的v_i 和ω_i,使得ϕ_i 不会进入S_2^1,且存在满足约束式(5.2)的控制律可以保证当$\phi_i\in S_2^4$ 时,$\psi_i(t)\leqslant\psi_i(t_0)$对于所有的$t\geqslant t_0$ 成立,故而存在有限时刻$t_1\leqslant\dfrac{R_1-\rho_i(t_0)}{v_{\min}\sin\psi_i(t_0)}+t_0$ 满足$\phi_i(t_1)\in S_1$。证毕。

当$R_2<\dfrac{1}{\kappa_0}-\dfrac{v_{\min}}{\omega_{\max}}$时,$\phi_i$ 在S_2^2 和S_2^4 时,都能进入S_1,因此有必要尽早让ϕ_i 进入S_1。假设t_f是使得$\phi_i(t_f)\in S_1$ 的最小时刻,则时间最优控制律的控制目标是最小化t_f,可将其建模成如下的问题

$$\begin{cases}(\mathrm{P1})\min\quad J_1=t_f\\ \mathrm{s.\,t.}\ \phi_i(t_0)\in S_2^2\cup S_2^4,\phi_i(t_f)\in S_1\\ \text{且不等(5.2)成立}\end{cases} \tag{5.25}$$

一般而言,很难得到P1的最优解。在此考虑一种贪婪策略将P1转化为一个近似时间最优控制问题。令 $d=\|\phi_i(t)\|_{S_1}$为$\phi_i(t)$到集合S_1 的欧几里得距离,贪婪策略的目标为在每个时刻最小化 $\dot{d}$,从而使ϕ_i 尽快到达集合S_1 上。由此得

$$\begin{cases}(\mathrm{P2})\min\quad J_2=\dot{d}\\ \mathrm{s.\,t.}\ \phi_i(t)\in {}_2^2\cup S_2^4,\text{且不等式(5.2)成立}\end{cases} \tag{5.26}$$

当$\phi_i(t)\in S_2^4$ 时,$d=\rho_i-R_1$,则

$$J_2=\dot{\rho}_i=v_i\sin\psi_i \tag{5.27}$$

可以看到，J_2 是关于v_i 的仿射函数。在S_2^4 中，$\psi_i<0$，因此令$v_i=v_{\max}$。对于ω_i，有

$$\frac{\partial J_2}{\partial \omega_i}=\frac{\partial J_2}{\partial \psi_i}\cdot\frac{\partial \psi_i}{\partial \omega_i}=\frac{\partial J_2}{\partial \psi_i}\cdot\frac{\partial \dot{\psi}_i}{\partial \omega_i}\cdot \mathrm{d}t=v_i\cos\psi_i\cdot \mathrm{d}t>0 \tag{5.28}$$

因此，为最小化J_2，令$\omega_i=-\omega_{\max}$，则S_2^4 内的控制律变为

$$v_i=v_{\max},\omega_i=-\omega_{\max} \tag{5.29}$$

按照控制律式(5.29)，有

$$\begin{aligned}\dot{\psi}_i&=\omega_i-\frac{\kappa(p_i)v_i\cos\psi_i}{1-\kappa(p_i)\rho_i}=-\omega_{\max}-\frac{\kappa(p_i)v_{\min}\cos\psi_i}{1-\kappa(p_i)\rho_i}\\&\leqslant-\omega_{\max}+\frac{\kappa_0\,v_{\min}}{1+\kappa_0\,R_1}\leqslant 0\end{aligned} \tag{5.30}$$

根据命题2.1，该控制律不会使ϕ_i 穿过ρ 进入S_2^1，但是ϕ_i 可能会进入S_2^3。为避免该情形，可设置一个界限ϵ_0，其中$0<\epsilon_0\ll a$。当$-a\leqslant\psi_i<-a+\epsilon_0$ 时，控制律切换到一种新的模态。首先，要保证$\dot{\psi}_i\geqslant 0$，从而使得ϕ_i 不会进入S_2^3；其次，要最小化d，即$v_i\sin\psi_i$。由此，当$-a\leqslant\psi_i<-a+\epsilon_0$ 时，问题 P2 转化为

$$\begin{cases}\min\ v_i\ \sin\ \psi_i\\ \text{s. t. }\omega_i-\dfrac{\kappa(p_i)v_i\cos\psi_i}{1-\kappa(p_i)\rho_i}\geqslant 0,\text{且不等式(5.2)成立}\end{cases} \tag{5.31}$$

综上，S_2^4 内的时间最优控制律可概括如下：

① 若$\psi_i\geqslant -a+\epsilon_0$，则控制律为式(5.29)；

② 若$-a\leqslant\psi_i<-a+\epsilon_0$，则控制律为式(5.31)的解，即

- 若$\omega_{\max}-\dfrac{\kappa(p_i)v_{\max}\cos\psi_i}{1-\kappa(p_i)\rho_i}\geqslant 0$，则

$$v_i=v_{\max},\omega_i=\max\left\{-\omega_{\max},\frac{\kappa(p_i)v_{\max}\cos\psi_i}{1-\kappa(p_i)\rho_i}\right\} \tag{5.32}$$

- 若$\omega_{\max}-\dfrac{\kappa(p_i)v_{\max}\cos\psi_i}{1-\kappa(p_i)\rho_i}<0$，则

$$v_i=\frac{\omega_{\max}(1-\kappa(p_i)\rho_i)}{\kappa(p_i)\cos\psi_i},\omega_i=\omega_{\max} \tag{5.33}$$

相应地，S_2^2 内的控制律设计如下：

① 若$\psi_i\leqslant a-\epsilon_0$，则控制律为(5.34)，即

$$v_i=v_{\max},\omega_i=\omega_{\max} \tag{5.34}$$

② 若 $a-\epsilon_0<\psi_i\leqslant a$，则控制律为式(5.35)的解，即

$$\begin{cases}\max\ v_i\sin\ \psi_i\\ \text{s. t. }\omega_i-\dfrac{\kappa(p_i)v_i\cos\psi_i}{1-\kappa(p_i)\rho_i}\leqslant 0,\text{且不等式(5.2)成立}\end{cases} \tag{5.35}$$

易验证，所设计的控制律即为定理 5.5 期望的控制律，即若ϕ_i 初始时位于$S_2^2 \cup S_2^4$，通过执行设计的控制律会最终进入S_1。

2. S_2^1 和S_2^3 内的鲁棒控制律

根据对称性，可设计S_2^1 内的控制律，其方法可直接适用于S_2^3。

显然，由命题 2.1 知，S_2^1 不是正不变集。$\phi_i(t)$离开S_2^1 有以下 5 种情形。

① $\phi_i(t)$穿过 $\psi = a$，$-R_1 \leqslant \rho < 0$，或者 $a\rho + R_1\psi = a R_1$，$0 \leqslant \rho \leqslant R_1$，并直接进入$S_1$。

② $\phi_i(t)$穿过 $\psi = a$，$-R_2 \leqslant \rho < -R_1$，并进入$S_2^2$。

③ $\phi_i(t)$穿过 $\psi = 0$，$R_1 < \rho \leqslant R_2$，并进入S_2^4。

④ $\phi_i(t)$穿过 $\psi = \pi$，并进入S_2^3。

⑤ $\phi_i(t)$穿过 $\rho = R_2$，$0 \leqslant \psi \leqslant \pi$，并离开 S。

在所有的情形中，情形①为$\phi_i(t)$直接进入S_1；对于情形②和③，$\phi_i(t)$进入S_2^2 或S_2^4 后，最终仍然可以进入S_1(见定理 5.5)。对于情形⑤，$\phi_i(t)$会离开 S；对于情形④，$\phi_i(t)$进入S_2^3，由于对称性，该集合性质与S_2^1 相同，$\phi_i(t)$仍然存在离开 S 的可能。在此考虑一种鲁棒的机制以避免后两种情形，采用的策略是最大化轨迹属于前 3 种情形的概率。

记$\dot{\psi}_i$ 与$\dot{\rho}_i$ 的比值为β_i，即$\beta_i = \dfrac{\dot{\psi}_i}{\dot{\rho}_i}$。由于$\beta_i$ 对应于轨迹的切线方向，小的β_i 意味着指向 ρ 轴的角度更为“陡峭”，从而可以最大化轨迹进入$S_1 \cup S_2^2 \cup S_4^2$的概率。这样，$S_2^1$ 内的控制问题可以表述为

$$\begin{cases} \min \dfrac{\omega_i}{v_i \sin \psi_i} - \dfrac{\kappa(p_i)\cot(\psi_i)}{1-\kappa(p_i)} \\ \text{s. t. } \phi_i(t) \in S_2^1, \text{且不等式(5.2)成立} \end{cases} \tag{5.36}$$

对应的解为

$$v_i = v_{\min}, \omega_i = -\omega_{\max} \tag{5.37}$$

相应地，S_2^3 内的控制律可设计为

$$v_i = v_{\min}, \omega_i = \omega_{\max} \tag{5.38}$$

在此给出S_2^1 内的状态进入S_1 的充分条件如下。

定理 5.6

考虑式(5.39)和式(5.40)描述的系统，其状态变量为$\tilde{\phi}_i = (\tilde{\rho}_i, \tilde{\psi}_i)$。若$\tilde{\phi}_i(t_0) = \phi_i(t_0) \in S_2^1$，且$\tilde{\phi}_i$ 的轨迹与$\tilde{\rho}$ 轴有一个交点，记为$(R^*, 0)$，其中

$R^* \leqslant R_2 < \dfrac{1}{\kappa_0} - \dfrac{v_{\min}}{\omega_{\max}}$，则对于任意的$\phi_i(t_0) \in S_2^1$，控制律式(5.37)能够最终使$\phi_i$在有限时间内进入$S_1 \cup S_2^2 \cup S_2^4$。

$$\begin{cases} \dot{\tilde{\rho}}_i = v_{\min}\sin\tilde{\psi}_i, \\ \dot{\tilde{\psi}}_i = -\omega_{\max} - \dfrac{\kappa_0 v_{\min}\cos\tilde{\psi}_i}{1-\kappa_0\tilde{\rho}_i}, \end{cases} \quad \pi/2 \leqslant \tilde{\psi}_i < \pi \tag{5.39}$$

$$\begin{cases} \dot{\tilde{\rho}}_i = v_{\min}\sin\tilde{\psi}_i, \\ \dot{\tilde{\psi}}_i = -\omega_{\max} + \dfrac{\kappa_0 v_{\min}\cos\tilde{\psi}_i}{1+\kappa_0\tilde{\rho}_i}, \end{cases} \quad 0 \leqslant \tilde{\psi}_i < \pi/2 \tag{5.40}$$

证明 t_0时刻之后，$\tilde{\phi}_i$的轨迹可以用$\boldsymbol{g}(\phi_i)=0$表示，其梯度向量为$\nabla\boldsymbol{g}(\phi_i)=(-\dot{\tilde{\psi}}_i, \dot{\tilde{\rho}}_i)$。由于$g(\phi_i)=0$与$\tilde{\rho}$轴在$(R^*,0)$处有一个交点，且$R^* \leqslant R_2$，则当$\tilde{\psi}_i \in [0,\pi)$时，轮廓$g(\phi_i)=0$位于$S$内。执行控制律式(5.37)，有$\dot{\rho}_i = v_{\min}\sin\psi_i$，$\dot{\psi}_i = -\omega_{\max} - \dfrac{\kappa(p_i)v_{\min}\cos\psi_i}{1-\kappa(p_i)\rho_i}$。设$t$时刻$g(\phi_i(t))=0$，其中$t \geqslant t_0$且$\phi_i(t) \in S_2^1$，容易验证$f(\phi_i)\cdot\nabla g(\phi_i) \leqslant 0$成立。由命题2.1可得，当$\phi_i \in S_2^1$时，$\phi_i$的轨迹位于轮廓$g(\phi_i)=0$的内部，即$\phi_i$不会离开$S$。令$\alpha_1 = \omega_{\max} - \dfrac{\kappa_0 v_{\min}}{1-\kappa_0 R_2}$，则$\alpha_1 > 0$。当$\phi_i \in S_2^1$时，执行控制律式(5.37)，有$\dot{\psi}_i \leqslant -\alpha_1 < 0$。因此，存在有限时刻$t_1 \leqslant t_0 + \dfrac{\pi}{\alpha_1}$，满足$\phi_i(t_1) \in S_1 \cup S_2^2 \cup S_2^4$。证毕。

对于S_2^3，有类似的结论。

定理 5.7

考虑式(5.41)和式(5.42)描述的系统，其状态变量为$\tilde{\phi}_i = (\tilde{\rho}_i, \tilde{\psi}_i)$。若$\tilde{\phi}_i(t_0) = \phi_i(t_0) \in S_2^3$，且$\tilde{\phi}_i$的轨迹与$\tilde{\rho}$轴有一个交点，记为$(-R^*,0)$，其中$R^* \leqslant R_2 < \dfrac{1}{\kappa_0} - \dfrac{v_{\min}}{\omega_{\max}}$，则对于任意的$\phi_i(t_0) \in S_2^3$，控制律式(5.38)能够最终

使ϕ_i在有限时间内进入$S_1 \cup S_2^2 \cup S_2^4$。

$$\begin{cases} \dot{\tilde{\rho}}_i = v_{\min} \sin \tilde{\psi}_i, \\ \dot{\psi}_i = \omega_{\max} + \dfrac{\kappa_0 v_{\min} \cos \tilde{\psi}_i}{1 + \kappa_0 \tilde{\rho}_i}, \end{cases} \quad -\pi \leqslant \tilde{\psi}_i < -\pi/2 \tag{5.41}$$

$$\begin{cases} \dot{\tilde{\rho}}_i = v_{\min} \sin \tilde{\psi}_i, \\ \dot{\psi}_i = \omega_{\max} - \dfrac{\kappa_0 v_{\min} \cos \tilde{\psi}_i}{1 - \kappa_0 \tilde{\rho}_i}, \end{cases} \quad -\pi/2 \leqslant \tilde{\psi}_i \leqslant 0 \tag{5.42}$$

当ϕ_i进入$S_2^2 \cup S_2^4$之后，显然在这两个集合设计的控制律能够使ϕ_i最终进入S_1。

5.2.4 闭环系统稳定性分析

5.2.2节和5.2.3节分别设计了协同集内和协同集外的控制律，对于整个闭环系统的稳定性，有以下定理。

定理5.8

考虑n架无人机跟随同一条曲线路径，且假设5.1成立，路径跟随误差方程为式(5.3)，并有控制约束式(5.2)。若$R_2 < \dfrac{1}{\kappa_0} - \dfrac{v_{\min}}{\omega_{\max}}$，且每一架无人机状态属于以下几种情形之一。

- 情形1：$\phi_i(t_0) \in S_1$。
- 情形2：$\phi_i(t_0) \in S_2^2 \cup S_2^4$。
- 情形3：$\phi_i(t_0) \in S_2^1$，且式(5.39)和式(5.40)描述的系统轨迹与$\tilde{\rho}$轴有一个交点$(R^*, 0)$，其中$R^* \leqslant R_2$，$\tilde{\phi}_i(t_0) = \phi_i(t_0)$。
- 情形4：$\phi_i(t_0) \in S_2^3$，且式(5.41)和式(5.42)描述的系统轨迹与$\tilde{\rho}$轴有一个交点$(-R^*, 0)$，其中$R^* \leqslant R_2$，$\tilde{\phi}_i(t_0) = \phi_i(t_0)$。

则当$\phi_i(t) \in S_1$时，执行算法6，当$\phi_i(t) \in S_2^4$时，执行控制律式(5.29)和

式(5.31)，当$\phi_i(t)\in S_2^2$时，执行控制律式(5.34)和式(5.35)，当$\phi_i(t)\in S_2^1$时，执行控制律式(5.37)，当$\phi_i(t)\in S_2^3$时，执行控制律式(5.38)，最终有$\lim\limits_{t\to\infty}\boldsymbol{\phi}_i=\mathbf{0}$，$\lim\limits_{t\to\infty}\zeta_i=L$，$\forall i$。

证明 对于情形2~4，ϕ_i最终会在有限时间内进入协同集S_1，即转化为情形1。

- 对于情形2，由定理5.5，存在时刻$t_1\geqslant t_0$满足$\phi_i(t_1)\in S_1$。
- 对于情形3和情形4，由定理5.6和定理5.7，存在时刻$t_2\geqslant t_0$满足$\phi_i(t_2)\in S_1\cup S_2^2\cup S_4^2$；当$\phi_i(t_2)\in S_2^2\cup S_4^2$，由定理5.5，存在时刻$t_3\geqslant t_2\geqslant t_0$满足$\phi_i(t_3)\in S_1$。对于情形1，由定理5.1，$\phi_i$会始终位于$S_1$中。因此，存在一有限时刻$t^*\geqslant t_0$满足$\phi_i(t^*)\in S_1$对所有的$i$成立。再由定理5.3，可得$\lim\limits_{t\to\infty}\phi_i=0$，由定理5.4，可得$\lim\limits_{t\to\infty}\zeta_i=L$。证毕。

图5.7给出了无人机的运动模态在几个集合内的转化情况，当无人机位于S_2^1和S_2^3中，且满足定理5.8中的情形3和情形4的条件时，由定理5.6和定理5.7可保证无人机最终会进入集合$S_1\cup S_2^2\cup S_4^2$；当无人机位于$S_2^2\cup S_4^2$时，由定理5.5，无人机最终会进入集合S_1。故而，所有无人机最终都会在集合S_1中，并且由定理5.3和定理5.4保证路径跟随误差和协同误差的收敛性，从而基于协同路径跟随实现集群的队形保持。

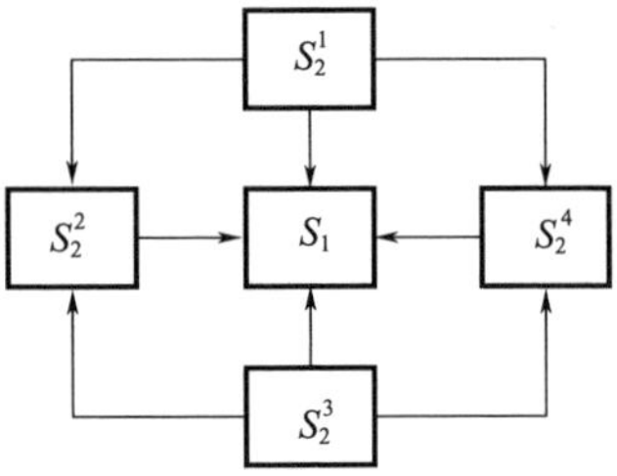

图5.7 无人机的运动模态在几个集合内的转化情况

注5.7

若路径没有相交的点，则无人机在协同集内时不会产生碰撞，因为定理5.2保证不会出现“超车”情况。但是当无人机在协同集外时，由于无人机执行的是单机层控制律，因而不能保证不发生碰撞。在实际应用中，可以在本节设计的协同路径跟随算法的基础上，结合文献[142]中的规避算法以确保飞行安全。

5.2.5 仿真试验

本节对设计的控制律进行仿真,以验证其有效性。仿真包括两部分,即数值仿真与基于 X－Plane 飞行模拟器的半实物仿真。

1. 数值仿真

首先考虑一个典型的协同路径跟随问题——使无人机均匀分布在同一个圆上。无人机的控制约束为$v_{\min}=10\text{m/s}$,$v_{\max}=25\text{m/s}$,$\omega_{\max}=0.2\text{rad/s}$。期望航线为以(0,0)为圆心,半径为 $r=1000\text{m}$ 的圆。仿真共使用了 $n=6$ 架无人机,则期望的相邻两架无人机之间的曲纹距离为 $L=2\pi r/n=1000\pi/3\text{m}$。设置$\kappa_0=0.002$,则优化后的协同集的参数为 $a=0.6303$,$R_1=122.1297$。控制参数设置为$k_1=1$、$k_2=R_1/a+1$、$k_3=1$,$\epsilon_0=0.05$。6 架无人机的初始位置和朝向分别为$(600,0,0.6\pi)^{\mathrm{T}}$、$(200,580,-\pi)^{\mathrm{T}}$、$(650,-160,0.3\pi)^{\mathrm{T}}$、$(1100,0,-0.25\pi)^{\mathrm{T}}$、$(-1100,-80,0.75\pi)^{\mathrm{T}}$及$(-200,1000,-0.25\pi)^{\mathrm{T}}$。$\chi(\zeta_i)$定义为

$$\chi(\zeta_i)=\begin{cases}v_{\min}^r,\text{当}\zeta_i<L-6\\0.475(\zeta_i-L+6)+v_{\min}^r,\text{当}|\zeta_i-L|\leqslant 6\\0.95(\zeta_i-L)+v_{\min}^r,\text{其他}\end{cases}\tag{5.43}$$

式中:$v_{\min}^r=\dfrac{1}{1-\kappa_0 R_1}v_{\min}$。

在设计的混合控制律的作用下,6 架无人机的轨迹如图 1.8 所示。图中的楔形表示无人机,它不仅示意了无人机的位置,也示意了无人机的朝向;空心的楔形示意无人机初始时的位置和朝向。初始时,$\phi_1(0)$、$\phi_2(0)$、$\phi_6(0)\in S_2^1$,$\phi_3(0)\in S_2^4$,$\phi_4(0)$、$\phi_5(0)\in S_2^3$。在设计的协同集外的控制律作用下,所有无人机都进入了S_1。浅色填充的楔形表示各无人机进入S_1 时刻的位置和朝向。在设计的协同集内的控制律的作用下,$\phi_i(t)$,$i=1\sim6$ 最终收敛到零(图 5.9(a)与图 5.9(b))。图 5.8 中 $t=400\text{s}$ 时刻,无人机的位置和朝向用黑色的楔形表示,从图 5.9(c)可以看到,所有无人机与其前向邻居之间的曲纹距离收敛到期望值。从图 5.9(c)还可以看到,在所有无人机进入协同集之前,无人机 3 和无人机 4 的 ζ_i 值有变化到 0 的瞬间,意味着两个无人机的前向邻居发生了改变,这是因为所有无人机还未全部进入协同集之内。当所有无人机都进入协同集之后,便再无 ζ_i 变化到 0,即意味着每架无人机的前向邻居都不会再发生变化,不会再出现“超车”的情况。

图 5.10 展示了每架无人机的控制量变化情况,从图中可以看出控制约束式(5.2)得到了满足。

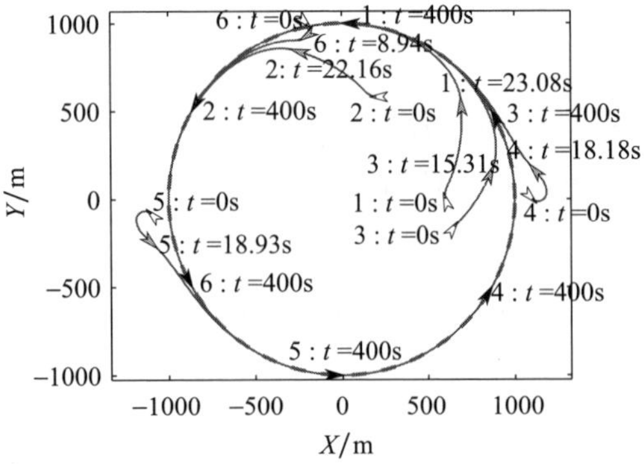

图 5.8　6 架无人机跟随圆形路径的轨迹示意图

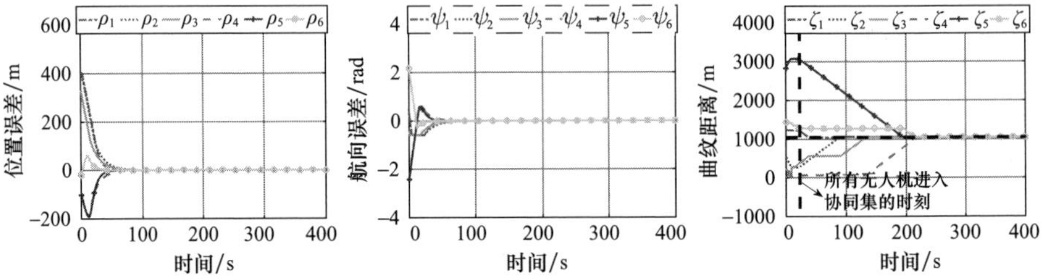

(a) 位置误差　　(b) 航向误差　　(c) 相邻无人机的曲纹距离

图 5.9　数值仿真中系统状态变化情况

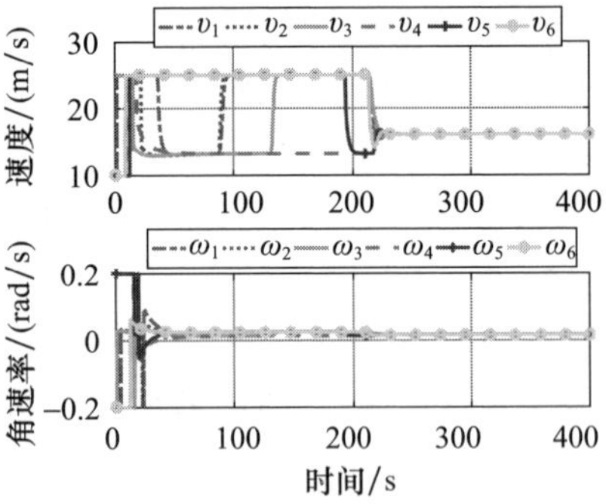

图 5.10　每架无人机的控制量

2. 半实物仿真

为验证相关算法的有效性,本节进一步通过图 5.11 所示的集群半实物仿真系统进行半实物仿真。

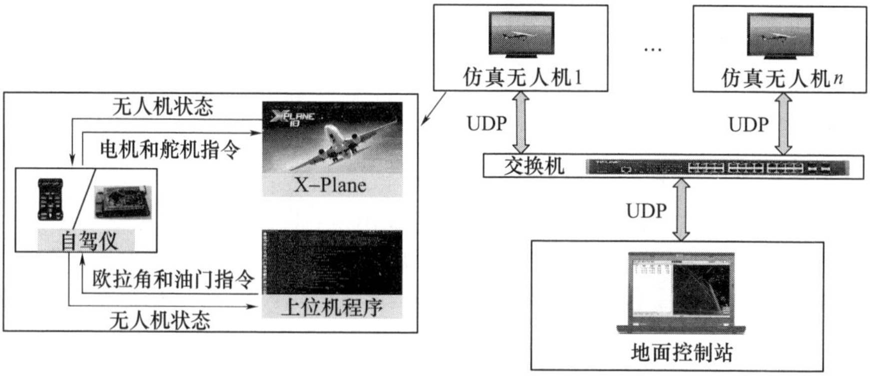

图 5.11　集群半实物仿真系统

图 5.11 中的单架仿真无人机主要由 X－Plane 飞行模拟器(图 5.12)、自驾仪以及上位机 3 部分组成。X－Plane 飞行模拟器是一套功能全面、性能强大的专业飞行模拟软件,提供了多款无人机的高精度动力学模型和逼真的三维仿真场景。其仿真环境可以高保真地模拟各类天气,支持用户设置风速、风向等。因其高逼真度的仿真效果,X－Plane 得到了美国联邦航空管理局的认证。在半实物仿真中,X－Plane 主要用于无人机动力学以及飞行环境的模拟。半实物仿真系统支持包括商用 Pixhawk 以及课题组自行研制的网络化自驾仪等多款自驾仪设备。自驾仪接收 X－Plane 中仿真飞机的状态数据,并将其转发给上位机程序。上位机程序基于机器人操作系统(robot operating system,ROS)环境开发,并实现设计的编队控制算法。上位机程序生成欧拉角和油门指令,并以 20Hz 的频率与自驾仪通信;自驾仪根据欧拉角和油门指令,再计算生成电机和舵机指令,直接控制仿真飞机。

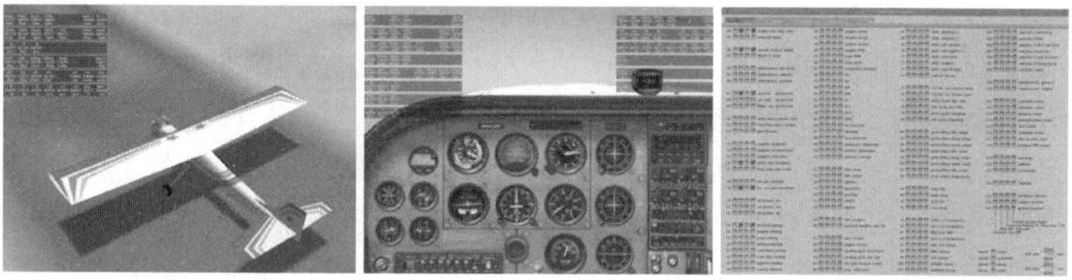

(a) 无人机模型　　(b) 模拟飞行界面　　(c) 飞行数据接口

图 5.12　X－Plane 仿真软件

基于多无人机地面控制站软件,可实现对无人机集群的实时监控,为多无人机的飞行轨迹、当前状态提供实时显示、数据分析和记录。地面站支持用户数据报协议(user datagram protocol,UDP)网络、串口等多种方式,从而为无人机集群的统一管理提供了支撑。将多个单机版半实物仿真系统与地面控制站相连，并采用 UDP 作为通信协议，即完成了图 5.11 所示的集群半实物仿真系统的构建。

基于上述半实物仿真系统，在此使用 4 架 PT－60 无人机（图 5.12(a)），针对两个典型的协同路径跟随场景进行了仿真。

场景 1：协同跟随同一圆形路径并实现队形保持

在该场景中，首先由 3 架无人机执行提出的协同路径跟随控制算法，以期在圆上均匀分布。当系统稳定后，第 4 架无人机加入。该场景中使用的航线以及控制参数与数值仿真中的相同。此场景下的路径跟随误差如图 5.13(a) 和图 5.13(b) 所示。

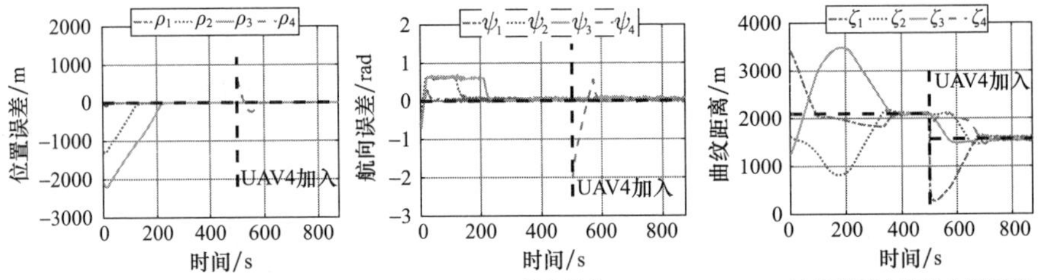

(a) 位置误差　(b) 航向误差　(c) 相邻无人机的曲纹距离

图 5.13　协同跟随圆形路径的半实物仿真中系统状态变化情况

可以看出，4 架无人机的位置误差$\boldsymbol{\rho}_i$ 都收敛到零，航向误差ψ_i 也收敛到零附近。还可以看出，第 4 架无人机加入后，不会对其余 3 架无人机的位置误差与航向误差产生太大影响，表明算法具有较好的可扩展性。

在半实物仿真系统中，为实现协同，选择 $\boldsymbol{p}_0 = (1000, 0)^{\mathrm{T}}$ 作为参考点，并用l_i 表示从 $\boldsymbol{p}_0$ 到无人机 i 最近投影点的曲纹距离。每一架无人机向其他无人机广播自己的曲纹距离l_i。当无人机 i 收到其他无人机的曲纹距离后，它将判断哪一个是它的前向邻居，再计算 $\zeta_i = l_j - l_i$（设无人机 j 是无人机 i 的前向邻居）。相邻两个无人机之间的曲纹距离 ζ_i 如图 5.13(c) 所示。可以看出，无论是 3 架还是 4 架无人机，ζ_i 都收敛到期望的曲纹距离附近，并存在一定周期性波动。该周期性波动主要有两方面的原因：一是提出的控制律是基于 1 阶系统模型，忽略了加速度变化过程；二是所有无人机形成了环状拓扑，即每一架无人机都有一个前向邻居。在数值仿真结果中，已经表明设计的控制律能够稳定无人机简化后的运动学模型所对应的 ζ_i；在接下来的场景 2 中，将会看到当无人机形成链状拓扑时，这种周期性波动会减弱甚至消除。从图 5.13(c) 中还可以看到，无人机数目越少，相应的波动也会越小，3 架无人机协同时的波动明显弱于 4 架无人机协同时的波动幅度。

场景 2:协同跟随多条曲线路径并实现队形保持

本节提出的控制算法同样适用于协同跟随多条满足平移特性的路径,即可以由一条路径通过平移得到其他路径。在本场景中,每一架无人机有一条期望路径。仿真中,首先采用 3 次 B 样条曲线生成一条曲线路径,生成算法同文献[149],用于生成 3 次 B 样条曲线的航路点见表 5.1。将该曲线路径作为无人机 1 的期望路径,再将沿 y 轴方向分别平移 100m、200m 和 300m,得到其他无人机的期望航线。在该场景中,设置 $L=0$,并选取 $\chi(\cdot)$ 为 $\chi(\zeta_i)=0.475\zeta_i+v_{\min}^r$。

表 5.1　生成 3 次 B 样条曲线的航路点

航路点	1	2	3	4	5	6	7
经度/(°)	113.2167	113.2371	113.2167	113.1963	113.2167	113.2371	113.2167
纬度/(°)	28.2029	28.2209	28.2390	28.2570	28.2751	28.2931	28.3112
X/m	0	2006.43	4013.47	6019.83	8026.83	10033.19	12040.19
Y/m	0	1996.54	0	-1997.26	0	1997.87	0

图 5.14 展示了该场景下无人机的飞行轨迹。图中,虚线为无人机的期望路径,实线为无人机的实际飞行轨迹。从图中可以看到,无人机最终都沿期望航线飞行,并形成了“一”字形的编队队形。

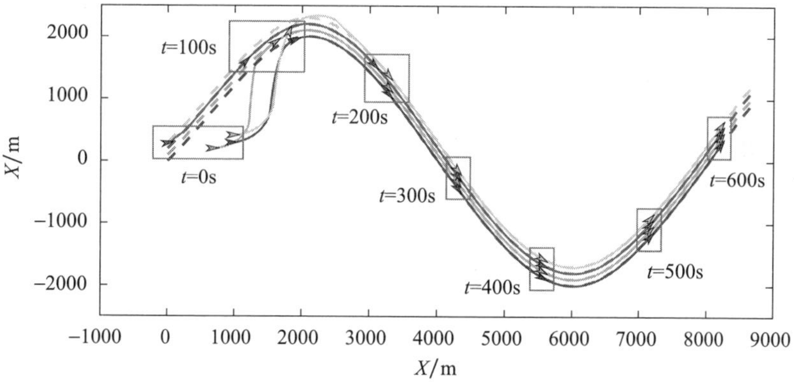

图 5.14　多条路径协同跟随并保持队形的无人机轨迹

图 5.15(a)和图 5.15(b)分别展示了该场景下各无人机的路径跟随误差随时间的变化,可以看出,4 架无人机的位置误差 ρ_i 都收敛到零,航向误差 ψ_i 也收敛到零附近。图 5.15(c)展示了此场景下相邻无人机之间的曲纹距离的变化情况。与场景 1 形成的环状拓扑不同,该场景下 4 架无人机形成了链状拓扑,无人机 1 作为该有向网络的根顶点。从图 5.15(c)中可以看出,ζ_i 的周期性的波动有明显削弱。

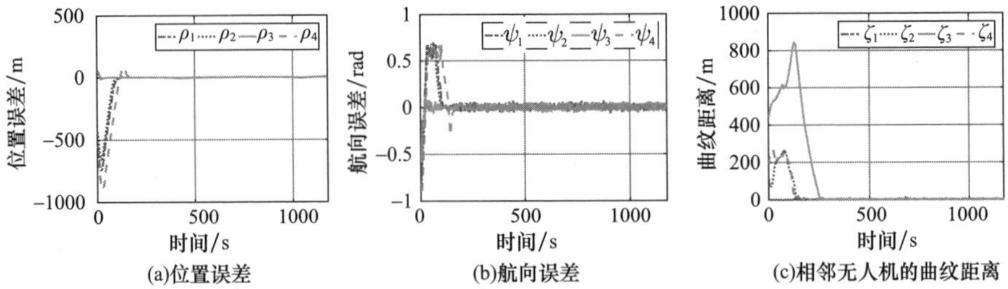

图 5.15　协同跟随多条曲线路径的半实物仿真中系统状态变化情况

5.3　基于协同路径跟随的队形变换

队形变换是编队控制的另一个基本问题。在 5.2 节研究的基于协同路径跟随的队形保持问题中，所有无人机沿同一条路径飞行，或沿多条通过平移生成的路径飞行。这样的路径显然不适于队形变换问题。本节研究基于协同路径跟随的方法解决固定翼无人机集群的队形变换问题。

5.3.1　问题描述与求解框架

在很多场景下，如图 5.16 所示，无人机需要在不同的地点形成不同的队形，因此涉及队形变换。当新的队形形成后，无人机继续保持新的队形直到出现新的任务需求。对于固定翼无人机而言，队形变换过程面临的主要难题是由于无人机的非完整、欠驱动特性，导致不存在光滑的状态反馈控制律使无人机从任意初始位置形成期望的队形[151]。此外，纯控制方法往往忽视队形变换的中间过程，使无人机容易在队形变换的过程中发生碰撞。

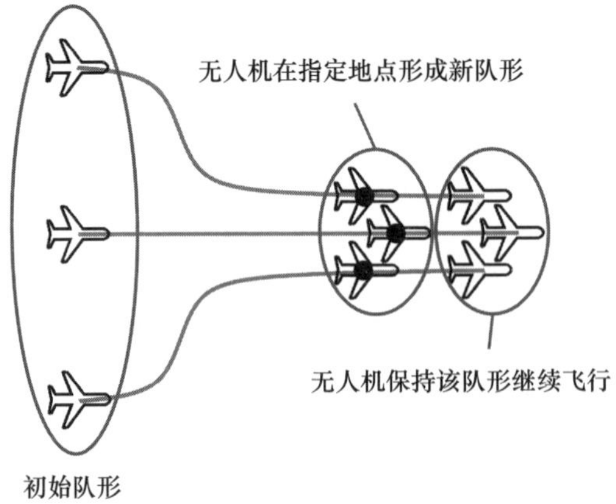

图 5.16　队形变换想定

仍然考虑式(5.1)和式(5.2)所示的无人机运动学模型。此外,对无人机而言,存在最优的巡航速度v_c,使每架无人机的巡航时间最大化[152]。由此可将队形变换问题描述如下。

问题 5.2:队形变换　给定一系列的队形,为式(5.1)和式(5.2)所描述的无人机设计控制律,使得每架无人机能够无碰撞地按序形成这些队形,且速度收敛至巡航速度v_c。

为系统性地解决问题 5.2,在此基于 5.1 节建立的框架,求解队形变换问题。在该框架中,由于采用了协同规划模块,队形变换的中间过程也得以考虑。以图 5.17 所示的队形变换过程为例,从t_1 到t_2 时刻,无人机期望排成一排,t_2 时刻开始队形变换,到t_4时刻变换完成。协同规划模块为每一架无人机生成一系列航路点,生成的航线满足时空上的避碰约束和无人机的控制约束式(5.2)。所有无人机的航路点个数相同,并要求所有无人机同时到达各自相同序号的航路点,如图 5.17 所示。此外,还要求所有无人机从第 k 个到第 $k+1$ 个航路点的航线长度的差异较小,这样协同路径跟随控制模块可以通过协调各无人机的最近投影到当前航路点的路径长度,使各无人机能同时到达各自相同序号的航路点。如此,可以使队形变换在有“引导”的方式下完成。这样的好处是更便于地面控制站人员监控整个队形变换过程,同时降低集群相互碰撞的概率,确保集群系统的安全[92]。

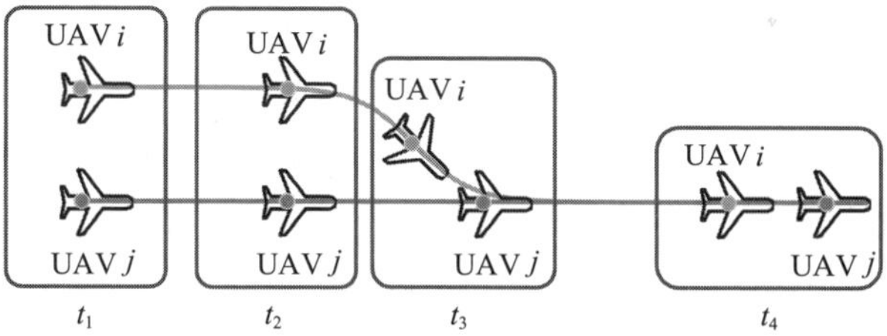

图 5.17　队形变换示例

同样地,对队形变换的场景,仍考虑假设 5.1 对每一架无人机的路径成立。对于式(5.3)表示的路径跟随控制系统,若每架无人机都能在控制律的作用下收敛到各自在路径上的最近投影点,则通过同步化它们的最近投影点可以实现协同。最近投影点按照“目标曲纹距离”进行同步,目标曲纹距离是指无人机的最近投影到无人机当前航路点的曲纹距离。对无人机 i,其目标曲纹距离记为ℓ_i,如图 5.18 所示。故而,队形变换场景下,协同路径跟随控制律的控制目标是使所有无人机沿期望路径飞行,并同步化所有无人机的目标曲纹距离。此外,无人机的速度也最好收敛到巡航速度,以延长巡航时间。因此,可将队形变换场景下的协同路径跟随问题表述如下。

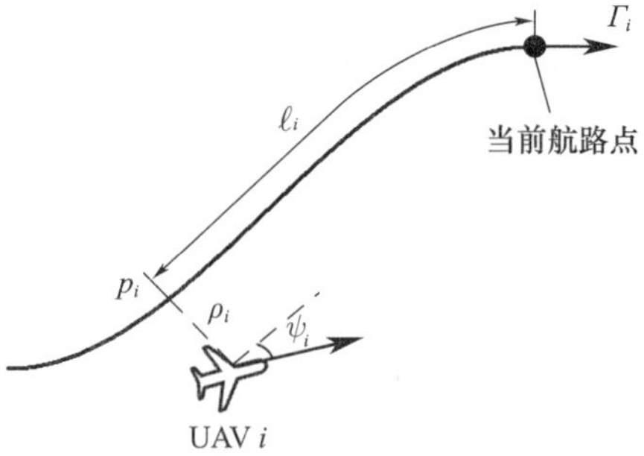

图 5.18 队形变换场景下的路径跟随

问题 5.3:队形变换场景下的协同路径跟随 考虑 n 架固定翼无人机,每一架都可由式(5.1)表示,且存在式(5.2)表示的控制约束,设计控制律以使得对 $i=1,2,\cdots,n$,在有限时间内有

$$\boldsymbol{\phi}_i(t)\to\mathbf{0},\ell_i(t)-\ell_j(t)\to 0,v_i(t)\to v_c \tag{5.44}$$

当控制目标式(5.44)实现后,无人机可以以巡航速度v_c同步到达期望队形所对应的航路点。

问题 5.3 与问题 5.1 相比,共同点是都要求每一架无人机的路径跟随误差$\boldsymbol{\phi}_i(t)$收敛到零,即实现路径跟随;不同点在于协同方式:队形保持场景下,由于不同无人机跟随的是同一条路径,或者由同一条路径进行平移变换得到的不同路径,因此可以直接基于一致性理论,使投影点沿曲线形成固定间隔(同一条路径情形)或达到一致(多条路径情形);而队形变换场景下,由于每架无人机跟随不同的路径,且这些路径并非由同一条路径经过平移变换得到,因此协同还需要借助预期能同时到达的航路点,通过同步化目标曲纹距离以实现队形变换。在队形变换场景下,进一步要求$v_i(t)\to v_c$,从而可以使队形形成后,所有无人机以相同速度,即巡航速度飞行。若形成队形后的路径部分满足平移变换特性,该方式可以在队形形成后实现队形的保持。

注 5.8

为在指定地点形成期望队形,式(5.44)应在有限时间内收敛,该有限时间应当小于任一无人机从初始位置开始,到达期望队形所对应的航路点的用时。在输入受限的条件下,该问题的求解非常困难。在此只研究系统的渐近稳定性,即式(5.44)在 $t\to\infty$ 时成立。事实上,如果从无人机的初始位置到期望队形所对应的航路点的路径较长,则意味着有较长的时间使系统逐渐稳定。在这种情况下,问题 5.2 可以近似解决,即存在时刻t^*,使得 $\|\boldsymbol{p}_i$

$(t^*)-\boldsymbol{p}_i^{\mathrm{d}}\|<\delta, \forall i$,其中$\boldsymbol{p}_i^{\mathrm{d}}$表示形成新队形时无人机 i 的期望位置,δ 是一个小的正常数,$\|\cdot\|$为欧几里得范数。

5.3.2 控制律设计

控制律设计仍采用 5.2 节基于协同集的控制律设计思想,先设计协同集,再分别设计协同集内和协同集外的控制律。协同集的设计方法仍同 5.2.2 小节。在队形变换场景下,假设$\kappa_0<\dfrac{\omega_{\max}}{v_{\max}}$,即每架无人机沿航线飞行时都允许达到最大速度,则协同集设计时式(5.8)与式(5.9)可转化为

$$\sqrt{\left(\frac{a}{R}\right)^2+\kappa_0^2}+\frac{\alpha}{v_{\max}}\leqslant\frac{\omega_{\max}}{v_{\max}} \tag{5.45}$$

$$\frac{\kappa_0}{1-\kappa_0 R}+\frac{\alpha}{v_{\max}}\leqslant\frac{\omega_{\max}}{v_{\max}} \tag{5.46}$$

同时,由于无人机并非沿同一条路径飞行,因而不再特别考虑“超车”问题,即求解协同集的参数优化问题式(5.14)时,可以不考虑式(5.12)的约束。

针对问题 5.3,设计的控制律为

$$\begin{cases}\omega_i=\mathrm{Sat}(\omega_{\mathrm{d}},-\omega_{\max},-\omega_{\max})\\ v_i=\mathrm{Sat}(v_{\mathrm{d}},v_{\min},v_{\max})\end{cases} \tag{5.47}$$

其中,

$$\begin{cases}\omega_{\mathrm{d}}=v_i\left[-\dfrac{k_1}{k_2}(k_1\rho_i+k_2\psi_i)+\dfrac{\kappa(p_i)\cos\psi_i}{1-\kappa(p_i)\rho_i}\right]\\ \qquad -\alpha\cdot\mathrm{sign}(k_1\rho_i+k_2\psi_i)\\ v_{\mathrm{d}}=\dfrac{1-\kappa(p_i)\rho_i}{\cos\psi_i}\left[v_{\mathrm{c}}+\sum_{j\in N_i}w_{ij}(\ell_i-\ell_j)\right]\end{cases} \tag{5.48}$$

且 $a\leqslant Rk_1<ak_2$,$\boldsymbol{W}=[w_{ij}]_{n\times n}$为无人机拓扑图 G 所对应的加权邻接矩阵。

定理 5.9

若 G 为连通的无向图或有根图,且$\phi_i(t_0)\in S_{\mathrm{c}}, \forall i=1,2,\cdots,n$,控制律式(5.47)和式(5.48)能够保证:

① $\phi_i(t)\in S_{\mathrm{c}}, \forall t\geqslant t_0$;

② 当 $t\to\infty$ 时,$\phi_i(t)\to 0$,$\ell_i(t)-\ell_j(t)\to 0$,$v_i(t)\to v_{\mathrm{c}}$。

证明 用证明定理5.1与定理5.3的方式，可以证明若$\boldsymbol{\phi}_i(t_0)\in S_c$，则$\boldsymbol{\phi}_i(t)\in S_c$，$\forall t\geqslant t_0$，且$\lim\limits_{t\to\infty}\boldsymbol{\phi}_i(t)=\mathbf{0}$。

现证$\lim\limits_{t\to\infty}\ell_i-\ell_j=0$，且$\lim\limits_{t\to\infty}v_i(t)=v_c$。记无人机$i$在其期望路径上的投影运动速度为$v_i^r$，则$v_i^r=\dfrac{\cos\psi_i}{1-\kappa(p_i)\rho_i}v_i$。由$\dot{\ell}_i=-v_i^r$，可得

$$\dot{\ell}_i=\mathrm{Sat}(u_i,v_c-\alpha_i v_{\max},v_c-\alpha_i v_{\min})-v_c \tag{5.49}$$

式中：$u_i=-\sum_{j\in N_i}w_{ij}(\ell_i-\ell_j)$，且$\alpha_i=\dfrac{\cos\psi_i}{1-\kappa(p_i)\rho_i}$。由于$\boldsymbol{\phi}_i(t)\to\mathbf{0}$，故存在时间$t_1$，使得当$t>t_1$时，$v_c-\alpha_i v_{\max}<0$且$v_c-\alpha_i v_{\min}>0$对所有的$i$成立。再根据Sat$(x,a,b)$的定义，由推论3.1和定理3.4可得，$\lim\limits_{t\to\infty}\ell_i-\ell_j=0$，$\forall i$、$j=1,2,\cdots,n$。又因$\rho_i(t)\to0$，$\psi_i(t)\to0$，因此$\lim\limits_{t\to\infty}v_i(t)=\lim\limits_{t\to\infty}v_d(t)=v_c$，$\forall i=1,2,\cdots,n$。证毕。

定理5.9表明闭环系统最终会实现渐近稳定。由注5.8，这意味着问题5.2可以近似解决，即在指定地点基本形成期望队形。

基于5.1节设计的框架，以及控制律式(5.47)和式(5.48)，每架无人机只需要接收邻居的目标曲纹距离这一项通信数据，因此会减少通信量。而通常的编队控制方法，如文献[153]中的方法，若无其他机载传感器定位邻居的位置，则需要邻居的位置信息(x_i和y_i)和朝向信息(θ_i)，以计算相对于邻居的位置和相对邻居的朝向。相应地，所需要的通信容量也将是本小节设计的方法的3倍。

当无人机在协同集S_1之外时，同样地，首先采用5.2.3小节的控制律，使无人机进入协同集，再执行控制律式(5.47)和式(5.48)。

5.3.3 半实物仿真试验

在此以7架Hilstar17f无人机[①]队形变换的半实物仿真试验为例，展示所提出的控制算法的效果。为实现队形变换，使用协同规划模块为每架无人机预先规划一条航线。所有无人机在面积约为1km×0.7km的测试场地上空飞行约3圈。在协同过程中，每架无人机向其他所有无人机以5Hz的频率广播自己的目标曲纹距离。

半实物仿真的参数设置如下：$v_{\max}=17\mathrm{m/s}$，$v_{\min}=10\mathrm{m/s}$，$v_c=13.5\mathrm{m/s}$，$\omega_{\max}=0.425\mathrm{rad/s}$，$\kappa_0=0.02$。优化后的协同集参数为$a=0.15$，$R_1=10$，控制参数设置为$k_1=1$，$k_2=70$，$w_{ij}=0.2$，$\forall i\neq j$。

① 参见 http://pixhawk.org/users/hil.

首先分析七机仿真中的一架无人机的路径跟随效果。无人机 1 的在整个飞行过程中的期望航线与实际位置如图 5.19 所示，从图中可以看出，代表期望航线和实际位置的两条曲线基本重合，意味着无人机可以较为理想地跟随其航线。所有无人机的路径跟随误差随时间的变化如图 5.20 所示，从图中可以看出，当系统稳定后，无人机的位置误差都在 5m 范围内，航向误差基本控制在 0.05rad 范围内。

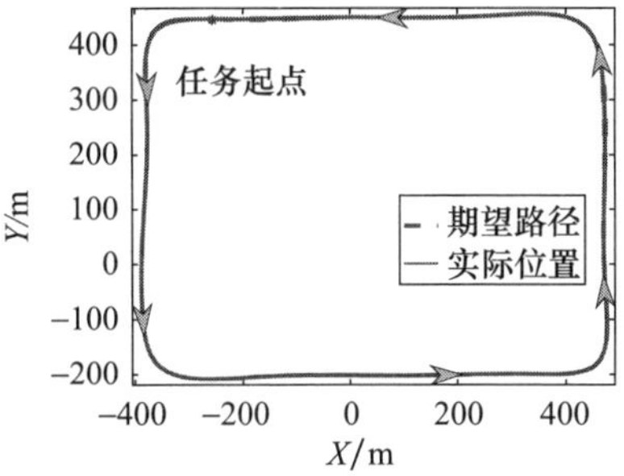

图 5.19　无人机 1 的期望航线与实际位置

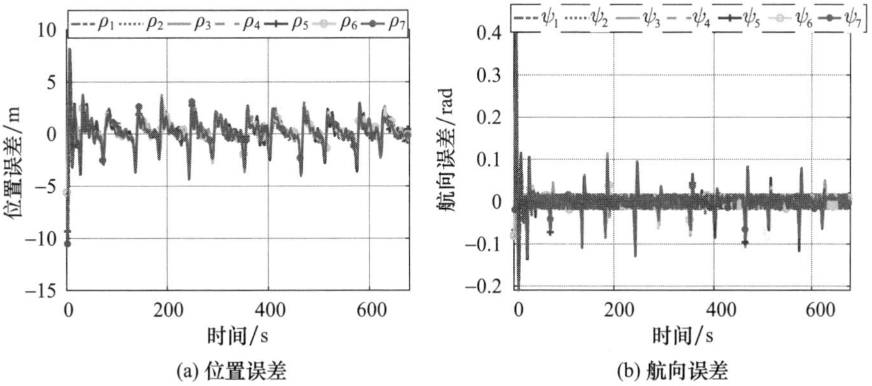

图 5.20　半实物仿真中 7 架无人机队形变换场景下的路径跟随误差

现分析协同效果，整个编队飞行过程如图 5.22 所示。无人机先后形成了 3 种队形，分别是“一”字形，“二”字形以及 V 形，3 种队形在 X – Plane 中的视角如图 5.21 所示。图 5.22 中的虚线表示无人机的期望航线，实线表示无人机的实际位置。整个飞行过程中发生了 3 次队形变换，即“一”字形变换到“二”字形，“二”字形变换到 V 形，以及 V 形变换到“一”字形。3 次队形变换的起始时间分别是 $t=157$s，$t=346$s 和 $t=566$s，结束时间分别是 $t=264$s，$t=438$s 和 $t=638$s。从图 5.23 展示的 $t=217$s，$t=384$s 和 $t=604$s 这 3 个瞬间可以看到，期望队形已基本形成，即采用本节提出的算法可以使队形较早地形成。同时，当无人机形成队形后，期望航线满足平移特性，从图 5.22 中可以看到本节提出的算法可以使队形变换结束后继续保持新的期望队形飞行。

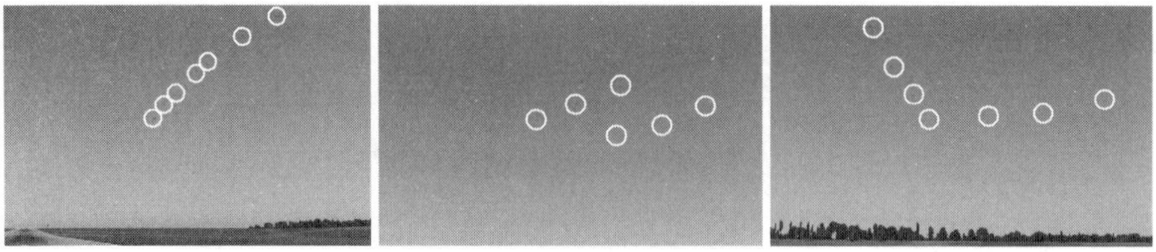

(a) “一”字形编队　(b) “二”字形编队　(c) V形编队

图 5.21　3 种编队队形在 X - Plane 中的视角

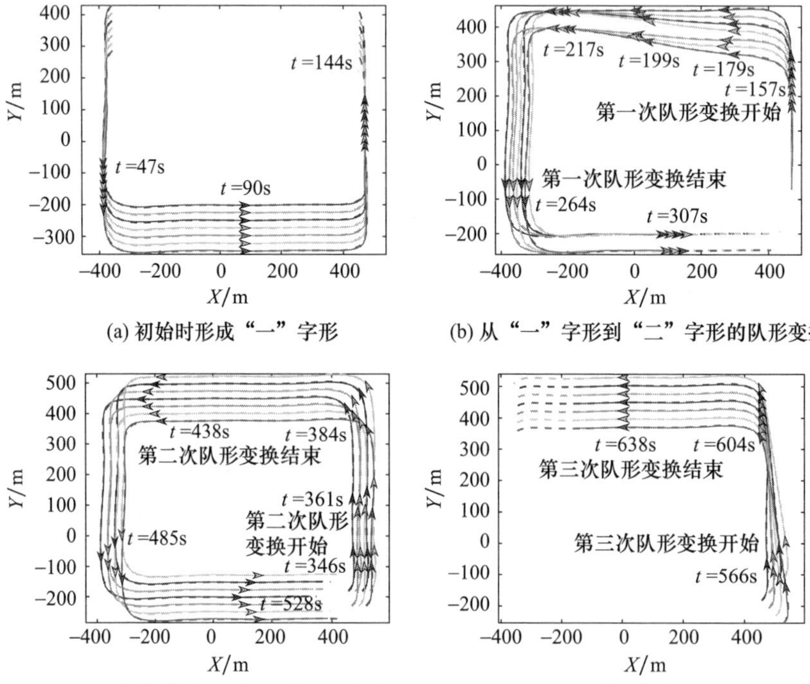

(a) 初始时形成“一”字形　(b) 从“一”字形到“二”字形的队形变换

(c) 从“二”字形到V形的队形变换　(d) 从V形到“一”字形的队形变换

图 5.22　半实物仿真中的队形变换过程

为进一步评估队形变换的效果，记t^*为无人机在航线上的最近投影到达期望队形所对应的航路点的平均时间，记δ_i 为t^*时刻无人机 i 的实际位置与其期望位置的距离。从表 5.2 可以看出，3 次队形变换过程，对所有的无人机都有$\delta_i <$ 4m。图 5.23 展示了第二次队形变换过程中无人机的速度变化情况，可以看出所

有无人机的速度都满足$v_{\min} \leqslant v_i \leqslant v_{\max}$，且$v_i$最终收敛到巡航速度(13.5m/s)附近。

表 5.2　半实物仿真中的队形变换效果

距离	第一次	第二次	第三次
δ_1/m	2.63	3.40	0.12
δ_2/m	2.34	3.29	0.81
δ_3/m	2.70	3.59	0.62
δ_4/m	2.68	3.12	0.51
δ_5/m	2.15	3.71	0.47
δ_6/m	2.76	3.28	0.10
δ_7/m	2.42	3.99	0.54

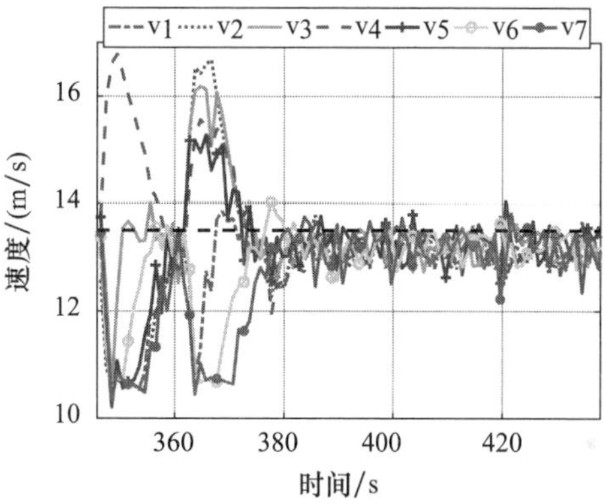

图 5.23　半实物仿真中第二次队形变换过程的速度变化

5.4 飞行验证

本章设计的基于协同路径跟随的编队飞行算法也应用于某无人机集群项目的飞行验证中。飞行验证中所使用的无人机为课题组改装的“灵雁”无人机(图 5.24)。“灵雁”无人机加装了 Pixhawk 自驾仪和基于 ARM 处理器的上位机。半实物仿真验证后的程序可以无缝地移植到上位机中。“灵雁”无人机的主要参数如表 5.3 所列。集群飞行验证时，所有无人机均搭载相同的机载设备。每个无人机都安装了一个 GPS 接收机，并使用机间数据链和空地数据链实现机间通信和机地通信。

图 5.24　“灵雁”无人机

表 5.3 “灵雁”无人机的参数

参数	数值
最大速度v_{max}/(m/s)	24
最小速度v_{min}/(m/s)	18
巡航速度v_c/(m/s)	21
最大航向角速率ω_{max}/(rad/s)	0.6

本章提出的算法实现了 7 ~ 10 架无人机基于协同路径跟随的编队飞行。图 5.25 展示了飞行验证时形成的部分编队队形,包括七机 V 形编队、十机“二”字形编队、十机“八一”形编队等。本节以 5.3.3 小节的七机队形保持和队形变换场景为例,分析飞行验证的结果。

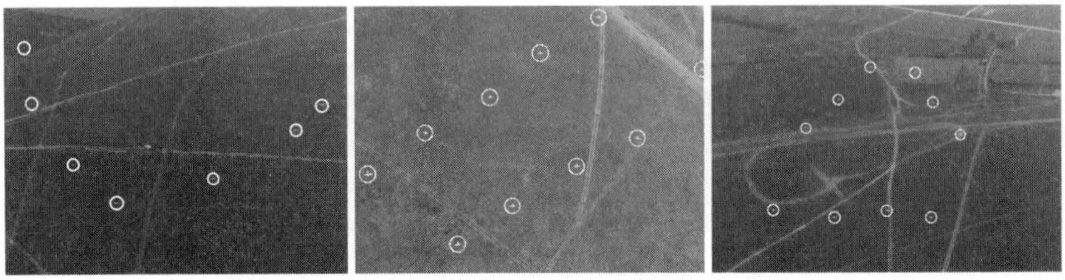

(a) 七机V形编队　(b) 十机“二”字形编队　(c) 十机“八一”形编队

图 5.25 飞行验证形成的部分编队队形

首先分析路径跟随效果。图 5.26 展示了七机编队飞行过程中无人机 1 的期望路径与实际位置。从图 5.26 中可以看出,路径跟随的效果与无人机最近投影点所对应的曲率有关。曲率绝对值较大的点容易导致较大的路径跟随误差,而在较为平直的路径段上,无人机会渐渐收敛到路径上。其他 6 架无人机的情况与无人机 1 的跟随效果类似,7 架无人机的路径跟随误差随时间的变化情况如图 5.27 所示。从图中可以看出,当系统稳定后,无人机的位置误差大致控制在 10m 范围内,航向误差基本控制在 0.2rad 范围内。

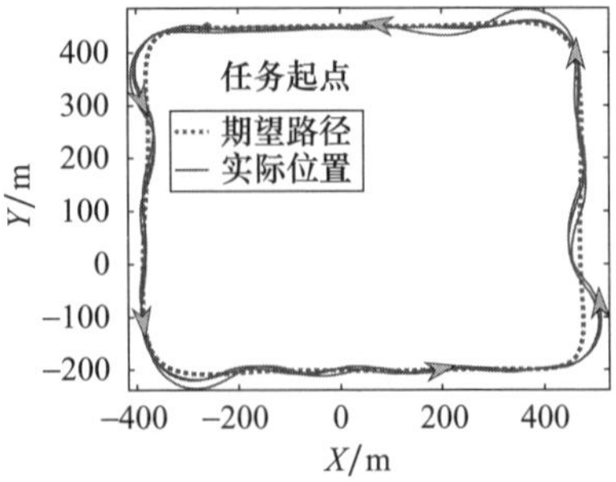

图 5.26 飞行验证中无人机 1 的期望路径与实际位置

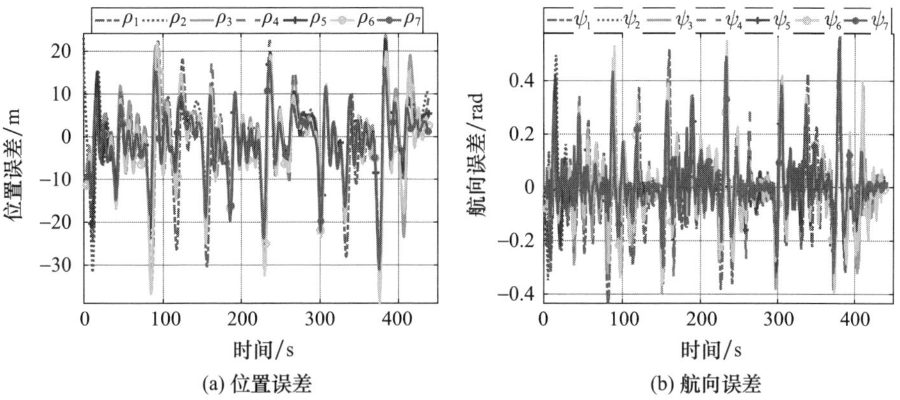

图 5.27　飞行验证中 7 架无人机队形变换场景下的路径跟随误差

图 5.28 展示了飞行验证中的队形变换过程。整个过程中，无人机先后形成了 3 种队形，分别是“一”字形、“二”字形以及 V 形。图 5.28 中的虚线表示无人机的期望航线，实线表示无人机的实际位置。整个飞行过程中发生了 3 次队形变换，即“一”字形变换到“二”字形，“二”字形变换到 V 形，以及 V 形变换到“一”字形。3 次队形变换的起始时间分别是 $t=106\text{s}$、$t=232\text{s}$ 和 $t=378\text{s}$，结束时间分别是 $t=176\text{s}$、$t=291\text{s}$ 和 $t=425\text{s}$。此外，从图 5.28 中可以看出，队形大致形成的时间要早于队形变换结束的时间，分别在 $t=145\text{s}$、$t=256\text{s}$ 和 $t=402\text{s}$ 时，期望队形已基本形成。同时，当无人机形成队形后，期望航线满足平移特性，从图 5.28 中可以看到本节提出的算法可以使队形变换结束后，整个集群继续保持新的期望队形飞行。

表 5.4 展示了飞行验证中的队形变换效果，表中δ_i 的定义同表 5.2。从表 5.4中可以看出，几乎所有的无人机在 3 次队形变换过程中都满足$\delta_i<10\text{m}$。图 5.29展示了飞行验证中第二次队形变换过程的速度变化情况。可以看出，所有无人机的速度均在指定的速度范围内，且最终都在巡航速度附近波动。

表 5.4　飞行验证中的队形变换效果

距离	第一次	第二次	第三次
δ_1/m	5.18	6.21	9.02
δ_2/m	4.94	5.84	10.22
δ_3/m	8.97	7.69	5.67
δ_4/m	5.82	4.74	3.52
δ_5/m	9.15	6.71	5.87
δ_6/m	7.00	7.74	2.77
δ_7/m	9.16	7.55	1.56

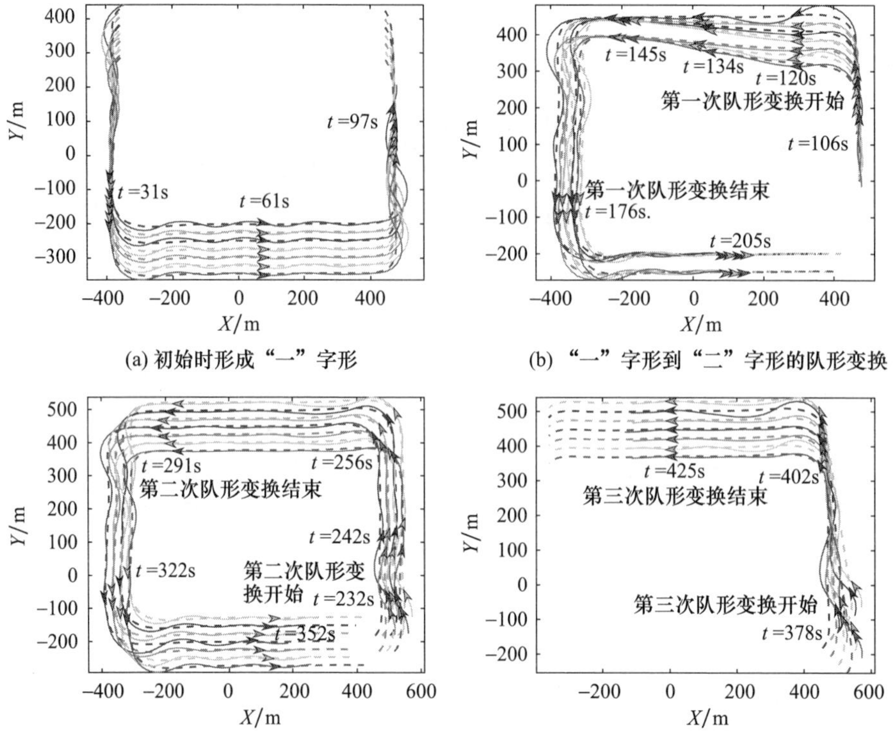

(a) 初始时形成“一”字形

(b) “一”字形到“二”字形的队形变换

(c) 从“二”字形到V形的队形变换

(d) 从V形到“一”字形的队形变换

图 5.28　飞行验证中的队形变换过程

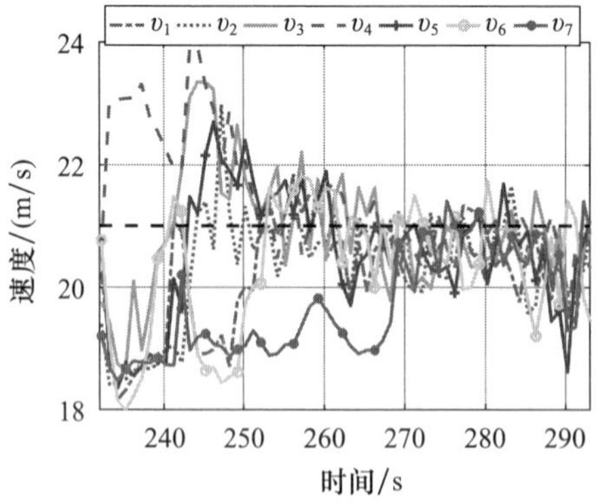

图 5.29　飞行验证中第二次队形变换过程的速度变化

通过比较飞行验证的结果与 5.3.3 节半实物仿真的结果可以看出，实物飞行验证的路径跟随效果以及协同效果都有所下降，主要原因是飞行验证中存在风扰、通信时延甚至局部通信中断等问题。但从图 5.25 和图 5.28 所示的结果来看,无人机集群仍能变换形成并保持新的期望队形。

5.5　本章小结

本章设计了以无人机协同路径跟随为核心的无人机集群队形保持和队形变换的控制框架,在此基础上,考虑固定翼无人机控制受限的特点,利用不变集理论定义了协同集,并设计了基于协同集的混合控制律。对于集群队形保持问题,设计的控制律能够使无人机最终收敛到期望路径上,且相邻无人机的曲纹距离收敛到期望值;对于集群队形变换问题,设计的控制律能够使无人机在变换形成新队形的同时,速度收敛到巡航速度。本章所提出的方法突破了固定翼无人机的控制受限挑战,使协同路径跟随误差收敛到零,实现了精确稳定的编队控制。本章采用基于 X – Plane 的半实物仿真验证了算法的有效性,并将算法应用于某无人机集群项目的实物飞行验证中,从编队效果来看,无人机集群基本能够形成并保持期望队形。本章相关研究工作可参考文献[154 – 155]。

第6章　考虑风扰的无人机协同路径跟随控制律再设计

千磨万击还坚劲，任尔东西南北风。

——《竹石》

第5章研究了基于协同路径跟随的固定翼无人机集群的编队控制算法，该方法利用无人机到期望路径最近投影的运动模型，设计了基于协同集的协同路径跟随控制律。但仍存在以下两个问题：一是无人机只有距离路径充分近时才能保证其最近投影点唯一（注5.1）；二是室外飞行中，风扰无处不在，而第5章的控制律未考虑风的影响。为此，本章重点研究解决以下问题：①设计一种新的协同路径跟随控制律，避免最近投影点所造成的歧义性；②考虑风的影响，进行协同路径跟随控制律的鲁棒再设计，并得出在风扰下闭环系统稳定性的充分条件。

6.1　风扰下的协同路径跟随模型

本节重新建立协同路径跟随模型。首先从单机出发，建立单机在风扰下的路径跟随数学模型，再考虑多机协同场景，建立多机协同路径跟随模型。

6.1.1　单架无人机路径跟随模型

在二维平面内，单架无人机在风的影响下的运动学模型可以表示为

$$\begin{cases} \dot{x}_i = v_i\cos\theta_i + v_w\cos\theta_w \\ \dot{y}_i = v_i\sin\theta_i + v_w\sin\theta_w \\ \dot{\theta}_i = \omega_i \end{cases} \tag{6.1}$$

式中：$\boldsymbol{p}_i = (x_i, y_i)^{\mathrm{T}}$为无人机$i$在惯性坐标系$\mathcal{I}$下的位置；$\theta_i$为无人机$i$的航向与惯性坐标系$\mathcal{I}$的$x$轴所成的夹角；控制量$v_i$和$\omega_i$分别为无人机$i$的空速和航向角速率；$v_w$和$\theta_w$为风速和风向。假设风扰为有界风扰，即风速$v_w \leqslant v_{w_{max}}$。

注6.1

对比式(6.1)与式(5.1)可以看出,式(6.1)中增加了有界风扰项。

对于式(6.1)所示的系统,仍然考虑固定翼无人机控制受限的情形。控制约束可以表示为

$$0 < v_{\min} \leqslant v_i \leqslant v_{\max}, \quad -\omega_{\max} \leqslant \omega_i \leqslant \omega_{\max} \tag{6.2}$$

式中:$v_{\min}$和$v_{\max}$分别为无人机允许的最小和最大空速;$\omega_{\max}$为无人机允许的最大航向角速率。

为避免最近投影点的歧义性,本章研究中令每架无人机跟踪一个期望路径上的虚拟目标点,对于无人机 i 在其路径上的虚拟目标点记为$\tilde{\boldsymbol{p}}_i = (\tilde{x}_i, \tilde{y}_i)^{\mathrm{T}}$。当给定每架无人机的期望路径后,$\tilde{\boldsymbol{p}}_i$可以根据路径长度参数$l_i$唯一确定。本章借用 Frenet - Serret 坐标系表示每架无人机的路径跟随误差,每个 Frenet - Serret 坐标系随$\tilde{\boldsymbol{p}}_i$运动,其 x 轴为期望路径在$\tilde{\boldsymbol{p}}_i$点处的切线。本章用$\tilde{\theta}_i$表示第 i 个 Frenet - Serret 坐标系相对于惯性坐标系 I 旋转的角度。为表示无人机 i 相对于其 Frenet - Serret 坐标系的路径跟随误差,本章用e_{s_i}和e_{d_i}分别表示无人机 i 路径跟随的纵向误差和侧向误差,$\bar{\theta}_i = \theta_i - \tilde{\theta}_i$表示无人机的当前航向角与路径切线方向所成的夹角,如图 6.1 所示。e_{s_i}、e_{d_i}和$\bar{\theta}_i$可以数学化地表示为

$$\begin{cases} e_{s_i} = (x_i - \tilde{x}_i)\cos\tilde{\theta}_i + (y_i - \tilde{y}_i)\sin\tilde{\theta}_i \\ e_{d_i} = -(x_i - \tilde{x}_i)\sin\tilde{\theta}_i + (y_i - \tilde{y}_i)\cos\tilde{\theta}_i \\ \bar{\theta}_i = \theta_i - \tilde{\theta}_i \end{cases} \tag{6.3}$$

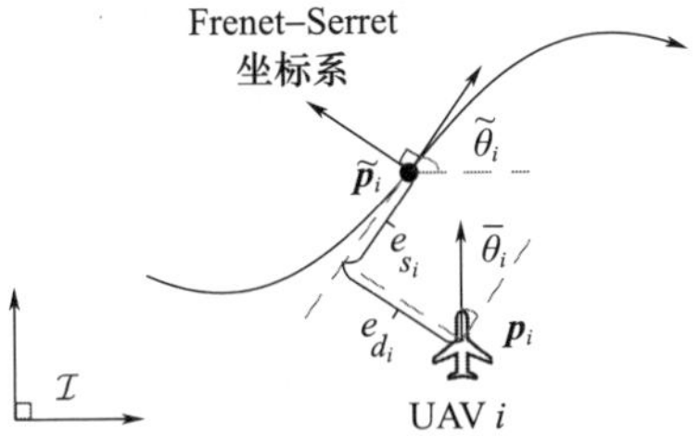

图 6.1　基于虚拟目标点的单架无人机路径跟随示意图

将式(6.3)对时间求导,可得

$$\begin{cases} \dot{e}_{s_i} = v_i\cos\bar{\theta}_i - (1 - \kappa(l_i)e_{d_i})\dot{l}_i + v_w\cos(\theta_w - \tilde{\theta}_i) \\ \dot{e}_{d_i} = v_i\sin\bar{\theta}_i - \kappa(l_i)e_{s_i}\dot{l}_i + v_w\sin(\theta_w - \tilde{\theta}_i) \\ \dot{\bar{\theta}}_i = \omega_i - \kappa(l_i)\dot{l}_i \end{cases} \tag{6.4}$$

式中：$\kappa(l_i)$为$\tilde{\boldsymbol{p}}_i$对应的曲率。

为表示方便，本章记$\boldsymbol{\phi}_i=[e_{s_i},e_{d_i},\bar{\theta}_i]^{\mathrm{T}}\in\mathbb{R}\times\mathbb{R}\times[-\pi,\pi)$，并使用$\boldsymbol{e}_i=[e_{s_i},e_{d_i}]^{\mathrm{T}}\in\mathbb{R}^2$表示无人机$i$路径跟随的位置误差部分。注意$\bar{\theta}_i$并不对应于无人机的航向误差，因有风条件下若使无人机的路径跟随的位置误差稳定在原点时，$\bar{\theta}_i$不能为0，具体分析及相应的航向误差的定义将在6.3.1小节给出。

6.1.2 多机协同路径跟随

第5章提到，在典型的多机协同路径跟随场景中，控制目标不仅仅是让每一个无人机跟随自身的航线，还期望相互之间形成一定的协同，从而保持队形或进行队形变换等。图6.2所示为多无人机协同跟随一组平行曲线，并形成"一"字形。

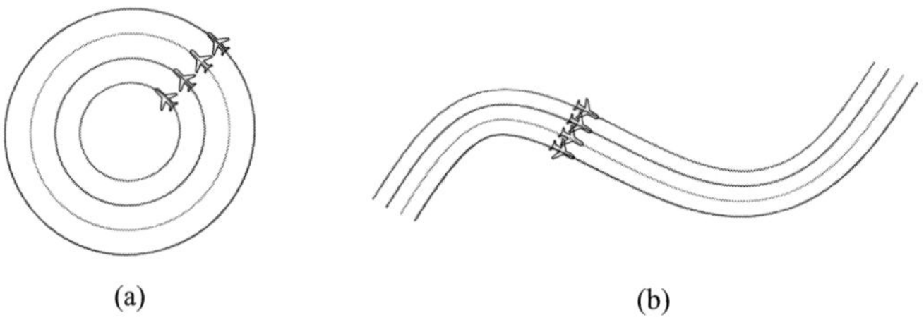

图6.2 多无人机协同跟随一组平行曲线并形成"一"字形

由于为每一架无人机指定了一个在路径上运动的虚拟目标点，因此单无人机路径跟随控制的目标是使无人机跟踪其期望路径上的虚拟目标点，而多无人机的协同则通过协调这些虚拟目标点在路径上的移动来实现。假设每架无人机的期望路径都有一个解析表达式，则无人机i的期望路径可以参数化为$\Gamma_i:=\{\tilde{\boldsymbol{p}}_i(\xi_i):\xi_i\in\Xi_i\}$，其中$\Xi_i\subseteq\mathbb{R}$，并假设参数化满足$\dfrac{\mathrm{d}l_i}{\mathrm{d}\xi_i}<[\alpha_{i,\min},\alpha_{i,\max}]$，其中$0<\alpha_{i,\min}<\alpha_{i,\max}<+\infty$。若$\xi_i(t)=\xi_j(t)$，则意味着无人机$i$与无人机$j$的虚拟目标点在$t$时刻实现了协调。以图6.2所示的协调跟随一组平行曲线为例。若$\Xi_i=\Xi_j$，并且$\tilde{\boldsymbol{p}}_j(\xi)=\tilde{\boldsymbol{p}}_i(\xi)+d\cdot\boldsymbol{n}(\xi)$，其中$d\neq0$为常数，$\boldsymbol{n}(\xi)$是期望路径$\Gamma_i$在点$\tilde{\boldsymbol{p}}_i(\xi)$处的单位法向量，则路径$\Gamma_j$与$\Gamma_i$平行。因此，若$\xi_i(t)=\xi_j(t)$，则无人机$i$的虚拟目标点与无人机$j$的虚拟目标点在$t$时刻形成了图6.2所示的"一"字形。故而，多机协同的控制目标为使$\xi_i-\xi_j\to0$，$i,j=1,2,\cdots,n$。

注 6.2

第 5 章讨论的基于协同路径跟随的队形保持问题和队形变换问题，都可以纳入到本小节给出的协同路径跟随框架下。在队形保持问题中，控制目标是$\lim_{t\to\infty} l_i - l_j = l_{ij}^{\mathrm{d}}$，其中$l_{ij}^{\mathrm{d}}$是期望的无人机 i 和无人机 j 之间的曲纹距离偏置量；此时以沿曲线运动的一个虚拟无人机 0 作为基准，记l_{i0}^{d}为无人机 i 相对于虚拟无人机 0 的期望曲纹距离偏置量，并记$\bar{l}_i = l_i - l_{i0}^{\mathrm{d}}$，则队形保持问题的控制目标可转化为$\lim_{t\to\infty} \bar{l}_i - \bar{l}_j = 0$。同样地，对于问题 5.3 所描述的队形变换场景下的协同路径跟随，借助协同规划生成的航线和当前航路点，控制目标为$\lim_{t\to\infty} l_i(t) - l_j(t) = 0$。

针对风扰下的协同路径跟随问题，本章从两个角度分别展开研究。6.2 节研究风扰完全未知的情形，给出实现协同路径跟随的充分条件，并推导出误差的上界；6.3 节研究风扰可以估计的情形，将风扰项引入控制律中，提升闭环系统的鲁棒性。

6.2　风扰下的控制律再设计：无估计的情形

本节考虑由于没有测量风的传感器，导致风扰项对每架无人机完全未知的情形，模型中将风扰视作不确定项，从单无人机协同路径跟随问题着手，进而研究多无人机协同路径跟随问题。

6.2.1　单无人机路径跟随控制律

由于单无人机的路径跟随问题可以由单独控制航向角速率实现[95,143]，因此对于风扰下的单无人机的路径跟随问题可表述如下。

问题 6.1：风扰下的单无人机路径跟随　考虑由式(6.1)描述无人机 i 的运动学方程，其空速$v_i \in [v_{\min}, v_{\max}]$，对于未知风扰，设计$\boldsymbol{\omega}_i$的控制律使得$\boldsymbol{e}_i$为有界的，特别地，若$v_w = 0$，使$\boldsymbol{\phi}_i = \mathbf{0}$ 对于式(6.4)所刻画的系统是渐近稳定的。

为求解问题 6.1，引入期望航向流形，定义为$s_i = 0$，其中$s_i = \bar{\theta}_i + k_\pi \tanh(k_{\mathrm{d}} e_{\mathrm{d}_i})$，并有$k_{\mathrm{d}} > 0, 0 < k_\pi \leqslant \dfrac{\pi}{2}$。该流形本质上刻画了无风扰时的期望航向，在该流形上，角度$\bar{\theta}_i$和侧向误差e_{d_i}满足特定的函数关系。并且当无人机的路径跟随

的位置误差$\boldsymbol{e}_i$为零且位于期望航向流形上，无人机的航向恰好为其路径上虚拟目标点的切线方向。基于期望航向流形，本小节借鉴滑模控制的思想，将$s_i=0$视作滑模面，提出以下控制律，即

$$\omega_i = -k_\omega s_i + \kappa(l_i)\dot{l}_i - k_\pi k_\mathrm{d}\delta_i \mathrm{sech}^2(k_\mathrm{d} e_{d_i}) \tag{6.5}$$

$$\dot{l}_i = k_\mathrm{s} e_{s_i} + v_i \cos\bar{\theta}_i \tag{6.6}$$

其中，$k_\omega, k_\mathrm{s}>0$，$\delta_i = v_i \sin\bar{\theta}_i - \kappa(l_i) e_{s_i}\dot{l}_i$，且

$$\sqrt{\frac{k_\pi k_\mathrm{d} v_{w_{\max}}}{k_\omega}} \leqslant \frac{\pi}{4} \tag{6.7}$$

$$v_{\min}\sin\left(\sqrt{\frac{k_\pi k_\mathrm{d} v_{w_{\max}}}{k_\omega}}\right) + v_{w_{\max}} < \frac{2}{\pi} k_\pi v_{\min}\cos\left(\sqrt{\frac{k_\pi k_\mathrm{d} v_{w_{\max}}}{k_\omega}}\right) \tag{6.8}$$

定理6.1表明控制律式(6.5)和式(6.6)能够解决问题6.1。

定理 6.1

考虑由式(6.1)描述无人机i的运动学方程，且$v_i>0$，若$|s_i(0)| \leqslant \sqrt{\frac{k_\pi k_\mathrm{d} v_{w_{\max}}}{k_\omega}}$，则控制律式(6.5)和式(6.6)能够使$e_i$为有界。特别地，若$v_w=0$，则原点对于系统式(6.4)是全局渐近稳定的。

证明 考虑李亚普诺夫函数

$$V_1 = \frac{1}{2}s_i^2 \tag{6.9}$$

式(6.9)对时间求导，并与式(6.4)和式(6.5)结合，可得

$$\begin{aligned} \dot{V}_1 &= -k_\omega s_i^2 + k_\pi k_\mathrm{d} v_w \mathrm{sech}^2(k_\mathrm{d} e_{d_i})\sin(\theta_w - \tilde{\theta}_i) \\ &\leqslant -k_\omega s_i^2 + k_\pi k_\mathrm{d} v_{w_{\max}} \end{aligned} \tag{6.10}$$

由式(6.10)，当$|s_i| \geqslant \sqrt{\frac{k_\pi k_\mathrm{d} v_{w_{\max}}}{k_\omega}}$时，$\dot{V}_1 \leqslant 0$，意味着$S_1 = \left\{\boldsymbol{\phi}_i : |s_i| \leqslant \sqrt{\frac{k_\pi k_\mathrm{d} v_{w_{\max}}}{k_\omega}}\right\}$是一个正不变集。因此，若$\boldsymbol{\phi}_i$的轨迹若始于$S_1$则有$|s_i(t)| \leqslant \sqrt{\frac{k_\pi k_\mathrm{d} v_{w_{\max}}}{k_\omega}}$，$\forall t \geqslant 0$。

为证明$\boldsymbol{e}_i$的有界性，考虑李亚普诺夫函数

$$V_2 = \frac{1}{2}\|\boldsymbol{e}_i\|_2^2 = \frac{1}{2}(e_{s_i}^2 + e_{d_i}^2) \tag{6.11}$$

式(6.11)对时间求导，并与式(6.4)和式(6.6)结合，可得

$$\begin{aligned}\dot V_2 &= e_{d_i}v_i\sin\bar\theta_i - k_s e_{s_i}^2 + e_{s_i}v_w\cos(\theta_w-\tilde\theta_i)\\&\quad + e_{d_i}v_w\sin(\theta_w-\tilde\theta_i)\\&= e_{d_i}v_i\sin(s_i - k_\pi\tanh(k_d e_{d_i})) - k_s e_{s_i}^2\\&\quad + e_{s_i}v_w\cos(\theta_w-\tilde\theta_i) + e_{d_i}v_w\sin(\theta_w-\tilde\theta_i)\\&= -k_s e_{s_i}^2 - e_{d_i}v_i\cos s_i\sin(k_\pi\tanh(k_d e_{d_i}))\\&\quad + e_{d_i}v_i\sin s_i\cos(k_\pi\tanh(k_d e_{d_i})) + e_{s_i}v_w\cos(\theta_w-\tilde\theta_i)\\&\quad + e_{d_i}v_w\sin(\theta_w-\tilde\theta_i)\end{aligned}\tag{6.12}$$

注意到$|s_i|\leqslant\sqrt{\dfrac{k_\pi k_d v_{w_{\max}}}{k_\omega}}$始终成立，且有

$$e_{s_i}v_w\cos(\theta_w-\tilde\theta_i) + e_{d_i}v_w\sin(\theta_w-\tilde\theta_i)\leqslant\|e_i\|_2 v_{w_{\max}}\tag{6.13}$$

此外，有

$$e_{d_i}\sin(k_\pi\tanh(k_d e_{d_i}))\geqslant\frac{2}{\pi}e_{d_i}k_\pi\tanh(k_d e_{d_i})\tag{6.14}$$

当$|e_{d_i}|\leqslant e_m$时，有

$$e_{d_i}\tanh(k_d e_{d_i})\geqslant\frac{\tanh(k_d e_m)}{e_m}e_{d_i}^2\tag{6.15}$$

由式(6.14)与式(6.15)，可得

$$e_{d_i}\sin(k_\pi\tanh(k_d e_{d_i}))\geqslant\frac{2}{\pi}k_\pi\frac{\tanh(k_d e_m)}{e_m}e_{d_i}^2\tag{6.16}$$

综合式(6.7)、式(6.12)、式(6.13)以及式(6.16)，可得

$$\begin{aligned}\dot V_2 &\leqslant -k_s e_{s_i}^2 - \frac{2}{\pi}k_\pi\frac{\tanh(k_d e_m)}{e_m}e_{d_i}^2 v_i\cos\left(\sqrt{\frac{k_\pi k_d v_{w_{\max}}}{k_\omega}}\right)\\&\quad + \|\boldsymbol{e}_i\|_2\left(v_{w_{\max}} + v_i\sin\left(\sqrt{\frac{k_\pi k_d v_{w_{\max}}}{k_\omega}}\right)\right)\end{aligned}\tag{6.17}$$

式中：$|e_{d_i}|\leqslant e_m$。

记$k_{\min}=\min\left(\dfrac{2}{\pi}k_\pi\dfrac{\tanh(k_d e_m)}{e_m}v_i\cos\left(\sqrt{\dfrac{k_\pi k_d v_{w_{\max}}}{k_\omega}}\right),k_s\right)$，则有

$$\dot V_2\leqslant 0,\text{当}\ \|\boldsymbol{e}_i\|_2\geqslant\frac{1}{k_{\min}}\left(v_{w_{\max}} + v_i\sin\left(\sqrt{\frac{k_\pi k_d v_{w_{\max}}}{k_\omega}}\right)\right)\tag{6.18}$$

因此，$S_2=\left\{\boldsymbol{\phi}_i:\|\boldsymbol{e}_i\|_2\leqslant\dfrac{1}{k_{\min}}\left(v_{w_{\max}} + v_i\sin\left(\sqrt{\dfrac{k_\pi k_d v_{w_{\max}}}{k_\omega}}\right)\right)\right\}$是正不变集。为证明$S_2\neq\varnothing$，需要证明存在$e_m$使得

$$e_m > \frac{1}{k_{\min}}\left(v_{w_{\max}} + v_i \sin\left(\sqrt{\frac{k_\pi k_d v_{w_{\max}}}{k_\omega}}\right)\right) \tag{6.19}$$

若$k_{\min} = \dfrac{2}{\pi} k_\pi \dfrac{\tanh(k_d e_m)}{e_m} v_i \cos\left(\sqrt{\dfrac{k_\pi k_d v_{w_{\max}}}{k_\omega}}\right)$，由式(6.8)可得存在$e_m$使式(6.19)成立。

若$k_{\min} = k_s$，同样能找到$e_m > \dfrac{1}{k_s}\left(v_{w_{\max}} + v_{\max}\sin\left(\sqrt{\dfrac{k_\pi k_d v_{w_{\max}}}{k_\omega}}\right)\right)$。从而可以证明$e_i$的界为

$$\| \boldsymbol{e}_i \|_2 \leqslant \frac{1}{k_{\min}}\left(v_{w_{\max}} + v_i \sin\left(\sqrt{\frac{k_\pi k_d v_{w_{\max}}}{k_\omega}}\right)\right) \tag{6.20}$$

对于$v_w = 0$的情况，可用文献[143]中的方法证明原点对系统式(6.4)是全局渐近稳定的。

$v_{w_{\max}}$可以视为对于最大风速的估计，并且有$v_w \leqslant v_{w_{\max}}$。显然，为使式(6.8)成立，其必要条件是$v_{w_{\max}} < v_{\min}$。从式(6.20)还可以看出，较大的$v_{w_{\max}}$容易造成较大的路径跟随误差。由于较大的$v_{w_{\max}}$对应于实际中较大的风速，该结果也与直觉相吻合。通过选择参数k_π、k_d、k_ω以及较乐观的估计值$v_{w_{\max}}$使$\sqrt{\dfrac{k_\pi k_d v_{w_{\max}}}{k_\omega}}$尽可能小，则根据式(6.20)知，路径跟随误差的上界也会降低。但相应地会减小定理6.1中$s_i(0)$的可行域，使初始条件难以满足。因此，参数的选择需要在减小误差和增大初始状态可行域两个方面进行权衡。

6.2.2 多机协同路径跟随控制律

根据风扰下的单无人机的路径跟随问题表述，可将有风条件下n架无人机的协同路径跟随问题建立如下。

问题6.2：风扰下的协同路径跟随问题 考虑n架无人机各自跟随一条路径，每架无人机的运动学模型如式(6.1)所示，并考虑约束式(6.2)，为v_i和$\omega_i$$(i=1,2,\cdots,n)$设计控制律，使得对每架无人机，问题6.1都能得以求解，并有$\xi_i - \xi_j (i、j=1,2,\cdots,n)$渐近收敛到零。

为实现问题6.2中的协同目标，即令$\lim\limits_{t\to\infty} \xi_i - \xi_j = 0, i、j \in V$，基于本书第3章对非线性集群系统的一致性分析，可考虑以下的协同控制律，即

$$\dot{\xi}_i = -\beta \tanh\left(\sum_{j\in N_i} k_\xi (\xi_i - \xi_j)\right) + \gamma_d \tag{6.21}$$

式中：β、k_ξ和γ_d均为正常数。关于协同误差的收敛性，有以下定理。

定理6.2

假设通信拓扑 $G=(V,E)$ 为无向连通图或有根图，则对于任意的 i、$j=1,2,\cdots,n$，协同控制律式(6.21)使 $t\to\infty$ 时，有 $\xi_i-\xi_j\to 0$，且 $\dot{\xi}_i\to\gamma_d$。

证明　式(6.21)可写为

$$\dot{\xi}_i=\beta\tanh(u_i)+\gamma_d \tag{6.22}$$

$$u_i=-\sum_{j\in N_i}k_\xi(\xi_i-\xi_j) \tag{6.23}$$

其中式(6.23)为经典的线性一致性协议式(6.17)的特例。采用与注3.2相同的分析思路，令 $\tilde{\xi}_i(t)=\xi_i(t)-\gamma_d\cdot t$，则

$$\dot{\tilde{\xi}}_i(t)=\beta\tanh(u_i) \tag{6.24}$$

式(6.24)所描述的系统对象属于式(3.14)描述的输入有界对象，根据输入有界对象的定义，它也是一类特殊的MEIP对象。根据推论3.1和定理3.4可得，当 G 为无向连通图或有根图时，协同控制律式(6.21)可使 $\lim\limits_{t\to\infty}\tilde{\xi}_i-\tilde{\xi}_j=0$，$\forall i$、$j=1,2,\cdots,n$。又因 $\xi_i-\xi_j=\tilde{\xi}_i-\tilde{\xi}_j$，故 $\lim\limits_{t\to\infty}\xi_i-\xi_j=0$。再根据式(6.21)得 $\lim\limits_{t\to\infty}\dot{\xi}_i=\gamma_d$。证毕。

现将单机协同路径跟随控制律与协同控制律式(6.21)结合起来解决问题6.2。由于 $\dot{l}_i=\frac{\mathrm{d}l_i}{\mathrm{d}\xi_i}\dot{\xi}_i$，基于式(6.6)和式(6.21)，无人机 i 的空速指令设计为

$$v_i=\frac{\frac{\mathrm{d}l_i}{\mathrm{d}\xi_i}\dot{\xi}_i-k_s e_{s_i}}{\cos\bar{\theta}_i} \tag{6.25}$$

基于定理6.1和定理6.2，执行控制律式(6.5)、式(6.21)以及式(6.25)，若 $|s_i(0)|\leqslant\sqrt{\frac{k_\pi k_d v_{w_{\max}}}{k_\omega}}$，则 $\boldsymbol{e}_i$ 为有界的。并且，若 $v_w=0$，则 $\boldsymbol{\phi}_i=\mathbf{0}$ 全局渐近稳定。同时，多无人机会实现协同，当 $t\to\infty$，有 $\xi_i-\xi_j\to 0$，且 $\dot{\xi}_i\to\gamma_d$，$\forall i,j=1,2,\cdots,n$。

现进一步考虑约束式(6.2)，对整个闭环系统的稳定性可以概括如下。

定理 6.3

考虑 n 架无人机各自跟随一条路径，每架无人机的运动学模型如式(6.1)所示。机间通信拓扑 $G=(V,E)$ 为无向连通图或有根图。记 $e_\eta=\frac{1}{k_s}\left(v_{\max}\sin\left(\sqrt{\frac{k_\pi k_d v_{w_{\max}}}{k_\omega}}\right)+v_{w_{\max}}\right)$，假设下述条件对无人机 $i=1,2,\cdots,n$ 均成立，有

$$v_{w_{\max}}+v_{\min}\sin\left(\sqrt{\frac{k_\pi k_d v_{w_{\max}}}{k_\omega}}\right) -\frac{2}{\pi}k_\pi\tanh(k_d e_\eta)v_{\min}\cos\left(\sqrt{\frac{k_\pi k_d v_{w_{\max}}}{k_\omega}}\right)\leqslant 0 \tag{6.26}$$

$$\sqrt{k_\omega k_\pi k_d v_{w_{\max}}}+k_\pi k_d v_{\max}\sin\bar{\theta}_m +\alpha_{i,\max}(k_\pi k_d \kappa_{i,\max}e_\eta+\kappa_{i,\max})(\beta+\gamma_d)\leqslant\omega_{\max} \tag{6.27}$$

$$\frac{\alpha_{i,\max}(\beta+\gamma_d)+k_s e_\eta}{\cos\bar{\theta}_m}\leqslant v_{\max} \tag{6.28}$$

$$\alpha_{i,\min}(-\beta+\gamma_d)-k_s e_\eta\geqslant v_{\min} \tag{6.29}$$

式中：$\bar{\theta}_m=\sqrt{\frac{k_\pi k_d v_{w_{\max}}}{k_\omega}}+k_\pi\tanh(k_d e_\eta)<\frac{\pi}{2}$；$\kappa_{i,\max}$ 为无人机 i 的期望路径的曲率绝对值的最大值，即 $|\kappa(l_i)|\leqslant\kappa_{i,\max}$。若初始条件满足 $|s_i(0)|\leqslant\sqrt{\frac{k_\pi k_d v_{w_{\max}}}{k_\omega}}$，且 $\|e_i(0)\|_2\leqslant e_\eta$，则控制律式(6.5)、式(6.21)和式(6.25)可以确保 $\|\boldsymbol{e}_i\|_2\leqslant e_\eta$，且 $t\to\infty$ 时，有 $\xi_i-\xi_j\to 0$，$\dot{\xi}_i\to\gamma_d$，同时控制约束式(6.2)可以始终得到满足。特别地，若 $v_w=0$，则 $\boldsymbol{\phi}_i=0$ 是渐近稳定的。

证明 采用与定理 6.1 的证明相似的分析方式，若 $|s_i(0)|\leqslant\sqrt{\frac{k_\pi k_d v_{w_{\max}}}{k_\omega}}$，则

$$|s_i(t)|\leqslant\sqrt{\frac{k_\pi k_d v_{w_{\max}}}{k_\omega}} \tag{6.30}$$

对于所有的 $t\geqslant 0$ 成立。同时，由 e_η 的定义，以及式(6.20)与式(6.26)，可得

$$\|e_i(t)\|_2\leqslant e_\eta \tag{6.31}$$

此外，由定理6.2可得$\xi_i-\xi_j\to 0$，且$\dot{\xi}_i\to\gamma_d$。

现证约束式(6.2)可以满足。由于$\bar{\theta}_i=s_i-k_\pi\tanh(k_d e_{d_i})$，因此

$$|\bar{\theta}_i|\leqslant\bar{\theta}_m \tag{6.32}$$

由于$\dot{l}_i=\frac{\mathrm{d}l_i}{\mathrm{d}\xi_i}\dot{\xi}_i$，为保证式(6.29)成立，要求$-\beta+\gamma_d\geqslant 0$，则

$$\dot{l}_i\in(\alpha_{i,\min}(-\beta+\gamma_d),\alpha_{i,\max}(\beta+\gamma_d)) \tag{6.33}$$

按照控制律式(6.5)和式(6.21)，并利用式(6.30)至式(6.33)，可得

$$\begin{aligned}|\omega_i| <& \sqrt{k_\omega k_\pi k_d v_{w_{\max}}}+k_\pi k_d v_{\max}\sin\bar{\theta}_m\\ &+\alpha_{i,\max}(k_\pi k_d\kappa_{i,\max}e_\eta+\kappa_{i,\max})(\beta+\gamma_d)\end{aligned} \tag{6.34}$$

根据式(6.27)，可得$|\omega_i|<\omega_{\max}$；再根据式(6.21)和式(6.25)，以及式(6.31)至式(6.33)，可得

$$v_i<\frac{\alpha_{i,\max}(\beta\cdot+\gamma_d)+k_s e_\eta}{\cos\bar{\psi}_m} \tag{6.35}$$

且

$$v_i>\alpha_{i,\min}(-\beta\cdot+\gamma_d)-k_s e_\eta \tag{6.36}$$

再由式(6.28)和式(6.29)，可证得$v_{\min}<v_i<v_{\max}$。

利用定理6.1，若$v_w=0$，且初始条件满足$|s_i(0)|\leqslant\sqrt{\frac{k_\pi k_d v_{w_{\max}}}{k_\omega}}$，$\|e_i(0)\|_2\leqslant e_\eta$，则$\boldsymbol{\phi}_i=0$是渐近稳定的。证毕。

依据式(6.20)，选择较大的k_s可以降低单无人机路径跟随误差。然而，由定理6.3，选取小的k_s会导致较大的e_η，从而降低对初始条件的要求。因此，k_s的选择应当在降低单无人机路径跟随误差和降低对初始条件的要求两者之间进行权衡。

6.2.3 进一步讨论

定理6.3给出了整个闭环系统稳定性的充分条件。当条件式(6.26)至式(6.29)不满足时，在要求控制约束式(6.2)始终成立的同时，路径跟随误差系统有界性和协同误差系统的渐近稳定性不一定能确保。在这种情况下，需要在保证式(6.2)始终成立的前提下，对路径跟随目标和协同目标进行权衡。基于上述分析，本小节提出算法7，该算法为条件式(6.26)至式(6.29)不能同时满足时，每个控制周期的控制算法。

算法 7 无风扰估计时单个控制周期内基于虚拟目标点的协同路径跟随控制算法

输入:无人机自身的状态x_i、y_i、θ_i,以及路径Γ_i上的虚拟目标点$\tilde{p}_i(\xi_i)$及其切线方向$\tilde{\theta}_i$,其邻居的路径参数$\xi_j, j \in N_j$;

输出:无人机 i 的控制量v_i、ω_i,并更新ξ_i;

1. 依据式(6.3)计算e_{s_i}、e_{d_i}和$\bar{\theta}_i$;
2. 依据式(6.21)计算$\dot{\xi}_i$,且 $\dot{l}_i = \dfrac{\mathrm{d}l_i}{\mathrm{d}\xi_i}\dot{\xi}_i$;
3. 依据式(6.25)计算v_i;
4. **if** $v_i > v_{\max}$ **or** $v_i < v_{\min}$ **then**
5. $\quad v_i = \mathrm{Sat}(v_i, v_{\max}, v_{\min})$;
6. $\quad \dot{l}_i = v_i \cos\bar{\theta}_i + k_s e_{s_i}, \dot{\xi}_i = \dfrac{\mathrm{d}\xi_i}{\mathrm{d}l_i} \cdot \dot{l}_i$;
7. **end if**
8. 依据式(6.5)计算ω_i;
9. $\omega_i = \mathrm{Sat}(\omega_i, \omega_{\max}, -\omega_{\max})$;
10. 更新ξ_i,并向其邻居广播ξ_i。

根据定理 6.3,若不等式(6.26)至式(6.29)成立,且$|s_i(0)| \leqslant \sqrt{\dfrac{k_\pi k_d v_{w_{\max}}}{k_\omega}}$,$\| e_i(0) \|_2 \leqslant e_\eta$,则第 3 行和第 8 行计算得到的$v_i$和$\omega_i$满足约束式(6.2)。因此,不需要再在第 4 行检查v_i的值,也不需要再在第 5 行、第 6 行及第 9 行分别重新计算v_i、$\dot{\xi}_i$、$\dot{l}_i$和ω_i。但是当上述关系式不满足时,需要特别加以处理,此即算法 7 与 6.2.2 小节直接结合方程式(6.5)、式(6.21)和式(6.25)所得到的控制律的差别。具体而言,通过在第 5 行和第 9 行重新设置v_i和ω_i的值,以保证约束式(6.2)得到满足;在第 6 行,由于空速受限制,重新计算$\dot{\xi}_i$和$\dot{l}_i$,因此协同效果会有所降低。

6.3 风扰下的控制律再设计:带估计的情形

6.2 节设计的控制律并未考虑对风扰的估计,故未将风扰项纳入控制律的设计中。本节研究对风扰的估计值存在的情形,讨论如何将风扰的估计值纳入控制律的设计中。理论上,将风扰项纳入控制律的设计中会进一步提升路径跟随的精度。

6.3.1 单架无人机路径跟随控制律设计

首先设计单机的路径跟随控制律。风扰存在的情形下，不能使$\boldsymbol{\phi}_i$收敛到原点；否则由式(6.4)，当$\boldsymbol{\phi}_i=0$时，有

$$\dot{e}_{d_i}=v_w\sin(\theta_w-\tilde{\theta}_i)\neq 0 \tag{6.37}$$

可知原点不是系统式(6.4)的平衡点。故而，当无人机在有风条件下跟随路径时，其航向与路径上虚拟目标点的切线方向不一致。设无人机 i 的航向与路径上虚拟目标点的切线方向的期望夹角为$\bar{\theta}_{d_i}$，则$\bar{\theta}_{d_i}$由两部分组成，一部分为风扰所引起的项ϖ_i，令

$$\varpi_i=-\arcsin\frac{v_w\sin(\theta_w-\tilde{\theta}_i)}{v_i} \tag{6.38}$$

由式(6.4)与式(6.38)，当无人机位于期望路径时，即$e_i=0$时，若使$\dot{e}_{d_i}=0$，应有$\bar{\theta}_i=\varpi_i$。因此，ϖ_i可以视为使无人机在有风条件下无误差地跟随路径时，无人机航向应与路径上虚拟目标点处的切线方向所成的夹角。

$\bar{\theta}_{d_i}$的另一部分与 6.2.1 小节设计的期望航向流形$s_i=0$有关，令

$$\sigma_i=-k_\pi\tanh(k_\mathrm{d}e_{d_i}) \tag{6.39}$$

其中，$0<k_\pi<\frac{\pi}{2}$，$k_\mathrm{d}>0$。并令

$$\bar{\theta}_{d_i}=\varpi_i+\sigma_i \tag{6.40}$$

根据式(6.39)与式(6.40)，6.2.1 小节定义的期望航向流形对应于无风情况下无人机航向应与虚拟目标点在路径上的切线方向所成的夹角σ_i，有风条件下，还需加上ϖ_i这一项。令$\Omega_i=v_w\cos(\theta_w-\tilde{\theta}_i)$，$\Lambda_i=v_w\sin(\theta_w-\tilde{\theta}_i)$，$\vartheta_i=\bar{\theta}_i-\bar{\theta}_{d_i}$，$\widetilde{\boldsymbol{\phi}}_i=(e_{s_i},e_{d_i},\vartheta_i)^\mathrm{T}$。由于$\bar{\theta}_i$为当前无人机 i 的航向与虚拟目标点切线方向所成的夹角，$\bar{\theta}_{d_i}$为无人机 i 的航向与路径上虚拟目标点的切线方向的期望夹角，因此ϑ_i可以视为有风条件下路径跟随的航向误差，则式(6.4)可写为

$$\begin{cases}\dot{e}_{s_i}=v_i\cos\bar{\theta}_i-(1-\kappa(l_i)e_{d_i})\dot{l}_i+\Omega_i\\ \dot{e}_{d_i}=v_i\sin\bar{\theta}_i-\kappa(l_i)e_{s_i}\dot{l}_i+\Lambda_i\\ \dot{\vartheta}_i=\omega_i-\kappa(l_i)\dot{l}_i-\dot{\bar{\theta}}_{d_i}\end{cases} \tag{6.41}$$

其中，根据$\bar{\theta}_{d_i}$的定义，有

$$\dot{\bar{\theta}}_{d_i}=-k_\pi k_\mathrm{d}\operatorname{sech}^2(k_\mathrm{d}e_{d_i})\dot{e}_{d_i}-\frac{\dot{\Lambda}_i}{\sqrt{v_i^2-\Lambda_i^2}}+\frac{\Lambda_i\dot{v}_i}{v_i\sqrt{v_i^2-\Lambda_i^2}} \tag{6.42}$$

其中，$\dot{\Lambda}_i = \dot{v}_w \sin(\theta_w - \tilde{\theta}_i) + v_w(\dot{\theta}_w - \kappa(l_i)\dot{l}_i)\cos(\theta_w - \tilde{\theta}_i)$。

现假设对风扰的估计值精确，可设计以下的控制律，即

$$\omega_i = -k_\omega \vartheta_i + \kappa(l_i)\dot{l}_i + \dot{\bar{\theta}}_{d_i} - \frac{k_\theta v_i e_{d_i}(\sin\bar{\theta}_i - \sin\bar{\theta}_{d_i})}{\vartheta_i} \tag{6.43}$$

$$\dot{l}_i = k_s e_{s_i} + v_i \cos\bar{\theta}_i + \Omega_i \tag{6.44}$$

式中：$k_\theta > 0$；其余参数同控制律式(6.5)和式(6.6)。比较控制律式(6.43)和式(6.44)与控制律式(6.5)和式(6.6)，主要的变化有两方面，一是引入了对风扰的估计项，包括涉及Ω_i、Λ_i和$\dot{\Lambda}_i$的各项；二是引入了$\dfrac{k_\theta v_i e_{d_i}(\sin\bar{\theta}_i - \sin\bar{\theta}_{d_i})}{\vartheta_i}$这一项，在后续证明中可以看到，该项的引入可以确保系统的渐近稳定性。注意到

$$\frac{\sin\bar{\theta}_i - \sin\bar{\theta}_{d_i}}{\vartheta_i} = \sin\left(\frac{\vartheta_i}{2}\right)\cos\left(\frac{\bar{\theta}_i + \bar{\theta}_{d_i}}{2}\right) \Big/ \frac{\vartheta_i}{2} \tag{6.45}$$

由于$\lim\limits_{\vartheta_i \to 0}\sin\left(\dfrac{\vartheta_i}{2}\right) \Big/ \dfrac{\vartheta_i}{2} = 1$，因此当$\vartheta_i = 0$时，该项不会产生歧义性。在数值计算中，为避免出现$\dfrac{0}{0}$的情形，可设置一个较小的正数阈值$\epsilon_\vartheta$，当$|\vartheta_i| < \epsilon_\vartheta$时，直接将$\dfrac{\sin\bar{\theta}_i - \sin\bar{\theta}_{d_i}}{\vartheta_i}$的值赋为$\cos\left(\dfrac{\bar{\theta}_i + \bar{\theta}_{d_i}}{2}\right)$的值。

下面定理分析了采用控制律式(6.43)和式(6.44)后，单无人机路径跟随闭环系统的稳定性。

定理 6.4

考虑由式(6.1)描述的无人机i的运动学方程，若$v_i \geqslant v_{\min}$，且$\dfrac{v_{w_{\max}}}{v_{\min}} + k_\pi \leqslant \dfrac{\pi}{2}$，则控制律式(6.43)和式(6.44)能够使$\tilde{\boldsymbol{\phi}}_i$为有界的，且$\tilde{\boldsymbol{\phi}}_i = 0$对于系统式(6.41)是全局一致渐近稳定的，且局部指数稳定。

证明 对于无人机i，定义以下的李亚普诺夫函数，即

$$V_i = \frac{1}{2}(e_{s_i}^2 + e_{d_i}^2) + \frac{1}{2k_\theta}\vartheta_i^2 \tag{6.46}$$

将式(6.46)对时间求导，并与式(6.41)和控制律式(6.43)和式(6.44)结合，并注意到$\Lambda_i = v_w \sin(\theta_w - \tilde{\theta}_i) = v_i \sin\varpi_i$，由此可得

$$\begin{aligned}\dot{V}_i &= -k_s e_{s_i}^2 - \frac{k_\omega}{k_\theta}\vartheta_i^2 + v_i e_{d_i}(\sin\bar{\theta}_{d_i} - \sin\varpi_i)\\ &= -k_s e_{s_i}^2 - \frac{k_\omega}{k_\theta}\vartheta_i^2 - v_i\frac{\sin\varpi_i - \sin\bar{\theta}_{d_i}}{e_{d_i}}e_{d_i}^2\end{aligned} \tag{6.47}$$

当$e_{d_i}>0$时，根据式(6.39)，有$-\dfrac{\pi}{2}<k_\pi<\sigma_i\leqslant 0$，故$\bar{\theta}_{d_i}<\varpi_i$。当$\dfrac{v_{w_{\max}}}{v_{\min}}+k_\pi\leqslant\dfrac{\pi}{2}$时，有$|\bar{\theta}_{d_i}|\leqslant\dfrac{\pi}{2}$，$|\varpi_i|<\dfrac{\pi}{2}$，故$\sin\varpi_i-\sin\bar{\theta}_{d_i}>0$，因此，$v_i\dfrac{\sin\varpi_i-\sin\bar{\theta}_{d_i}}{e_{d_i}}>0$，故而$\dot{V}_i<0$。同理可证，当$e_{d_i}<0$时，$\sin\varpi_i-\sin\bar{\theta}_{d_i}<0$，因此$v_i\dfrac{\sin\varpi_i-\sin\bar{\theta}_{d_i}}{e_{d_i}}>0$，故而$\dot{V}_i<0$；当$e_{d_i}=0$时，$\sin\varpi_i-\sin\bar{\theta}_{d_i}=0$，故而$\dot{V}_i\leqslant 0$。由此可得出$\dot{V}_i\leqslant 0$恒成立，并且$\dot{V}_i=0$当且仅当$e_{s_i},\vartheta_i=0,\sigma_i=0$。注意到式(6.39)关于$\sigma_i$的定义，$\sigma_i=0$意味着$e_{d_i}=0$。由定理 2.1 知，$\tilde{\boldsymbol{\phi}}_i=0$为全局一致渐近稳定。

接下来证明$\tilde{\boldsymbol{\phi}}_i=0$是指数稳定的。由上述分析，当$e_{d_i}\neq 0$时，$v_i\dfrac{\sin\varpi_i-\sin\bar{\theta}_{d_i}}{e_{d_i}}>0$；当$e_{d_i}\to 0$时，使用洛必达法则，有$\lim\limits_{t\to 0}v_i\dfrac{\sin\varpi_i-\sin\bar{\theta}_{d_i}}{e_{d_i}}=k_\pi k_d v_i\cos\varpi_i>0$。同时，当$e_{d_i}\to\infty$，同样有$v_i\dfrac{\sin\varpi_i-\sin\bar{\theta}_{d_i}}{e_{d_i}}\to 0$。因而，存在$e_{d_i}^c>0$和$k_c>0$，使得对于任意$|e_{d_i}|<e_{d_i}^c$，有$v_i\dfrac{\sin\varpi_i-\sin\bar{\theta}_{d_i}}{e_{d_i}}\geqslant k_c$。因此，$\dot{V}_i\leqslant -k_s e_{s_i}^2-\dfrac{k_\omega}{k_\theta}\vartheta_i^2-k_c e_{d_i}^2,\ \forall\,|e_{d_i}|<e_{d_i}^c$。根据定理 2.3，$\tilde{\boldsymbol{\phi}}_i=0$是局部指数稳定的。证毕。

定理 6.4 表明，当对风扰的估计准确时，控制律式(6.43)和式(6.44)可使无人机最终收敛到路径上。在实际中，由于传感器等原因，对风扰可能估计不准确，由此会产生有界的估计误差。现简要分析此情况下，控制律式(6.43)和式(6.44)的鲁棒性。首先给出关于扰动系统的以下引理。

定理 6.1[114]

设$x=0$是系统$\dot{x}=f(x)$的一个指数稳定平衡点，$E=\{x\in\chi:\|x\|<r\}$，设$V:[t_0,\infty)\times E\to\mathbb{R}$是连续可微函数，且满足

$$c_1\|x\|^2\leqslant V(t,x)\leqslant c_2\|x\|^2 \tag{6.48}$$

$$\frac{\partial V}{\partial t}+\frac{\partial V}{\partial x}f(t,x)\leqslant -c_3\|x\|^2 \tag{6.49}$$

$$\left\| \frac{\partial V}{\partial x} \right\| \leqslant c_4 \| x \| \tag{6.50}$$

假设存在 $0 < c_5 < 1$，对所有的 $t \geqslant t_0$ 和 $x \in E$，都有

$$\| g(t,x) \| \leqslant g_\delta < \frac{c_3}{c_4} \sqrt{\frac{c_1}{c_2}} c_5 r \tag{6.51}$$

则对于所有 $x(t_0) < \sqrt{\frac{c_1}{c_2}} r$，系统 $\dot{x} = f(x) + g(x)$ 的解是有界的。

由于控制律式(6.43)和式(6.44)中，$\bar{\theta}_{d_i}$、$\dot{\bar{\theta}}_{d_i}$、Ω_i 中含有对风扰的估计项，故将控制律式(6.43)和式(6.44)修正为

$$\omega_i = -k_\omega \vartheta_i + \kappa(l_i)\dot{l}_i + \hat{\dot{\bar{\theta}}}_{d_i} - \frac{k_\theta v_i e_{d_i}(\sin \bar{\theta}_i - \sin \hat{\bar{\theta}}_{d_i})}{\vartheta_i} \tag{6.52}$$

$$\dot{l}_i = k_s e_{s_i} + v_i \cos \bar{\theta}_i + \hat{\Omega}_i \tag{6.53}$$

式中：$\hat{\bar{\theta}}_{d_i}$，$\hat{\dot{\bar{\theta}}}_{d_i}$、$\hat{\Omega}_i$ 为对 $\bar{\theta}_{d_i}$、$\dot{\bar{\theta}}_{d_i}$、Ω_i 的真实值的估计值。因此，单无人机路径跟随的闭环控制系统可以写成

$$\dot{\tilde{\boldsymbol{\phi}}}_i = f(\tilde{\boldsymbol{\phi}}_i) + g(\tilde{\boldsymbol{\phi}}_i) \tag{6.54}$$

其中，

$$g(\tilde{\boldsymbol{\phi}}_i) = \begin{bmatrix} \tilde{\Omega}_i \\ 0 \\ -\tilde{\dot{\bar{\theta}}}_{d_i} - k_\omega \tilde{\bar{\theta}}_{d_i} + k_\theta v_i e_{d_i}\left(\dfrac{\sin \bar{\theta}_i - \sin \bar{\theta}_{d_i}}{\vartheta_i} - \dfrac{\sin \bar{\theta}_i - \sin \hat{\bar{\theta}}_{d_i}}{\bar{\theta}_i - \hat{\bar{\theta}}_{d_i}} \right) \end{bmatrix} \tag{6.55}$$

这里的 $\tilde{\Omega}_i = \Omega_i - \hat{\Omega}_i$，$\tilde{\bar{\theta}}_{d_i} = \bar{\theta}_{d_i} - \hat{\bar{\theta}}_{d_i}$，$\tilde{\dot{\bar{\theta}}}_{d_i} = \dot{\bar{\theta}}_{d_i} - \hat{\dot{\bar{\theta}}}_{d_i}$。由于 $\tilde{\Omega}_i$、$\tilde{\bar{\theta}}_{d_i}$ 和 $\tilde{\dot{\bar{\theta}}}_{d_i}$ 是有界的，故存在 ϕ_{r_i}、$g_{\delta_i} > 0$，使得 $\| g(\tilde{\boldsymbol{\phi}}_i \| \leqslant g_{\delta_i}$ 对任意的 $\| \tilde{\boldsymbol{\phi}}_i \| \leqslant \phi_{r_i}$ 恒成立。由定理 6.4，$\tilde{\boldsymbol{\phi}}_i = \mathbf{0}$ 是局部指数稳定的。再由引理 6.1 可知，无人机初始时刻位于期望路径附近的一个小的邻域时，对风扰的较小估计误差能保证路径跟随误差有界。

6.3.2 多机协同路径跟随控制律设计

现结合 6.3.1 小节设计的引入风扰估计的单无人机路径跟随控制律与

6.2.2 小节设计的协同控制律式(6.21)，研究设计有风扰估计的多无人机协同路径跟随控制律。为讨论方便，此处仍假设对风扰的估计准确，当估计不准确时，相应地在算法中用估计项替代对应的准确项即可。根据式(6.44)，可设置空速指令为

$$v_i = \frac{\dot{l}_i - k_s e_{s_i} - \Omega_i}{\cos \bar{\theta}_i} \tag{6.56}$$

注意到控制律引入风扰的估计后，按控制律式(6.43)计算的ω_i需要用到$\dot{v}_i$的信息，其中 $\dot{l}_i \dfrac{\mathrm{d}l_i}{\mathrm{d}\xi_i}\dot{\xi}_i$，则根据式(6.56)，有

$$\dot{v}_i = \frac{\ddot{l}_i - \dot{\Omega}_i - k_s \dot{e}_{s_i}}{\cos \bar{\theta}_i} + v_i \dot{\bar{\theta}}_i \tan \bar{\theta}_i \tag{6.57}$$

式中：$\dot{\Omega}_i = \dot{v}_w \cos(\theta_w - \tilde{\theta}_i) - v_w(\dot{\theta}_w - \kappa(l_i)\dot{l}_i)\sin(\theta_w - \tilde{\theta}_i)$，根据式(6.56)，$\ddot{l}_i$为

$$\ddot{l}_i = \frac{\mathrm{d}\left(\dfrac{\mathrm{d}l_i}{\mathrm{d}\xi_i}\right)}{\mathrm{d}t}\dot{\xi}_i - \beta k_\xi \frac{\mathrm{d}l_i}{\mathrm{d}\xi_i}\mathrm{sech}^2\Big(\sum_{j \in N_i} k_\xi(\xi_i - \xi_j)\Big) \cdot \Big(\sum_{j \in N_i}(\dot{\xi}_i - \dot{\xi}_j)\Big) \tag{6.58}$$

由于出现了$\dot{\xi}_j$，意味着协同时除了需要邻居的ξ_j外，还需要$\dot{\xi}_j$，这些信息都由通信获得。

式(6.57)中还用到了$\dot{\bar{\theta}}_i$，根据$\bar{\theta}_i = \vartheta_i + \bar{\theta}_{d_i}$，由式(6.41)可见计算$\dot{\bar{\theta}}_i$又需要$\omega_i$，从而形成了代数环。为此，令

$$A_i = -k_\omega \vartheta_i - \frac{k_\theta v_i e_{d_i}(\sin \bar{\theta}_i - \sin \bar{\theta}_{d_i})}{\vartheta_i} - k_\pi k_d \mathrm{sech}^2(k_d e_{d_i})\dot{e}_{d_i} - \frac{\dot{\Lambda}_i}{\sqrt{v_i^2 - \Lambda_i^2}} \tag{6.59}$$

$$B_i = \frac{\Lambda_i}{v_i \sqrt{v_i^2 - \Lambda_i^2}} \tag{6.60}$$

$$C_i = \frac{\ddot{l}_i - \dot{\Omega}_i - k_s \dot{e}_{s_i}}{\cos \bar{\theta}_i} \tag{6.61}$$

$$D_i = v_i \tan \bar{\theta}_i \tag{6.62}$$

由式(6.57)、式(6.61)和式(6.62)可得

$$\dot{v}_i = C_i + D_i \dot{\bar{\theta}}_i \tag{6.63}$$

另一方面，根据式(6.41)至式(6.43)以及式(6.59)和式(6.60)，可得

$$\dot{\bar{\theta}}_i = A_i + B_i \dot{V}_i \tag{6.64}$$

将式(6.63)与式(6.64)联立，并利用$\omega_i = \dot{\bar{\theta}}_i + \kappa(l_i)\dot{l}_i$，可得

$$\omega_i = \kappa(l_i)\dot{l}_i + \frac{A_i + B_i C_i}{1 - B_i D_i} \tag{6.65}$$

定理 6.5

考虑 n 架无人机各自跟随一条路径，每架无人机的运动学模型如式(6.1)所示，机间采用无向连通通信拓扑。记$\theta_\eta = \arcsin \frac{v_{w_{\max}}}{v_{\min}} + k_\pi$，并有$\theta_\eta < \frac{\pi}{2}$。对无人机 $i=1,2,\cdots,n$ 均满足以下初始条件，即

$$\tilde{\boldsymbol{\phi}}_i(t_0) \in M \triangleq \{\tilde{\boldsymbol{\phi}}_i : V_i \leqslant c^2\}, \tag{6.66}$$

其中，V_i的定义见式(6.46)，并有

$$0 < c < \frac{\pi - 2\theta_\eta}{2\sqrt{2k_\theta}} \tag{6.67}$$

$$\tan(\theta_\eta - k_\pi)\tan(\theta_\eta + \sqrt{2k_\theta}c) < 1 \tag{6.68}$$

$$\frac{\alpha_{i,\max}(\gamma_d + \beta) + \sqrt{2}k_s c + v_{w_{\max}}}{\cos(\theta_\eta + \sqrt{2k_\theta}c)} \leqslant v_{\max} \tag{6.69}$$

$$\alpha_{i,\min}(\gamma_d - \beta) - \sqrt{2}k_s c - v_{w_{\max}} \geqslant v_{\min} \tag{6.70}$$

则对于 $i=1,2,\cdots,n$，控制律式(6.21)、式(6.56)与式(6.65)能够保证$\tilde{\boldsymbol{\phi}}_i$为有界的，且$\lim\limits_{t\to\infty}\tilde{\boldsymbol{\phi}}_i = 0$，$\lim\limits_{t\to\infty} \xi_i - \xi_j = 0$，$\lim\limits_{t\to\infty} \dot{\xi}_i = \gamma_d$，$\forall i、j = 1,2,\cdots,n$，并且在整个控制过程中恒有$v_i \in [v_{\min}, v_{\max}]$。

证明　首先证明，整个控制过程中恒有$\tilde{\boldsymbol{\phi}}_i(t) \in M, v_i(t) \in [v_{\min}, v_{\max}]$，$\forall t \geqslant t_0$。由于$\tilde{\boldsymbol{\phi}}_i(t_0) \in M$，故$e_{s_i}(t_0) \leqslant \sqrt{2}c$，$\vartheta_i(t_0) \leqslant \sqrt{2k_\theta}c$，$\bar{\theta}_i(t_0) = \bar{\theta}_{d_i}(t_0) + \vartheta_i(t_0) \leqslant \theta_\eta + \sqrt{2k_\theta}c$，根据式(6.56)、式(6.69)和式(6.70)，有$v_i(t_0) \in [v_{\min}, v_{\max}]$。现基于反证法证明$\tilde{\boldsymbol{\phi}}_i(t) \in M, v_i(t) \in [v_{\min}, v_{\max}]$，$\forall t \geqslant t_0$，假设无人机 i 违背了这两个条件中的任一种，共有以下 3 种情况。

情况 1：无人机 i 满足$\tilde{\boldsymbol{\phi}}_i(t) \in M$，$\forall t \geqslant t_0$，但$v_i(t) \in [v_{\min}, v_{\max}]$并非一直成立。记 t'为第一次不满足无人机空速约束的时刻，由于$\tilde{\boldsymbol{\phi}}_i(t') \in M$，类比对$t_0$时刻$v_i$的分析，可得$v_i(t') \in [v_{\min}, v_{\max}]$，与假设矛盾，故该情况不可能发生。

情况 2：无人机 i 满足$v_i(t) \in [v_{\min}, v_{\max}]$，$\forall t \geqslant t_0$，但$\tilde{\boldsymbol{\phi}}_i(t) \in M$ 并非一直成立。由于V_i连续可微且$V_i(t_0) \leqslant c^2$，故存在时刻 t'满足$V_i(t') = c^2$且$\dot{V}_i(t') > 0$。

由于式(6.68)成立，故控制律式(6.65)中的 $1 - B_iD_i = 1 - \tan\varpi_i\tan(\bar{\theta}_i) \geq 1 - \tan(\theta_\eta - k_\pi)\tan(\theta_\eta + \sqrt{2k_\theta}c) > 0$，意味着式(6.65)不会产生奇异性，因而控制律式(6.65)等价于控制律式(6.43)，由于 $v_i(t') \in [v_{\min}, v_{\max}]$，根据定理 6.4 中的证明分析，有 $\dot{V}_i(t') \leq 0$，与假设矛盾，故该情况不可能发生。

情况 3：在无人机 i 的飞行过程中，$v_i(t) \in [v_{\min}, v_{\max}]$ 和 $\tilde{\boldsymbol{\phi}}_i(t) \in M$ 都不能一直满足，此时必然有时刻 t' 为第一次不满足 $v_i \in [v_{\min}, v_{\max}]$ 的时刻，并由 V_i 的连续可微性，必然有时刻 t'' 为第一次使得 $V_i(t'') = c^2$ 且 $\dot{V}_i(t'') > 0$。此时，又有 3 种子情况：① $t' < t''$；② $t' > t''$；③ $t' = t''$。对于前两种子情况，可类比情况 1 和情况 2，证明这两种子情况不可能发生；对于第 3 种子情况，由于 $V_i(t'') = c^2$，则意味着 $\tilde{\boldsymbol{\phi}}_i(t') \in M$，参照情况 1 的分析，可得 $v_i(t') \in [v_{\min}, v_{\max}]$，与假设矛盾，故该子情况也不可能发生。

综上，$\tilde{\boldsymbol{\phi}}_i(t) \in M, v_i(t) \in [v_{\min}, v_{\max}], \forall t \geq t_0$。由于式(6.68)成立，故控制律式(6.65)中的 $1 - B_iD_i > 0$，因而控制律式(6.65)等价于控制律式(6.43)，由定理 6.4，得 $\tilde{\boldsymbol{\phi}}_i$ 为有界的，且 $\lim\limits_{t\to\infty}\tilde{\boldsymbol{\phi}}_i = 0$；由定理 6.2，$t \to \infty$ 时，有 $\xi_i - \xi_j \to 0$，且 $\dot{\xi}_i \to \gamma_d, \forall i、j = 1, 2, \cdots, n$。证毕。

注意到协同控制律式(6.21)中并不含对风扰的估计项，因而对风扰的估计偏差不会影响到对于各无人机虚拟目标点的协调；对于路径跟随误差，由定理 6.4，$\tilde{\boldsymbol{\phi}}_i = 0$ 是局部指数稳定的。再由引理 6.1 可知，无人机初始时刻位于期望路径附近的一个小的邻域时，对风扰较小的估计误差能保证路径跟随误差有界。

6.3.3　进一步讨论

注意到定理 6.5 并未保证 $\omega_i \in [-\omega_{\max}, \omega_{\max}]$ 能始终满足。虽然通过对控制律式(6.65)中 A_i、B_i、C_i、D_i 各项的分析，仍可以建立使 $\omega_i \in [-\omega_{\max}, \omega_{\max}]$ 对任意时刻都满足的充分条件，但该条件会过于苛刻。本小节结合 6.3.2 小节的理论结果，提出有风扰估计时协同路径跟随算法的工程实现，其实现方式如算法 8 所示。

算法 8　存在风扰估计时单个控制周期内的协同路径跟随控制算法

输入：无人机自身的状态 x_i、y_i、θ_i，以及路径 Γ_i 上的虚拟目标点 $\tilde{\boldsymbol{p}}_i(\xi_i)$ 及其切线方向 $\tilde{\theta}_i$，对风扰的参数 v_w、$\dot{v}_w$、θ_w、$\dot{\theta}_w$ 的估计，其邻居的路径参数 ξ_j、$\dot{\xi}_j$，$j \in N_j$；
输出：无人机 i 的控制量 v_i、ω_i，并更新 ξ_i；

算法 8 存在风扰估计时单个控制周期内的协同路径跟随控制算法

1:依据式(6.3)计算$e_{s_i}, e_{d_i}, \bar{\theta}_i$;

2:利用虚拟目标点信息$\tilde{\boldsymbol{p}}_i(\xi_i)$,$\tilde{\theta}_i$以及对风扰$v_w$、$\dot{v}_w$、$\theta_w$、$\dot{\theta}_w$的估计,计算$\Omega_i$、$\dot{\Omega}_i$、$\Lambda_i$、$\dot{\Lambda}_i$;

3:依据式(6.21)计算$\dot{\xi}_i, \dot{l} = \dfrac{\mathrm{d}l_i}{\mathrm{d}\xi_i}\dot{\xi}_i$;

4:依据式(6.56)计算v_i;

5:**if** $v_i > v_{\max}$ **or** $v_i < v_{\min}$ **then**

6: $v_i = \mathrm{Sat}(v_i, v_{\max}, v_{\min})$;

7: $\dot{l}_i = v_i \cos\bar{\theta}_i + k_s e_{s_i} + \Omega_i, \dot{\xi}_i = \dfrac{\mathrm{d}l_i}{\mathrm{d}\xi_i} \cdot \dot{l}_i$;

8:**end if**

9:依据式(6.65)计算ω_i;

10:$\omega_i = \mathrm{Sat}(\omega_i, \omega_{\max}, -\omega_{\max})$;

11:更新ξ_i,并向其邻居广播ξ_i,$\dot{\xi}_i$。

算法 8 与算法 7 的思想基本一致,都是在优先保证无人机控制约束的前提下,尽可能地实现协同路径跟随;算法 8 与算法 7 的不同之处在于,在第 2 行,需要利用虚拟目标点信息$\tilde{\boldsymbol{p}}_i(\xi_i)$、$\tilde{\theta}_i$以及对风扰$v_w$、$\dot{v}_w$、$\theta_w$、$\dot{\theta}_w$的估计,计算$\Omega_i$、$\dot{\Omega}_i$、$\Lambda_i$、$\dot{\Lambda}_i$,从而将对风扰的估计引入控制律中(即第 4 ~ 9 行);另外,由于在式(6.65)计算ω_i时,不仅需要无人机 i 的邻居 j 的路径参数ξ_j,还需要该参数的导数$\dot{\xi}_j$,因而算法 8 的输入中多了$\dot{\xi}_j$,且无人机也需要向其邻居广播$\dot{\xi}_i$。

注 6.3

本章设计的算法未考虑无人机之间的避碰情况。在实际应用中,可以在无人机存在冲突时,引入文献[142]的冲突消解算法,以使多无人机相互规避。

6.4　仿真试验

本节通过仿真试验以支撑上述各节得到的理论结果。仿真包括两部分，即数值仿真与基于 X－Plane 飞行模拟器的半实物仿真。

6.4.1　数值仿真结果

算例 1　使用无风扰估计的控制律

考虑 4 架无人机跟随以 $(0,0)^{\mathrm{T}}$ 为圆心的 4 条同心圆路径，如图 6.2(a)所示。其中，相邻两个圆的距离是 17m，最小圆的半径为 250m。由此，路径 Γ_i 可以参数化表示为 $x_i^{\mathrm{d}}=r_i\cos\xi_i, y_i^{\mathrm{d}}=r_i\sin\xi_i$，其中 r_i 是圆的半径，且 $\xi_i\in\Xi_i=[-\pi,\pi)$。无人机选择文献[95]中的参数，即 $v_{\min}=20\mathrm{m/s}, v_{\max}=50\mathrm{m/s}, \omega_{\max}=0.54\mathrm{rad/s}$。风为定常风，其参数为 $v_w=1\mathrm{m/s}, \theta_w=-\dfrac{\pi}{4}$，但对每架无人机均为未知项。无风扰估计的协同路径跟随控制律的参数根据定理 6.3 中的条件，设定如下：$k_\pi=0.4\pi, k_{\mathrm{d}}=0.01, k_\omega=2, k_{\mathrm{s}}=0.25, \gamma_{\mathrm{d}}=0.12, \beta=0.01, k_\xi=5$。无人机的初始位置和朝向分别设置为 $\left(235,30,\dfrac{\pi}{2}\right)^{\mathrm{T}}$，$\left(285,0,\dfrac{11\pi}{20}\right)^{\mathrm{T}}$，$\left(262,45,\dfrac{\pi}{2}\right)^{\mathrm{T}}$，以及 $\left(310,80,\dfrac{2\pi}{3}\right)^{\mathrm{T}}$，各无人机的初始时的虚拟目标点选择为无人机到各自期望路径上的最近投影，然后虚拟目标点依据式(6.6)进行更新。注意：本例是在圆空间上的同步，协同控制律式(6.21)相应地调整为

$$\dot{\xi}_i=-\beta\tanh\Big(\sum_{j\in N_i}k_\xi\cdot\mathrm{Rad}(\xi_i-\xi_j)\Big)+\gamma_d \tag{6.71}$$

式中：$\mathrm{Rad}(\cdot):\mathbb{R}\to[-\pi,\pi)$ 函数是将角度规范化到 $[-\pi,\pi)$ 的范围内。在本例中，存在一条过圆心的直线，使初始时所有无人机到各自期望路径上的最近投影在该直线的同一侧，因而满足在圆空间上达到一致性的凸性条件[156－157]。

选择 $v_{w_{\max}}=1\mathrm{m/s}$，可相应地得到 $e_\eta=19.83\mathrm{m}$，其初始条件满足 $|s_i(0)|\leqslant\sqrt{\dfrac{k_\pi k_{\mathrm{d}}v_{w_{\max}}}{k_\omega}}$ 以及 $\|e_i(0)\|_2\leqslant e_\eta$。此外，通过计算可以验证式(6.26)至式(6.29)成立。现对控制律式(6.5)、式(6.21)以及式(6.25)进行仿真。仿真中，使用欧拉法求解常微分方程，仿真步长为 10ms，仿真时间为 400s。无人机的通信拓扑为图 6.3 所示的 1 顶点(边)无向抗毁性拓扑。

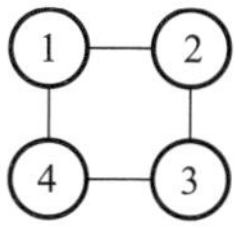

图 6.3　1 顶点(边)无向抗毁性拓扑

4 架无人机在 $t\in[0,90]$ 时间段内的轨迹如图 6.4 所示，图中的虚线表示无人机的期望航线，实线表示无人机实际的位置。4 架无人机从内圈到外圈依次为无人机 1 ~4。从图中可以看出，每架无人机都能够成功地跟随自己的期望航线，并形成“一”字队形。

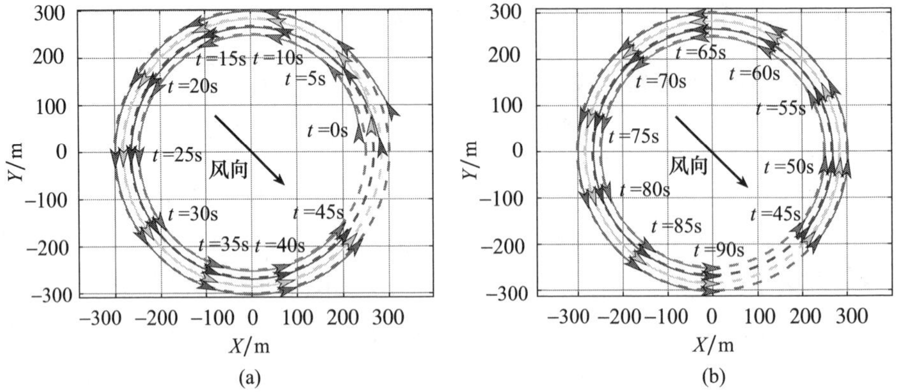

图 6.4 有风条件下 $t\in[0,90]$ 各无人机的轨迹

每架无人机的协同路径跟随过程中的位置误差随时间的变化情况如图 6.5 所示。从图中可以看出，位置误差都是有界的，并且 $\|e_i\|_2\leqslant e_\eta$ 始终成立。从图中还可以看到，无人机跟随的路径所对应的曲率的绝对值越大，相应地，位置误差也越大，这一点与第 5 章飞行验证的结论是一致的。在本仿真场景中，跟随最内侧的圆的无人机 1，其位置误差最大。

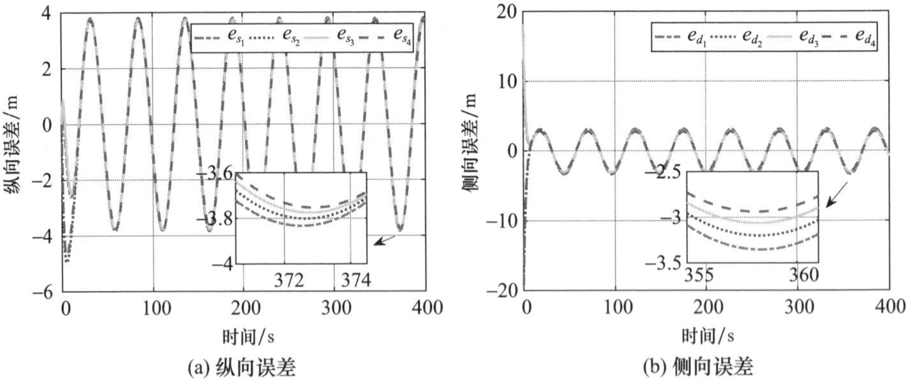

图 6.5 有风条件下采用无风扰估计的控制律其位置误差随时间的变化情况

为进一步分析稳态时位置误差与风向的关系，在极坐标下画出了时间段在 $t\in[300,400]$ 时，e_{s_i} 和 e_{d_i} 相对于 ξ_i 的值，如图 6.6 所示。在极坐标图中，矢径为位

置误差（e_{s_i}和e_{d_i}）的绝对值，辐角为ξ_i的值。从极坐标图中可以看出，当风向与期望航向大致垂直时，即$\xi_i=-\dfrac{\pi}{4}$或$\xi_i=\dfrac{3\pi}{4}$时，$|e_{d_i}|$达到最大值，而$|e_{s_i}|$达到最小值0；当风向与期望航向大致平行时，即$\xi_i=\dfrac{\pi}{4}$或$\xi_i=-\dfrac{3\pi}{4}$，$|e_{s_i}|$基本达到最大值，而$|e_{d_i}|$达到最小值0。

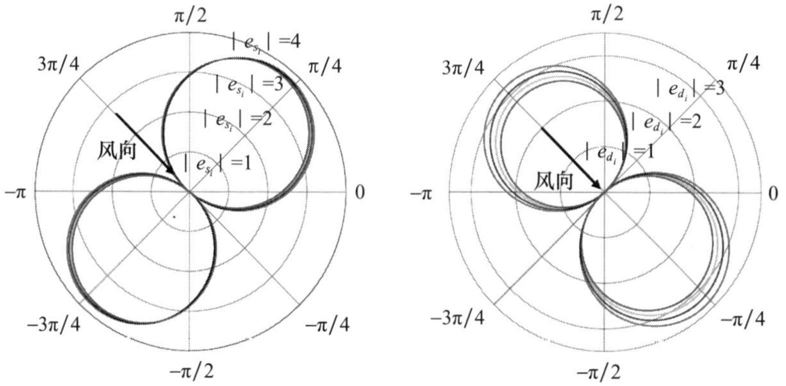

(a) 纵向误差的极坐标图　　(b) 侧向误差的极坐标图

图6.6　有风条件下采用无风扰估计的控制律其稳态时位置误差与ξ_i的极坐标关系

为分析协同效果，对无人机i的协同误差定义为$\iota_i=\dfrac{1}{n}\sum_{j\in V}\mathrm{Rad}(\xi_i-\xi_j)$。显然，若$\xi_i-\xi_j\to 0$，$\forall i$、$j=1,2,\cdots,n$，则$\iota_i\to 0$，所有无人机也实现了协同目标。协同误差$\iota_i$随时间的变化如图6.7所示，从中可以看出协同目标能够实现。图6.8展示了该场景下各无人机的控制量，从图中可以看出控制约束式(6.2)能够得到满足。

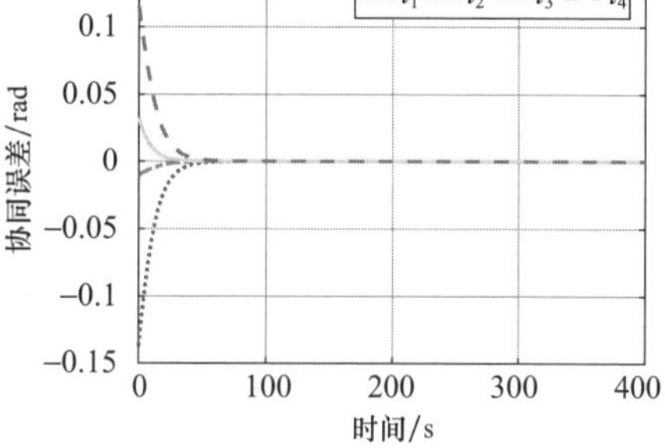

图6.7　有风条件下采用无风扰估计的控制律其协同误差随时间的变化情况

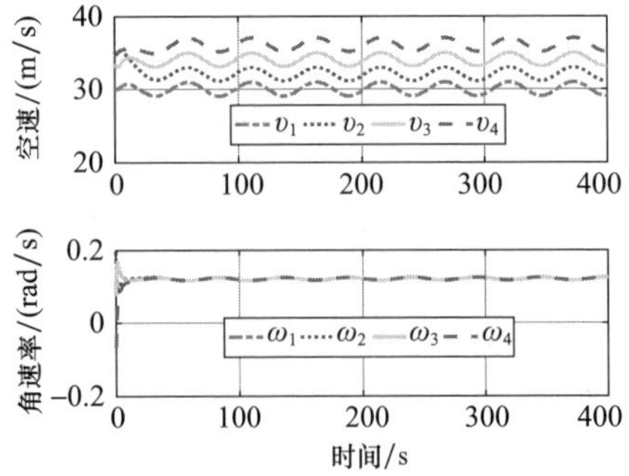

图 6.8　有风条件下采用无风扰估计的控制律其控制量随时间的变化情况

进一步,研究无风的情形。图 6.9 展示了采用无风扰估计的控制律,即式(6.5)、式(6.25)和式(6.71)的协同路径跟随误差随时间的变化情况。在无风时,$\bar{\theta}_i$可以表示航向误差。从图中可以看出,当$v_w=0$时,位置误差、航向误差以及协同误差都收敛到零。并且,通过比较图 6.7 与图 6.9(d)可以看出,在定理 6.3 的前提条件得到满足时,按照控制律式(6.5)、式(6.71)和式(6.25)不会影响各无人机虚拟目标点的协调。

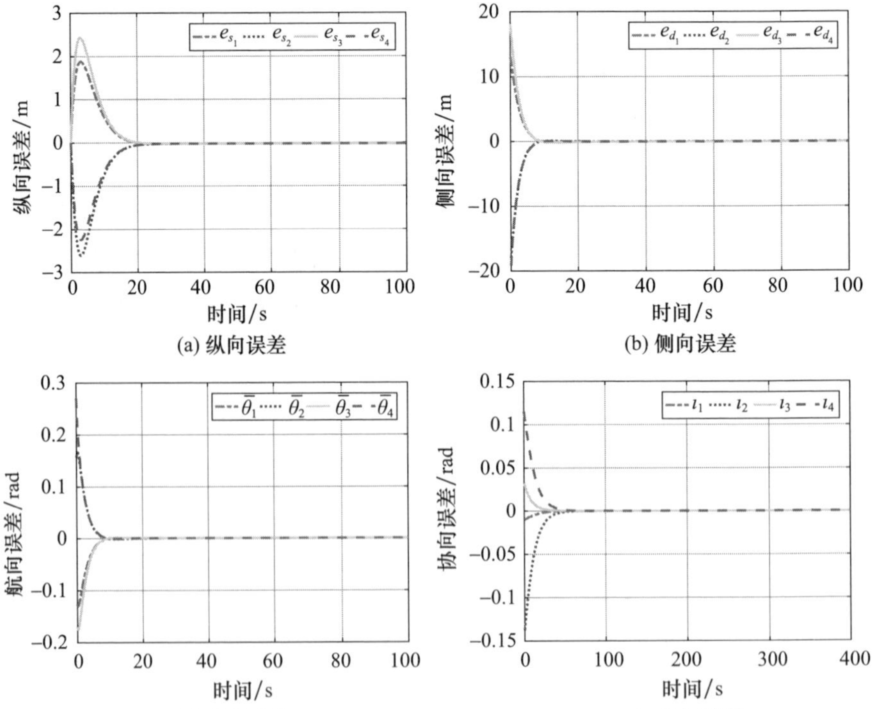

(a) 纵向误差　(b) 侧向误差

(c) 航向误差　(d) 协同误差

图 6.9　无风条件下采用无风扰估计的控制律其协同路径跟随误差随时间的变化情况

算例 2　使用带风扰估计的控制律

仍考虑相同的任务场景，但使用带风扰估计的控制律。首先考虑对风扰估计准确的情形。参数$k_\theta=0.00002$，其余参数值不变。图 6.10 展示了采用算法 8 的协同路径跟随误差随时间的变化情况。在有风时，航向误差由ϑ_i表示。从图中可以看出，对风扰估计准确时，把风扰估计引入到控制律中后，可以保证位置误差、航向误差、协同误差全部收敛到零。另外，通过比较图 6.10(d)和图 6.7 以及图 6.9(d)可以看出，协同误差的收敛情况没有变化。

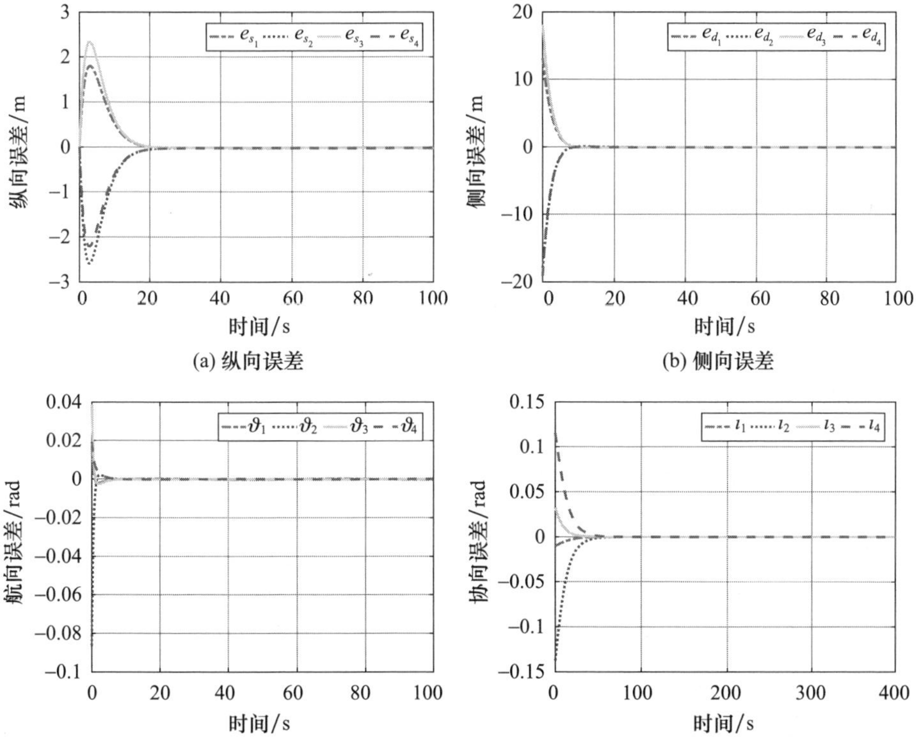

(a) 纵向误差　(b) 侧向误差

(c) 航向误差　(d) 协同误差

图 6.10　风扰估计准确时其协同路径跟随误差随时间的变化情况

现考虑对风扰估计存在一定偏差的情况。相同的任务场景下，设无人机对风扰v_w的估计为$\hat{v}_w=1.5\text{m/s}$。图 6.11 展示了采用带风扰估计的控制律，当风扰估计存在较小偏差时，无人机的位置误差随时间的变化情况。通过比较图 6.11 与图 6.10(a)和图 6.10(b)可以看出，由于风扰估计存在一定的偏差，由此为协同路径跟随闭环系统引入了新的误差。但是此场景下，对风速的估计偏差小于风速的实际值，通过比较图 6.11 与图 6.5 可以看出，引入风扰估计后的位置误差要小于不使用风扰估计的位置误差。

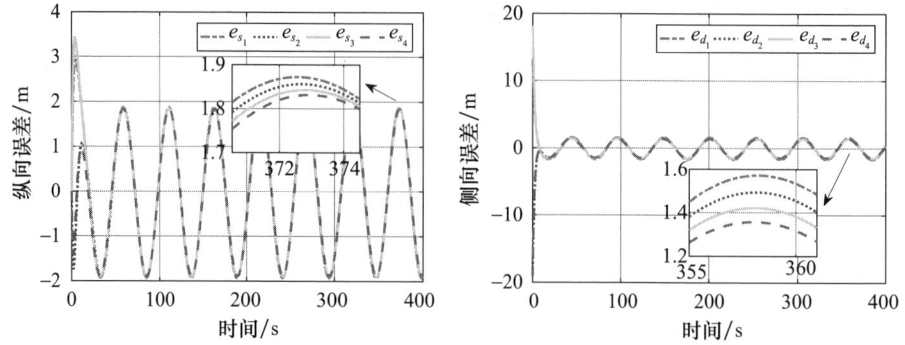

(a) 纵向误差　　(b) 侧向误差

图 6.11　风扰估计存在较小偏差时，位置误差随时间的变化情况

6.4.2　半实物仿真结果

本小节基于 X－Plane 仿真软件和 Pixhawk 自驾仪进行半实物仿真，以进一步验证本章提出的控制方法的有效性。

仿真 1：使用无风扰估计的控制律协同跟随同心圆路径

在此进行与 6.4.1 小节相似场景的仿真。仿真中共用到了 3 架 HILStar17f 无人机，用于跟随 3 个同心圆路径，其中最小的圆半径为 130m，相邻两个圆的距离为 15m。风的参数为$v_w = 2\text{kt}$，$(1\text{kt} \approx 0.5144\text{m/s})$，$\theta_w = -\pi$。无人机的参数设置为$v_{\max} = 19\text{m/s}$，$v_{\min} = 10\text{m/s}$，$\omega_{\max} = 0.54\text{rad/s}$。使用无风扰估计的控制律。控制参数设置为$\gamma_{\rm d} = 0.1$，其他参数与数值仿真中的参数相同，据此可得$e_\xi = 10.02\text{m}$。可以验证，在此情况下不等式（6.26）、式（6.28）及式（6.29）并不成立。此情形下，按照 6.2.3 小节的讨论，执行算法 7，在确保约束式（6.2）满足的前提下，尽可能实现协同路径跟随。

半实物仿真中各无人机在 $t \in [420, 540]$ 的轨迹如图 6.12 所示。图中的虚线表示无人机的期望航线，实线表示实际的轨迹。无人机 1 位于最外圈，无人机 3 位于最内圈。从图中可以看出，每架无人机都能够大致跟随自己的期望航线，并基本形成“一”字队形。

图 6.13 展示了半实物仿真中路径跟随误差以及协同误差随时间的变化情况。由于不等式（6.26）、式（6.28）及式（6.29）在该场景下不满足，因此$\|\boldsymbol{e}_i\|_2 \leqslant e_\xi$并非一直成立。从图 6.13 中可以看出，稳态时，e_{s_i}和e_{d_i}大致满足$|e_{s_i}| \leqslant 15\text{m}$，$|e_{d_i}| \leqslant 20\text{m}$。

图 6.14 展示了协同误差的情况，从图中可以看出，存在一些时间段协同误差从原点又发散的情况，其原因同样是由于不等式（6.26）、式（6.28）及式

(6.29)不成立。进一步探究其原因,通过观察可以发现,在这些时间段内,无人机 1 的期望空速已饱和,这意味着无人机 1 在执行算法 7 时,在第 5 行对v_1又重新赋值,并在第 6 行重新计算了$\dot{\xi}_1$,因此协同性能的降低本质上是为了满足约束式(6.2)做出的牺牲。但如图 6.14 所示,协同误差始终有界,并且当无人机的速度都不饱和时,仍然会逐渐收敛到零。

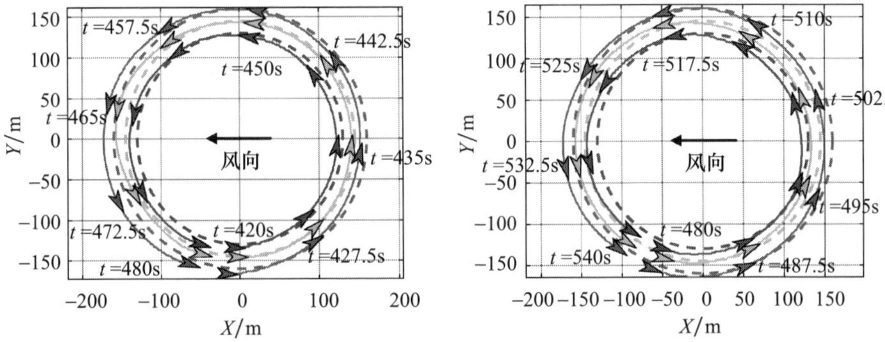

(a) 420≤t≤480时，各无人机的轨迹　(b) 480≤t≤540时，各无人机的轨迹

图 6.12　半实物仿真中采用无风扰估计的控制律,各无人机在 $t\in[420,540]$的轨迹

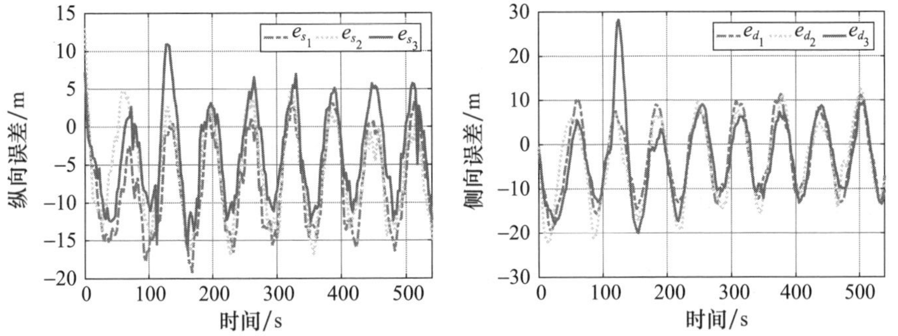

(a) 纵向误差　(b) 侧向误差

图 6.13　半实物仿真中采用无风扰估计的控制律其位置误差随时间的变化情况

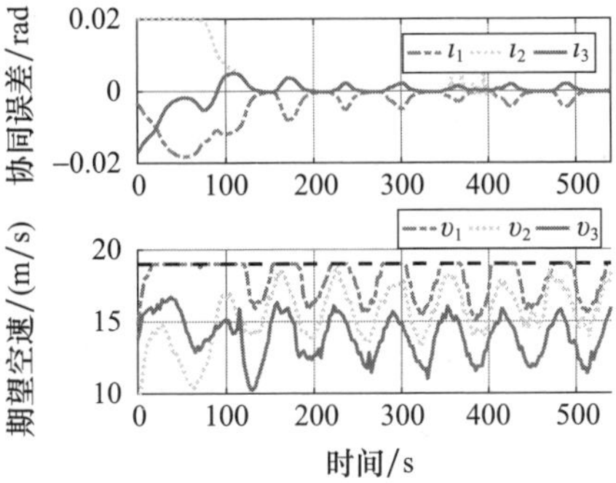

图 6.14　半实物仿真中采用无风扰估计的控制律其协同误差和期望空速随时间的变化情况

仿真 2：使用带风扰估计的控制律协同跟随同心圆路径

仍考虑相同的任务场景，采用带风扰估计的控制律执行协同跟随同心圆路径。图 6.15 展示了半实物仿真中位置误差随时间的变化情况。通过比较图 6.15与图 6.13 可以看出，采用带风扰估计的控制律可以使位置误差明显减小，稳态时，e_{s_i}和e_{d_i}大致满足$|e_{s_i}|\leqslant 7\text{m}$，$|e_{d_i}|\leqslant 10\text{m}$，与无风扰估计时相比，误差减小约 50%。

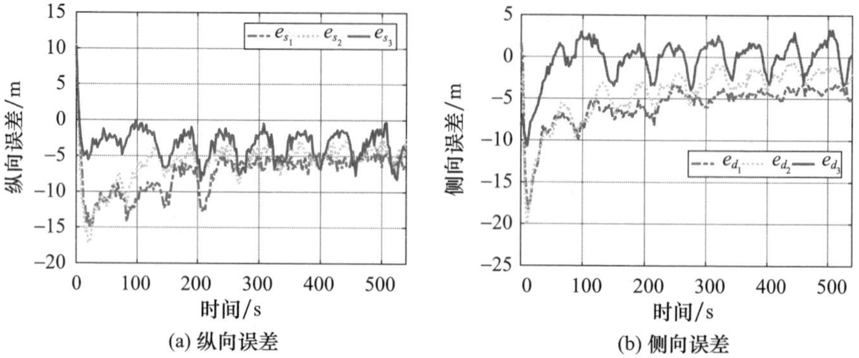

图 6.15 半实物仿真中采用带风扰估计的控制律其位置误差随时间的变化情况

图 6.16 展示了采用带风扰估计的控制律，协同误差和期望空速随时间的变化情况。通过比较图 6.14 与图 6.16，可以看出随着路径跟随效果的提升，无人机的期望空速也不再容易达到饱和状态，从而使协同误差得到收敛，效果优于不采用带风扰估计的控制律。

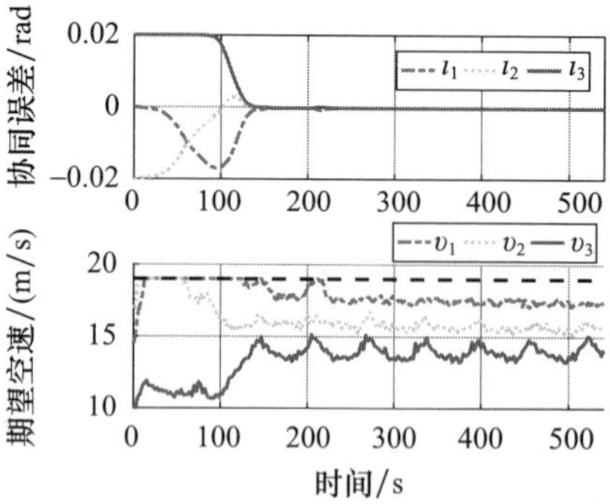

图 6.16 半实物仿真中采用带风扰估计的控制律其协同误差和期望空速随时间的变化情况

图 6.17 分别展示了采用带风扰估计的控制律，半实物仿真中的地面控制站视角和 X - Plane 视角。从图中可以看出，每架无人机都能够大致跟随自己的期望航线，并基本形成“一”字队形。

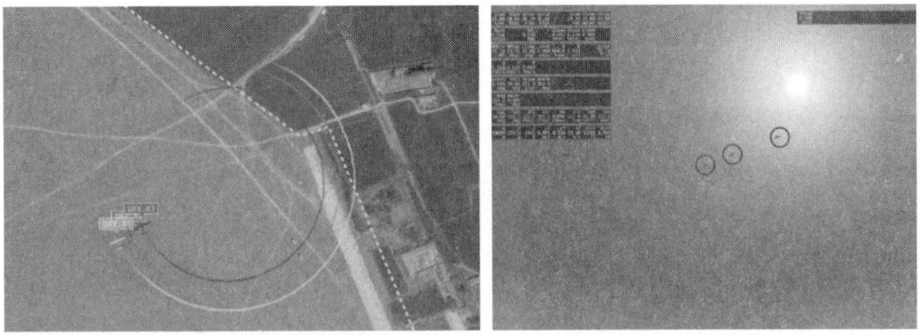

(a) 地面控制站视角　　(b) X–Plane视角

图 6.17　半实物仿真中的地面站视角和 X – Plane 视角

仿真 3:使用带风扰估计的控制律实现队形保持和变换

仿真 1 和仿真 2 都可以视作基于协同路径跟随的方法实现队形保持。事实上,本章设计的控制算法还可以解决 5.3 节讨论的基于协同路径跟随的队形变换问题。仍采用仿真 1 和仿真 2 的风场设置,使用算法 8 完成有风条件下 5.3.3 小节的 7 架无人机协同跟随曲线路径并实现队形变换的编队控制仿真。在该场景中,无人机先形呈“一”字形队形,再由“一”字形队形变换到“二”字形队形,再由“二”字形队形变换到 V 形队形,最后再由 V 形队形变换到“一”字形队形。为 7 架无人机规划的路径的航路点数均相同,并且期望所有无人机能同时到达各自相同序号的航路点。在该场景下,ξ_i 选择为无人机的虚拟目标点到其当前航路点的曲纹距离,$\gamma_d = 14.5$。仿真结果如图 6.18 所示。图中的虚线表示无人机的期望航线,实线表示无人机的实际位置。从图 6.18 中可以看出,每架无人机基本都能跟随其期望航线,并在飞行过程中连续形成和保持“一”字形编队、“二”字形编队、V 形编队以及新一次的“一”字形编队,表明本章设计的算法能够解决有风条件下无人机集群的队形变换问题。

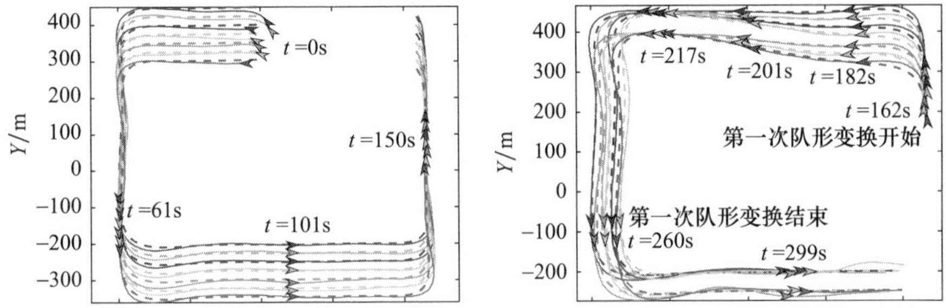

(a) 初始时形成“一”字形　　(b)“一”字形到“二”字形的队形变换

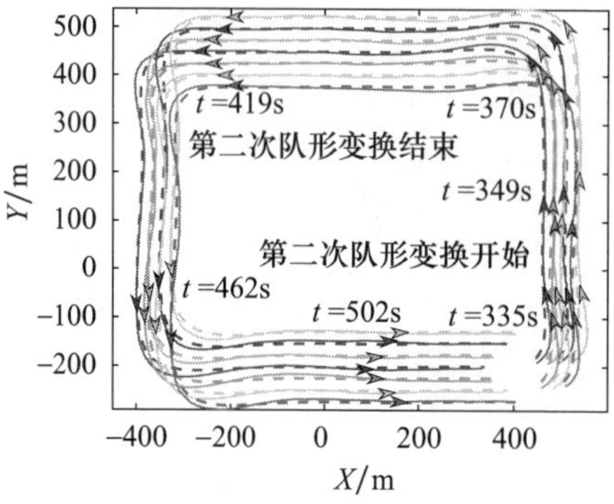

(c) 从“二”字形到V形的队形变换

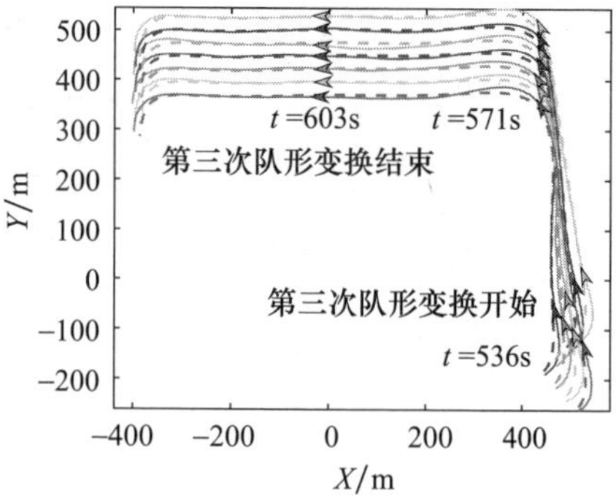

(d) 从V形到“一”字形的队形变换

图 6.18　有风条件下无人机队形变换的半实物仿真结果

6.5　小结

本章针对第 5 章设计的协同跟随控制律只有在无人机距离路径充分近时才能保证非歧义性这一问题,并综合考虑风扰影响,设计了固定翼无人机协同路径跟随的鲁棒控制律。本章考虑了两种情形,即风扰完全未知的情形以及风扰可以通过机载传感器测量等方式估计出的情形。对于风扰完全未知的情形,本章针对设计的控制律给出了闭环系统稳定性的充分条件,并推导出路径跟随闭环系统的位置误差上界;对于风扰可以估计的情形,本章将对风扰的估计项引入控制律中,证明了当估计值准确时,闭环系统的渐近稳定性,当估计值存在偏差时,位置误差的输入输出有界性。数值仿真验证了上述理论结果。为进一步验证鲁棒重设计的有效性,本章基于 X – Plane 飞行模拟器进行了半实物仿真。仿真结果表明,引入风扰估计项后,在本章仿真场景下,位置误差减小 50%,进一步提升了编队控制的精度。本章相关研究工作可参考文献[158 – 159]。

第7章　大规模集群编队控制方法研究

千人同心，则得千人力；万人异心，则无一人之用。

——《淮南子·兵略训》

本书在前两章提出的基于协同路径跟随的编队控制方法，可以实现固定翼无人机集群精确稳定的队形保持和队形变换。但当集群规模扩大时，由于面临规划时间长、在线调整困难等问题，难以为每一架无人机分别规划航线。本章在上述各章研究的基础上，以大规模无人机集群为对象，研究复杂条件下大规模集群的编队控制方法：首先设计大规模集群编队飞行的控制架构，建立基于群组的分层控制模型；然后在群组间建立第4章设计的抗毁性拓扑结构，群组内采用领航-跟随分层控制方案：对长机采用第5章与第6章设计的协同路径跟随控制律，对僚机设计跟随长机控制律；再次，针对潜在的部分通信链路失效及部分无人机损毁等典型意外事件，设计集群的协同策略；最后，进行大规模集群编队的全流程数值仿真和实物飞行验证。

7.1　基于群组的大规模集群分层控制策略

面向大规模集群，本节提出基于群组的分层控制策略。首先设计分组分层控制架构，在此基础上，设计混杂编队控制律。

7.1.1　分组分层控制架构设计

本书第5章和第6章提出的基于协同路径跟随的队形保持和队形变换方法，本质上依赖于5.1节建立的控制框架。在该框架中，协同规划模块为协同路径跟随控制模块规划航线，生成各无人机的期望路径。特别是对于队形变换问题中，要求协同规划模块为每一架无人机生成的航线满足无人机的控制约束，且所有无人机的航路点个数相同，并要求所有无人机同时到达各自相同序号的航路点，从而使得队形变换在有“引导”的方式下完成。由此造成的问题是，当无人机的规模增大时，会产生维数灾难，导致巨大的计算开销，且规划用时长，在线调整困难[160]。

与协同路径跟随方法相比，经典的领航－跟随控制不需要为跟随者规划航线，相应地，可以降低对于协同规划模块的需求。目前，领航－跟随法是无人机编队控制中应用最普遍、最基础的一种方法，也是实物飞行验证中较多采用的一种方法，如文献[53－55]均采用领航－跟随法完成了两架固定翼无人机的编队飞行、文献[32]基于领航－跟随法验证了20架固定翼无人机的集群协同行为。领航－跟随方法最常用的拓扑结构是有向树状图[32,161]，但对于大规模集群，该机制存在两个主要问题：若集群的层级过多，由于误差逐层累积，会造成最底层的无人机跟随误差较大[161]；若减小集群的层级，则会导致集群中较多的个体跟随同一个领航者，意味着该领航者需要和距离自己较远的跟随者通信，故而对其通信能力提出较高要求；否则易产生丢包，同样会导致协同误差变大。以文献[32]中20架固定翼无人机的编队飞行为例，在该例中，无人机的平均位置误差超过了40m，这意味着单纯的领航－跟随法难以有效解决大规模无人机集群的编队控制问题。

在许多任务场景中，复杂任务往往可以分解为几个并行子任务。因而，无人机也需要分成几个独立且不相交的群组[162－163]，每一个群组执行一个子任务，同时，几个群组也展开协作，从而在宏观上呈现出一个统一的大规模集群。为此，本书采用分组的方案，并借助领航－跟随法的层级结构，提出了基于群组的分层控制架构以处理大规模无人机集群的编队控制问题。在该架构下，同一个群组内的无人机相互协作以完成共同的子任务；同时，每一个群组内有一个无人机被选为长机，部分无人机既作为其直接跟随者，也作为另一部分无人机的直接领航者，进而在每个群组内形成了以长机为根节点的有向树状拓扑结构，如图7.1所示。在图7.1中，无人机形成了共有 n 层 m 组的分组分层控制架构，包括一个长机层和 $n-1$ 个僚机层。长机之间建立第4章中设计的抗毁性拓扑结构，实现全局任务的协调，并在必要时向组内其他无人机发送指令；其余无人机为僚机，每个僚机有一个直接领航者，僚机收取直接领航者的状态和指令。

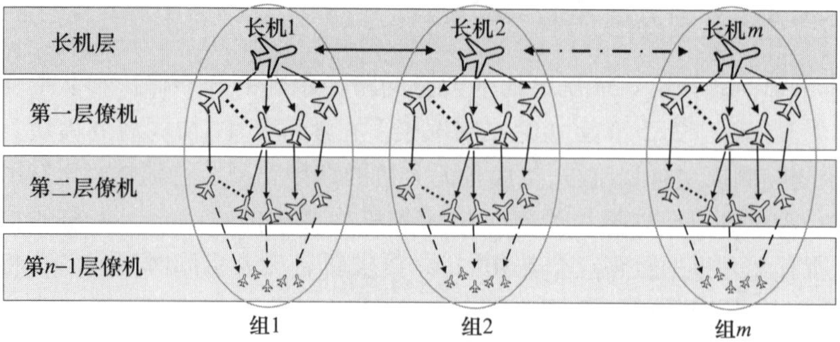

图7.1　基于群组的无人机集群分层控制架构

采用该架构的主要优点如下。

① 该架构为分布式,且不需要类似于文献[164]中的全局观测器以提供无人机集群的全局信息。因此,该架构充分利用了并行性,非常适用于求解大规模集群。

② 该架构并非使所有的无人机都耦合在一个全连接的通信网络中,因而在一定程度上降低了通信量。事实上,每个群组中,只有一架无人机,即长机,需要与其他群组内的无人机通信;并且僚机只需要接收其直接领航者的信息。

③ 该架构不需要为所有的无人机规划航线,由于组内的长机具有引导组内各无人机的能力,因此在规划时只需要为长机规划航线,僚机可以通过设计领航-跟随控制律实现与长机的同步,故而采用该架构在一定程度上降低了任务规划的复杂度。

④ 与现有群体机器人领域常采用的无中心自组织方法[24,27,31]不同,该架构可以确保编队的形状和刚性,因而更容易预测各无人机的运动,便于操作员更好地理解集群行为并与集群交互。

基于图 7.1 中的控制架构,有以下命题成立。

命题 7.1

采用图 7.1 中的控制架构,若设计长机层的控制律实现各长机的协同①,并设计僚机层的控制律实现各僚机相对于自身直接领航者的协同,则可以保证整个集群的协同。

证明　由于在图 7.1 中的控制架构中,每一个群组形成以长机为根节点的树,对于第 r 组第 k 层的无人机 i,设计的控制律若能保证其相对于其第 r 组第 $k-1$ 层的无人机 j 协同,对无人机 j 继续逐层向上递归,可得第 r 组的任一僚机都能实现其相对于第 r 组长机的协同。又因长机层的控制律可以实现所有长机的协同,因而集群内任意两架无人机都可以实现协同。证毕。

命题 7.1 表明为解决大规模集群编队控制问题,可以分别设计控制律实现长机层的协同,以及各层僚机相对于自身直接领航者的协同。

7.1.2　僚机控制律设计

不失一般性,本小节基于两层控制架构的领航-跟随控制方案,首先给出

① 即在某些状态量上达成一致。

僚机控制的数学模型,进而设计僚机跟随长机的控制律。对于多层控制架构的情形,使僚机跟随其直接领航者即可。

1. 问题描述与数学模型

本章依然采用式(6.1)描述的有风扰存在的二维平面内无人机运动学模型,并考虑式(6.2)的控制约束。

在本书的研究中,编队控制建立在通信的基础上。对于两层的控制架构,可用$\mathcal{F}_l$表示长机 l 的直接跟随者集合。本书作出以下假设。

假设 7.1

对任一僚机$f\in\mathcal{F}_l$,其可以由通信获得其长机 l 的位置$[x_l,y_l]^{\mathrm{T}}$、航向θ_l以及控制输入$[v_l,\omega_l]^{\mathrm{T}}$。

接下来给出领航 - 跟随框架下僚机控制的数学形式,控制目标为在二维平面内使僚机相对于长机的位置收敛到期望值,并且与长机的航向保持一致。由此可建模为以下问题。

问题 7.1:僚机控制问题 对任一僚机$f\in\mathcal{F}_l$,且 f 和 l 的运动学模型都满足式(6.1)和式(6.2),设计形如式(7.1)的控制律,即

$$[v_f,\omega_f]^{\mathrm{T}}=\eta(v_l,\omega_l,x_f-x_l,y_f-y_l,\theta_f-\theta_l) \tag{7.1}$$

使得

$$\begin{gathered}\lim_{t\to\infty}x_f(t)-x_l(t)=d_f^x,\lim_{t\to\infty}y_f(t)-y_l(t)=d_f^y\\ \lim_{t\to\infty}\theta_f(t)-\theta_l(t)=0\end{gathered} \tag{7.2}$$

式中:$[d_f^x,d_f^y]^{\mathrm{T}}$为二维平面内僚机 f 相对于长机 l 的期望位置。

2. 控制律设计

为求解问题 7.1,首先通过坐标变换式(7.3),将惯性坐标系 $\mathcal{I}$ 下的僚机跟随误差转化到僚机 f 的机体坐标系下,如图 7.2 所示。

$$\begin{bmatrix}\tilde{x}_f\\ \tilde{y}_f\\ \tilde{\theta}_f\end{bmatrix}=\begin{bmatrix}\cos\theta_f & \sin\theta_f & 0\\ -\sin\theta_f & \cos\theta_f & 0\\ 0 & 0 & 1\end{bmatrix}\begin{bmatrix}x_l-x_f+d_f^x\\ y_l-y_f+d_f^y\\ \theta_l-\theta_f\end{bmatrix} \tag{7.3}$$

从图 7.2 可以看出,$\tilde{\theta}_f$是一个角度,因此可将其无差别地转化到$[-\pi,\pi)$区间

上。为实现式(7.2)的控制目标,其等价于对于任意的满足$[\tilde{x}_f(t_0),\tilde{y}_f(t_0)]^{\mathrm{T}}\in\mathbb{R}^2$和$\tilde{\theta}_f(t_0)\in[-\pi,\pi)$的初始状态,有下式成立,即

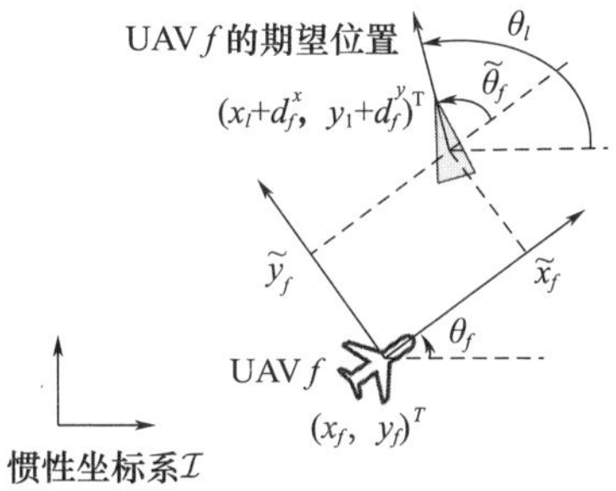

图 7.2　僚机f机体坐标系下的跟随误差示意图

$$\lim_{t\to\infty}\tilde{x}_f(t)=0,\lim_{t\to\infty}\tilde{y}_f(t)=0,\lim_{t\to\infty}\tilde{\theta}_f(t)=0 \tag{7.4}$$

对式(7.3)求导,可得

$$\begin{cases}\dot{\tilde{x}}_f=\omega_f\tilde{y}_f-v_f+v_l\cos\tilde{\theta}_f\\ \dot{\tilde{y}}_f=-\omega_f\tilde{x}_f+v_l\sin\tilde{\theta}_f\\ \dot{\tilde{\theta}}_f=\omega_l-\omega_f\end{cases} \tag{7.5}$$

从式(7.5)中可以看出,当风扰对所有无人机的作用相同时,风扰不会对僚机相对于长机的跟随误差产生影响。对于式(7.5),形如式(7.1)的控制律可以设计为以下形式,即

$$\begin{cases}\omega_f=\mathrm{Sat}\left(\omega_l+k_\omega\cdot\left(k_\theta\tilde{\theta}_f+\dfrac{\tilde{y}_f}{\sqrt{1+\tilde{x}_f^2+\tilde{y}_f^2}}\right),-\omega_{\max},\omega_{\max}\right)\\ v_f=\mathrm{Sat}(v_l\cos\tilde{\theta}_f+k_v\tilde{x}_f,v_{\min},v_{\max})\end{cases} \tag{7.6}$$

显然,按照控制律式(7.6),僚机控制量恒满足约束式(6.2)。

定理 7.1 [145]

对系统式(7.5),若长机的空速v_l和航向角速率ω_l满足式(7.7),且ϵ_v、$\epsilon_\omega>0$,则采用控制律式(7.6),通过配置参数k_ω、k_θ、k_v的值,可实现控制目标式(7.4)。

$$\begin{cases}v_{\min}+\epsilon_v\leqslant v_l\leqslant v_{\max}-\epsilon_v\\ -\omega_{\max}+\epsilon_\omega\leqslant\omega_l\leqslant\omega_{\max}-\epsilon_\omega\end{cases} \tag{7.7}$$

文献[145]给出了实现控制目标式(7.4)的参数选择的一系列充分非必要条件,但该条件复杂且苛刻。事实上,参数在不满足这些条件时,仍可能实现控制目标式(7.4),这一点在文献[145]的仿真中也得以验证。本章在文献[145]所使用参数的基础上,通过多次仿真优化以选择合适的僚机控制参数。

以上完成了两层控制架构的僚机控制律设计。对于多层控制架构的情形,仍采用控制律式(7.6)并使僚机跟随其直接领航者即可。现对图 7.1 中控制架构的层数进行讨论。由于传感器的测量误差、执行器的执行误差等,各僚机在跟随其直接领航者的过程中,不可避免会存在控制误差。假设层与层之间产生的最大跟随误差相同,记为 Δ,则第 $n-1$ 层僚机相对于长机的跟随误差最大可达 $(n-1)\cdot\Delta$。因而控制架构的层数不宜过多,在本章接下来的讨论中,均采用 $n=2$,即控制架构只有一层长机和一层僚机。

7.1.3 领航–跟随混杂控制方案

现对本书提出的编队控制律进行小结。

式(7.6)给出的控制律适用于僚机跟随长机,并未涉及对长机的控制,而第 5 章和第 6 章设计的协同路径跟随控制律则为长机的控制提供了方法。在实际任务中,同一组内的无人机往往有严格的相对位置约束,式(7.6)的控制律可以很好地解决这一问题。在不同组之间往往不必保持严格的相对位置约束。例如,使用多组无人机执行不同任务时,各组无人机的相对位置在不断变化,此时更关注于各任务进度的协调性,而采用协同路径跟随方法可以很好地解决此类问题。另外,不同组之间往往距离较远,组间协同需要尽可能减少通信量以降低通信开销,式(7.6)为实现协同涉及 5 个通信变量,即长机的位置(x_l, y_l)、航向(θ_l)以及长机的控制量(v_l, ω_l),相较之下,第 5 章和第 6 章设计的协同路径跟随控制律只需要曲纹距离这一个通信变量。综合以上因素,组间协同更适宜采用第 5 章和第 6 章设计的协同路径跟随控制律。

当组内的各无人机不需要进行队形变换时,意味着各无人机可以共用同一条航线或易由长机航线适当平移得到整个组内每架无人机的航线时,对僚机既可采用式(7.6)的控制律,也可采用协同路径跟随控制方法实现组内的协同,当僚机采用协同路径跟随控制方法时,同样只利用长机的曲纹距离信息,该情况可以看作僚机跟随长机的一种特殊形式;当组内无人机需要队形变换时,根据 5.1 节基于协同路径跟随的编队控制框架,采用协同路径跟随的方法需要借助协同规划模块规划生成航线,将面临规划时间长、在线调整困难等问题,而采用式(7.6)的控制律,只需配置僚机相对于长机的相对位置设置,因而此情况下,采用式(7.6)的控制律更合适。

根据上述分析，本书设计的机载实现的混杂编队控制律可概括为算法 9。在算法 9 中，任一无人机 i 可以作为长机，也可以作为僚机，或根据任务需要在长机和僚机之间变换角色。

算法 9　对无人机 i 的混杂编队控制实现

```
if 无人机 i 为长机 then
    执行算法 8 设计的协同路径跟随控制律；
else
    if 无人机 i 所在的群组无需队形变换 then
        确定无人机 i 的航线，并执行算法 8；
    else
        执行式(7.6)给出的僚机跟随长机控制律；
    end if
end if
```

注 7.1

算法 9 为大规模集群的编队控制问题提供了解决方案，在算法 9 的框架下，还可以采用其他的长机协同路径跟随与僚机跟随长机的控制律形式。例如，当风扰信息完全未知时，协同路径跟随控制律可采用第 5 章设计的基于最近投影点的协同路径跟随控制算法，也可采用第 6 章设计的基于虚拟目标点的算法 7。

进一步分析大规模集群混杂编队在实际控制中的误差。用L_i表示无人机 i 对应的长机，并记δ_i为无人机 i 跟随其长机的误差；若 i 为长机，则有$L_i = i, \delta_i = 0$；记$\delta_{L_i}^{L_j}$为无人机 i 的长机与无人机 j 的长机在执行协同路径跟随控制律产生的相对于期望队形的偏差。由上，对于任意两架无人机 i 和 j，两者之间相对于期望队形的偏差上界为$\delta_i + \delta_j + \delta_{L_i}^{L_j}$。因此，当长机的协同路径跟随和僚机跟随长机两个环节的控制误差均有界时，集群内任意两架无人机的相对位置误差也为有界值；且当这两个环节的控制误差均为零时，整个集群收敛到期望队形。

7.2　典型意外事件下的协同策略

在复杂条件下，无人机集群在执行任务过程中，不可避免地会有部分通信链路失效和部分无人机出现故障等意外事件，为最大程度地保证任务的完成，必须考虑针对这些意外事件的编队策略。为此，本节提出了相应的拓扑设计、拓扑重构和编队重构策略。

7.2.1 抗毁性拓扑及拓扑重构策略

从网络拓扑的角度，本小节针对部分通信链路失效和部分无人机损毁的意外事件设计了两套策略，一是从提升系统容错性的角度，按照第 4 章的做法，设计抗毁性网络拓扑；二是进一步设计长机损毁后，组内其他无人机可在线自主调整的拓扑重构策略，重新再生成满足一定抗毁性的网络拓扑。

1. 抗毁性拓扑

采用图 7.1 所示的基于群组的大规模集群两层控制架构，每个群组内的长机通过广播的方式向组内的僚机进行信息广播，以起到对组内僚机的引导作用；在各个群组之间，由于不同群组的相互距离较远，为避免占用大量通信容量，主要由长机之间进行点对点的信息交互方式。因此，需要针对各长机之间的信息交互，设计抗毁性拓扑。一方面避免全连通的信息交互方式占用大量通信容量；另一方面使系统具有一定的冗余度，能够容忍部分无人机损毁带来的拓扑变化。

在本书 4.1 节介绍了 k – EC 方法和 k – VC 方法，可以分别用于生成 k 条边和 k 个顶点无向抗毁性拓扑，保证在无向网络中，任意 k 条通信边失效或任意 k 个无人机损毁后，拓扑图依然是连通图；在本书 4.2 节介绍了 k – ECRU、k – ECRI、k – VCRU 和 k – VCRI 等 4 种方法，可以用于生成 k 条边和 k 个顶点有向抗毁性拓扑，保证在有向网络中，任意 k 条通信边失效或任意 k 架无人机损毁后，拓扑图依然是有根图。

由于算法 8 采用式(6.21)的协同控制律，根据定理 6.2，式(6.21)的协同控制律实现 $\lim_{t\to\infty}\xi_i-\xi_j=0$ 的充分条件即为集群的拓扑结构为无向连通图或有根图。因此，采用第 4 章设计的抗毁性拓扑结构，当任意 k 条通信边失效或任意 k 架无人机损毁后，式(6.21)的协同控制律仍能实现长机的协同。

2. 拓扑重构策略

对于图 7.1 所示的基于群组的大规模集群两层控制架构，由于僚机直接接收长机的信息，而无其他无人机利用该僚机的状态进行控制，因此僚机损毁后对本组内的其他无人机的控制不产生影响。对于长机而言，一方面承担着与其他群组协调的任务，故而需要与其他长机进行信息交互；另一方面承担着对组内各僚机的引导功能，故而需要向组内其他僚机广播自身的状态信息和指令。采用 7.2.1 小节的“1. 抗毁性拓扑”设计的抗毁性拓扑策略，可以保证在某些长机损毁的条件下，其他群组的长机仍然可以相互协调，但不能保证损毁长机所在的组内其他僚机的正常工作。

为此，针对复杂条件下潜在的长机损毁的问题，每一个群组内还需要指定部分僚机为备份长机，当长机损毁时，由备份长机代替长机执行对群组内其他无人机的引导功能；为此，备份长机需要备份原长机的航线和通信功能。备份长机可设置为距离长机位置较近的几架僚机，以使得长机损毁后，能够有其他无人机快速承担起长机的角色。当长机损毁时，距离损毁长机最近的备份长机替代该长机。

为保证群组内各无人机在长机损毁后不会作出互相冲突的决策（如出现两架以上备份长机均认为自己升级为新长机），每架无人机需要掌握群组内其他成员的状态，为此需保证一个前提，即群组内有某架无人机损毁时，其他正常工作的无人机都能检测到。为此，本书基于文献[63]的设想，引入一个以较低通信频率工作的广播信道，群组内每架无人机都能在此信道中广播自身消息以及接收其他无人机的消息，该消息以使用较短的报文以减小通信量。设该广播信道的通信周期为 T，当无人机 i 在 λ 个周期内未收到无人机 j 的信号，则认为无人机 j 已损毁。因而当任一无人机损毁后，在不考虑通信延迟和堵塞的条件下，其他正常工作的无人机都能在最多 λT 的时间过后，确认该无人机损毁。

当某个备份长机取代原损毁长机后，备份长机将跟随原长机跟随的航线，同时激活它备份的原长机的通信功能，一方面向组内其他僚机广播自身的状态信息和指令，另一方面，与其他群组的长机进行信息交互，从而重新形成了长机之间的 k 顶点抗毁性拓扑。上述拓扑重构策略的机载实现可概括为算法 10。算法 10 只需在僚机上实现，对于长机而言，其只需专注于与其他群组长机通信，以实现协同路径跟随，并向本组其他无人机广播任务指令，以实现对群组内无人机的引导。

算法 10　集群拓扑重构算法在僚机 f 上的分布式实现

1: **if** 检测到组内无人机损毁 **then**
2: 　**if** 损毁无人机为长机 **then**
3: 　　**if** f 为距离原长机最近的备份长机 **then**
4: 　　　f 与其他群组长机通信，执行算法 8，并引导组内其他无人机；
5: 　　**else**
6: 　　　接收新长机的指令，并执行控制律式(7.6)跟随新长机；

算法 10　集群拓扑重构算法在僚机 f 上的分布式实现

```
        end if
    else
        标记该无人机损毁;
    end if
end if
```

采用算法 10 的拓扑重构策略,将极大地提升整个集群系统在部分无人机损毁意外事件下的任务完成能力。在极端情况下,若群组内的所有僚机都是备份长机,假设每个群组内的无人机数目为 m,对于具有 k 个顶点抗毁性的长机之间形成的拓扑,结合算法 10 的拓扑重构策略,可保证整个大集群在损毁任意 km 架无人机后,其他无人机仍能正常执行任务。

7.2.2　编队重构策略

当有部分无人机损毁后,编队队形需要根据集群现有成员的状态进行调整,即编队重构。编队重构需要有一套快速的在线决策机制;否则如果临时再由人来决策,将会造成较大的时延甚至导致任务失败。本节具体研究设计部分无人机损毁后的编队重构策略。在本书提出的分组分层框架下,主要关注每个群组内的编队重构策略。

在实际的军事应用场景下,编队重构需要根据具体的任务环境和任务需求,以及无人机之间的气动力影响,优化生成编队队形[165]。囿于小型固定翼无人机的编队飞行技术尚未成熟,目前国内外少有专门研究编队重构时队形方案设计的文献。

理论上,每损毁群组内的任意一架无人机,都需要设计相应的编队重构方案。因此,对于 n 架无人机组成的特定编队队形,当有无人机损毁时,编队重构方案的总数为

$$\binom{n}{1}+\binom{n}{2}+\cdots+\binom{n}{n-1}=2^n-2,n\geqslant 1 \tag{7.8}$$

式中:$\binom{n}{k}$为从 n 架无人机中选择 k 架的组合数。因而,对于 10 架无人机规模的特定编队队形,若考虑无人机损毁,需要设计编队重构方案总数达到 1022 种。文献[63]提出“重构映射”方法,按照编队内无人机的数目指定好队形,当

无人机数目一定时,编队队形唯一确定。按照此思路,当有无人机损毁时,编队重构方案的总数为

$$\binom{n}{1}+\binom{n-1}{1}+\cdots+\binom{2}{1}=\frac{(n-1)(n+2)}{2},n\geqslant 1 \tag{7.9}$$

对于规模 10 架的特定编队,若考虑无人机损毁,需要设计编队重构方案总数为 45 种。但考虑到实际应用中 10 架无人机可以呈现的多种不同队形,手动设计编队重构方案依然工作量巨大。针对该问题,本书设计部分无人机损毁后的一般性编队重构策略,以简化编队重构方案设计。

针对集群覆盖搜索、突击突防等典型任务下使用的编队形式,在此将群组内的编队类型划分为最基本的"横向编队"与"纵向编队",以及在此基础上形成的多排多列的"复合编队"3 种类型,如图 7.3 所示。横向编队指群组内无人机的主要排布方向与无人机的前进方向基本垂直(图 7.3(a)),在覆盖搜索时,采用横向编队可以增大一次性搜索时覆盖的面积;纵向编队是指群组内无人机的主要排布方向与无人机的前进方向基本平行,在战场条件下,采用该队形可以减小被侦察到的概率[165]。另外,此处将图 7.3(b)中的 V 形编队也归为纵向编队类型,V 形编队中共有两个纵向,如图 7.3(b)中虚线所示。复合编队由横向编队与纵向编队两种类型复合而成,如图 7.3(c)所示。

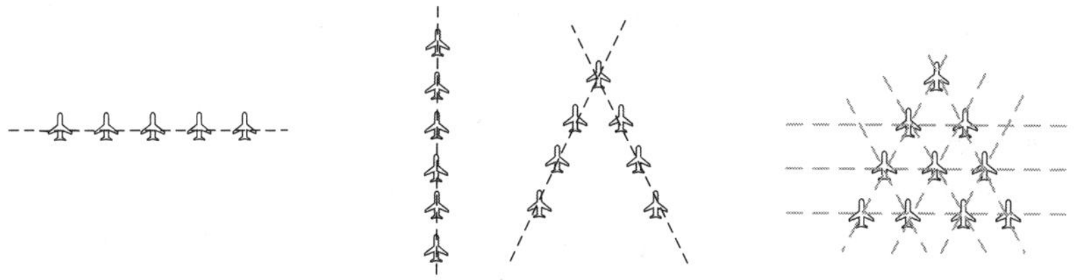

(a) 横向编队　　(b) 纵向编队　　(c) 复合编队

图 7.3　群组内的编队类型划分

基于上述编队类型划分,在此提出一般性的"横向均匀分布,纵向依次补齐,前排优先,调整最小"的原则,以解决群组内无人机损毁后的快速编队重构问题。具体如下。

(1)横向均匀分布。主要面向横向编队类型,当同一横排有无人机损毁后,所在排次的其他无人机按照该排次原有无人机的分布区间,沿这一排均匀分布,在覆盖搜索任务中,该策略可以尽可能保证无人机保持原来的横向覆盖范围进行探测搜索,如图 7.4 所示。4 架无人机的群组,若无人机 2 损毁时,则无人机 3 变换到群组的中间位置,以使编队对称;若无人机 4 损毁,则由无人机 3

取代其原来位置，以使群组的横向分布区间不变，同时无人机 3 变换到群组的中间位置，以使编队对称。对于一般的复合编队类型，往往也具有横向均匀分布的特点。

(2)纵向依次补齐。主要面对纵向编队类型，当有无人机损毁时，位于同一纵向的后排无人机依次补上空缺，以使队形紧凑，便于前后协同。如图 7.5 所示，当无人机 4 和无人机 6 损毁时，无人机 5 和无人机 7、8、9 依次向前补上空缺。在新的编队中，若无人机 1 损毁，可任意指定无人机 2 或无人机 7 中的某一架补上空缺，其余无人机再依次递补。

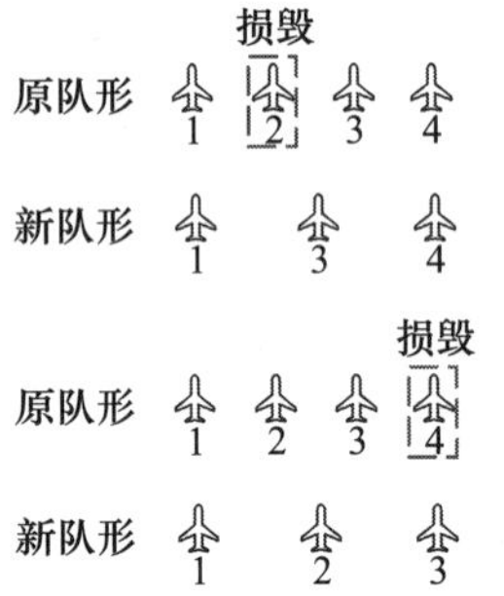

图 7.4 编队重构的“横向均匀分布”原则

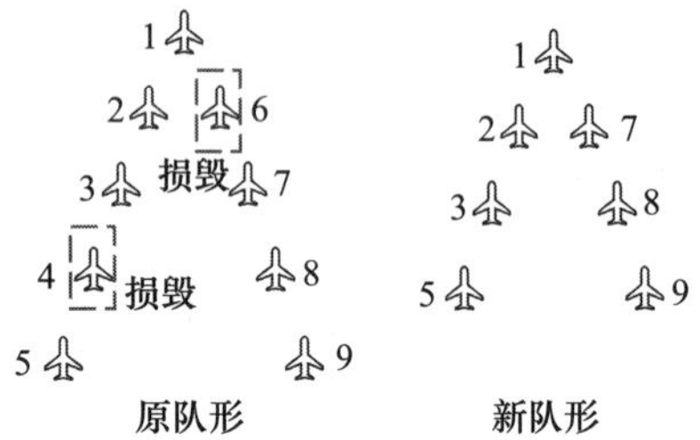

图 7.5 编队重构的“纵向依次补齐”原则

(3)前排优先，调整最小。主要面向复合编队类型，若前面排次有无人机损毁，出现位置缺口，后面排次的无人机依次向前递补，保证前面排次各位置的无人机数目完整；通过使“前排优先”，同样保证了队形的紧凑性；递补时往往可以结合“纵向依次补齐”原则，由后排同一纵向的无人机依次递补；后排无人机在递补的过程中，顾及到“横向均匀分布”原则，当存在多个补齐选项时，按照调整量最小的原则进行补齐。如图 7.6 所示，若无人机 2 损毁，按照前排优先原则，需从末排中选择一架无人机补上无人机 2 的空位，按照纵向补齐的方式，可选择与无人机 2 位于同一纵向的无人机 4 或无人机 5 进行补齐；但若使用无人机 4 补齐，为了兼顾末排“横向均匀分布”原则，还需使无人机 5 调整到无人机 4 的位置，意味着要调整 2 次，而直接使用无人机 5 补齐无人机 2 的位置，则一次即可调整到位。因此，编队重构时，由无人机 5 直接补到无人机 2 的位置。一般而言，为了“调整最小”，存在多个纵向补齐选项时，通常选择位于后排靠中间位置的无人机进行补位。相应地，为了补位方便，当末排仅剩一架无人机时，使该无人机位于编队的中心线上，将此作为“横向均匀分布”的特例。

对于基本的横向编队和纵向编队的群组，可以直接按“横向均匀分布”和

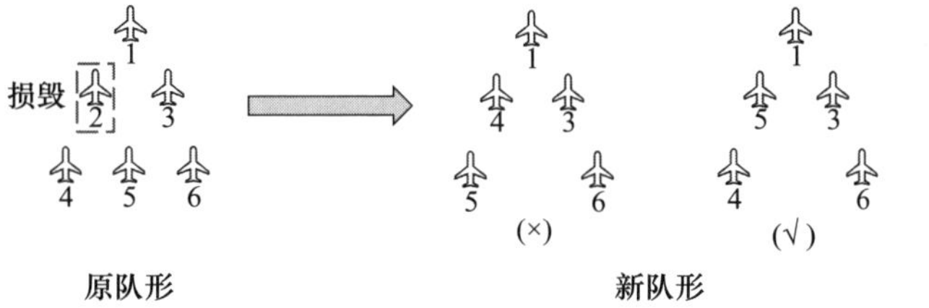

图 7.6　编队重构的“前排优先,调整最小”原则

“纵向依次补齐”的原则实现编队重构;对于复合编队的群组,编队重构方法如算法 11 所示,算法按照“前排优先,调整最小”的原则,逐次从后排选择无人机补充前排的位置(算法第 3 ~6 行),对于最后一排,再按照“横向均匀分布”的原则,使最后一排的无人机均匀分布。

算法 11　无人机 j 损毁后,其所在群组的编队重构算法

输入: j 损毁前所在的群组内所有无人机的集合 S,以及各无人机在群组内相对于长机的期望位置 $\boldsymbol{p}_i, i \in S$;

输出: $S = S\backslash\{j\}$,以及群组内各无人机新的相对于长机的期望位置 $\boldsymbol{p}_i, i \in S$;

1:确定群组内复合编队的排数 m,以及无人机 j 所在的排次 r;

2: $j_1 = j$;

3: **while** $r < m$ **do**

4:　从第 $r+1$ 排按照“调整最小”原则,选择无人机 j_2,令 $\boldsymbol{p}_{j2} = \boldsymbol{p}_{j1}$;

5:　$j_1 = j_2, r = r + 1$;

6: **end while**

7: **if** 第 m 排无人机的集合 $S_m \neq \varnothing$ **then**

8:　将第 m 排的无人机按照“横向均匀分布”的原则,更新 $\boldsymbol{p}_i, i \in S_m$;

9: **end if**

值得一提的是,文献[63]针对六机编队设计的重构映射法,从 6 架无人机的编队开始,随着无人机逐渐减少到 3 架无人机的过程中,编队重构的结果与算法 11 相同。如图 7.7 所示,图中浅色无人机表示编队中由于无人机损毁或其他无人机补位后,出现空位的位置,箭头表示补位的方向。6 架无人机时,若位置 1 处的无人机损毁,按照算法 11,会依据“前排优先”原则,指定位置 2 处的无人机填补到位置 1 处,对于位置 2 处的空位,会由位置 5 处的无人机根据“调整最小”原则进行补位;同样地,若位置 2 或位置 3 处的无人机损毁,由位置 5 处的无人机补位,体现“前排优先,调整最小”原则;当位置 4 或位置 6 处的无人机损毁后,也由位置 5

处的无人机补位，体现“横向均匀分布”原则。5 架无人机时，若位置 1 处的无人机损毁，按照算法 11，仍由位置 2 处的无人机填补到位置 1 处；而位置 2 或位置 3 出现空位时，分别位置 4 和位置 6 的无人机补位，最终会导致末排只有一架无人机，按照“横向均匀分布”原则，该无人机将转到位置 5 处。4 架无人机时的情形也同理。相比于文献[63]针对六机编队设计的重构映射法，算法 11 更具有一般性。

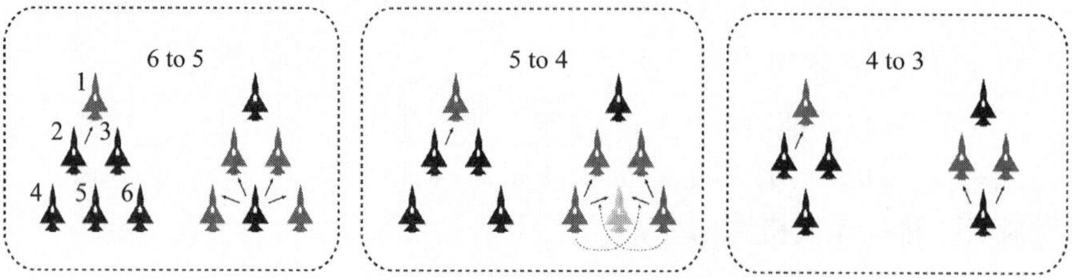

图 7.7　文献[63]针对六机编队设计的无人机损毁情况下的重构映射

7.3　仿真试验

7.3.1　任务想定

为验证大规模集群编队控制方法的有效性，本节开展了 100 架规模的固定翼无人机集群全流程数值仿真。任务想定如图 7.8 所示，无人机集群需要穿过山谷，到达敌方区域执行覆盖搜索和目标打击任务。整个任务可以划分为以下 5 个阶段。

① 阶段 1：无人机集群起飞后，各群组在半径相同、位置不同的圆周上盘旋集结，盘旋集结过程中的控制目标是使各群组内序号相同的无人机在圆周上的相位相同，同时，群组内各相邻无人机之间形成的相位差为恒定值。

② 阶段 2：盘旋集结的控制目标达成后，整个集群以纵“二”字出动。

③ 阶段 3：各群组到达 A 点后，分别变换成纵“一”字队形通过山谷。

④ 阶段 4：各群组通过山谷到达 B 点后，转为横“一”字队形，执行覆盖搜索任务。

⑤ 阶段 5：当第一个群组的无人机到达 C 点后，接到打击目标区域的任务，要求整个集群收缩队形，以覆盖打击目标区域。

上述 5 个阶段可以划分为两个主要过程，一是任务准备过程，即盘旋集结

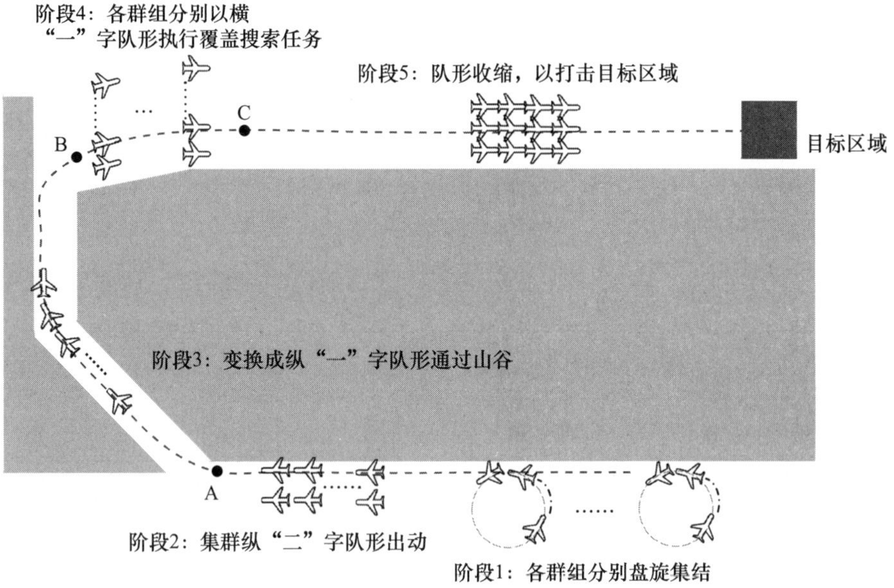
阶段4：各群组分别以横“一”字队形执行覆盖搜索任务
阶段5：队形收缩，以打击目标区域
C
B
目标区域
阶段3：变换成纵“一”字队形通过山谷
A
阶段2：集群纵“二”字队形出动
阶段1：各群组分别盘旋集结

图 7.8　大规模集群仿真试验任务想定

阶段，通过盘旋集结，初步实现各无人机的协同，便于后续集群任务的开展；二是任务执行过程，包含从阶段 2 到阶段 5 这 4 个阶段，该过程根据具体的任务需求，完成编队飞行中相应的队形保持和队形变换。

下面各小节将结合该任务想定，阐述分组分层控制架构的设计实现，以及具体的任务准备（即盘旋集结）和任务执行过程。

7.3.2　分组分层控制架构

为完成该任务，将 100 架无人机分为 10 个群组，每组 10 架无人机，并指定每个群组内的第一架无人机为长机，其他无人机作为僚机，从而形成图 7.1 中的两层分组控制架构。

在盘旋集结的任务准备过程中，由于对僚机的控制目标等价于使僚机位于与长机相同的圆周上，且与长机的曲纹距离收敛到期望值，对长机的控制目标为实现各长机之间在半径相同位置不同的圆周上的相位同步，因此所有的无人机的控制目标可以视作实现协同路径跟随，故令所有无人机都执行算法 8。在分组分层控制架构下，各僚机的唯一邻居为其组内的长机，各僚机基于长机的当前相位以及自身在组内的序号，确定僚机自身在圆周上的期望相位；各长机的邻居由组间拓扑确定，各长机利用其邻居信息，实现在不同圆周上的相位同步;根据命题7.1,当长机和僚机的控制目标均实现时,可实现整个集群中各组内序号相同的无人机在圆周上的相位相同,且每个组内相邻无人机之间形成的相位差为恒定值。

在任务执行过程中,为实现精确、稳定的集群协同飞行,采用算法9的混杂编队控制方法,即对长机执行算法8设计的协同路径跟随控制律,对僚机执行式(7.6)给出的僚机跟随长机控制律。采用表7.1中的各个航路点生成3次B样条曲线,作为长机的期望路径,本仿真中所有长机共用同一条航线。

表7.1 生成3次B样条曲线的航路点

航路点序号	1	2	3	4	5	6	7	8
X/m	4000	2000	0	-1000	-1500	-2500	-3000	-3500
Y/m	0	0	0	0	0	500	1000	1500
航路点序号	9	10	11	12	13	14	15	16
X/m	-4000	-4000	-4000	-3600	-2000	0	5000	10000
Y/m	2500	3250	3700	4100	4500	4500	4500	4500

本仿真中,在分组分层控制架构下,各个长机组成2顶点有向抗毁性网络,网络中共有3个根顶点,分别对应群组1、群组5和群组10的长机,这3个群组在任务执行过程中,分别位于集群的前部、中部和后部,便于及时发现敌情,并实现前后各群组的协同。这3个根顶点之间建立全连接的有向网络,从而使这3个根顶点之间形成了2顶点有向抗毁性拓扑;在此基础上,采用 k - VCRI 方法,使长机间建立3顶点连通有根图,即形成2顶点有向抗毁性拓扑。在本仿真中,按照机间通信代价正比于任务执行过程中长机之间距离的方式,将通信代价矩阵设计为

$$\boldsymbol{M}=\begin{pmatrix}0&1&2&3&4&5&6&7&8&9\\1&0&1&2&3&4&5&6&7&8\\2&1&0&1&2&3&4&5&6&7\\3&2&1&0&1&2&3&4&5&6\\4&3&2&1&0&1&2&3&4&5\\5&4&3&2&1&0&1&2&3&4\\6&5&4&3&2&1&0&1&2&3\\7&6&5&4&3&2&1&0&1&2\\8&7&6&5&4&3&2&1&0&1\\9&8&7&6&5&4&3&2&1&0\end{pmatrix},$$

式中:第 i 行第 j 列的元素分别对应于第 i 个群组的长机与第 j 个群组的长机通

信的代价。

采用 k - VCRI 方法设计的 2 顶点有向抗毁性网络如图 7.9 所示，图中各顶点的序号表示对应的长机所在的群组序号。

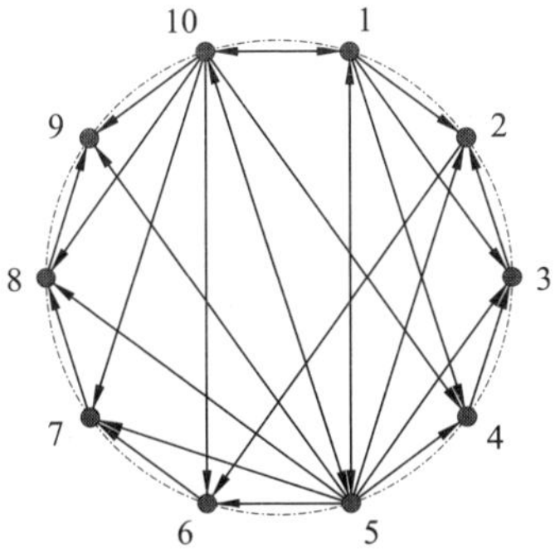

图 7.9　各群组的长机之间的 2 顶点有向抗毁性拓扑

在分组分层控制架构的基础上，在下文的两个小节中，分别分析任务准备（即盘旋集结）和任务执行两个过程的大规模集群的编队控制情况。

7.3.3　盘旋集结

对于盘旋集结场景，控制目标是使无人机分别收敛到所在的各群组所对应的圆周上，并且群组内相邻无人机之间在圆周上的相位差为恒值，仿真中将该值设置为 0.2rad。此外，各群组中序号相同的无人机实现在圆周上的相位一致。

圆周半径设置为 150m，风的参数为 $v_w = 5\text{m/s}$，$\theta_w = -\dfrac{3}{4}\pi$。对所有的无人机执行算法 8 设计的协同路径跟随控制律，针对该场景，设置控制参数 $k_\pi = 0.2\pi$，$\gamma_d = 7/30$，$\beta = 0.1$。仿真其他参数设置同 6.4.1 小节。

图 7.10 与图 7.11 分别展示了 $t = 0$ 和 $t = 100\text{s}$ 时各无人机的状态，由于无人机规模较大，在两幅图中以上、下两个子图的形式展示所有无人机的位置和航向，图中黑色的楔形表示长机，浅色的楔形表示僚机。初始时，各无人机随机地排布在期望的圆周附近，在算法 8 设计的协同路径跟随控制律的作用下，当 $t = 100\text{s}$ 时，所有的无人机都已收敛到期望的圆形路径上，并且可以看到，各组内无人机以等间隔的相位差排布在长机之后，且不同组内顺序相同无人机的相位一致，即实现了大规模集群的盘旋集结控制目标。

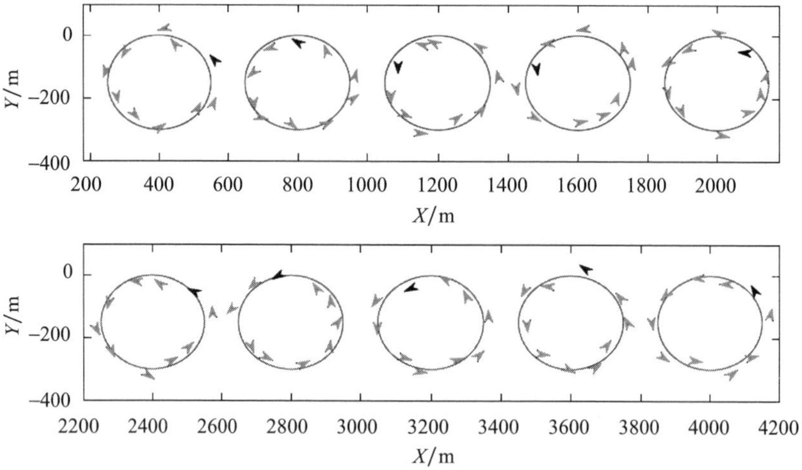

图 7.10　盘旋集结 $t=0$ 时各无人机的状态

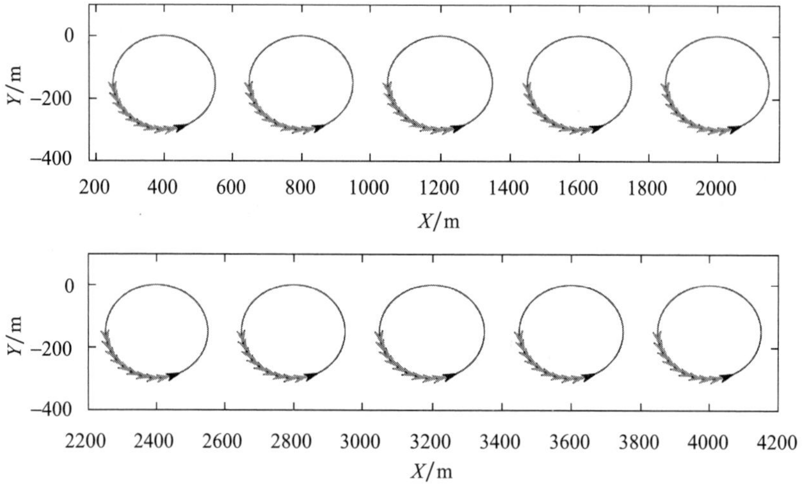

图 7.11　盘旋集结 $t=100\text{s}$ 时各无人机的状态

图 7.12 展示了盘旋集结过程中无人机的协同路径跟随误差随时间的变化情况，其中协同误差的定义为，无人机虚拟目标点相对于其邻居虚拟目标点的相位差的实际值与期望值的差异，对于长机，由于其有多个邻居，分别将相对于各个邻居的差异相加得到。从图中可以看出，盘旋集结过程中，无人机的协同路径跟随误差收敛至零。

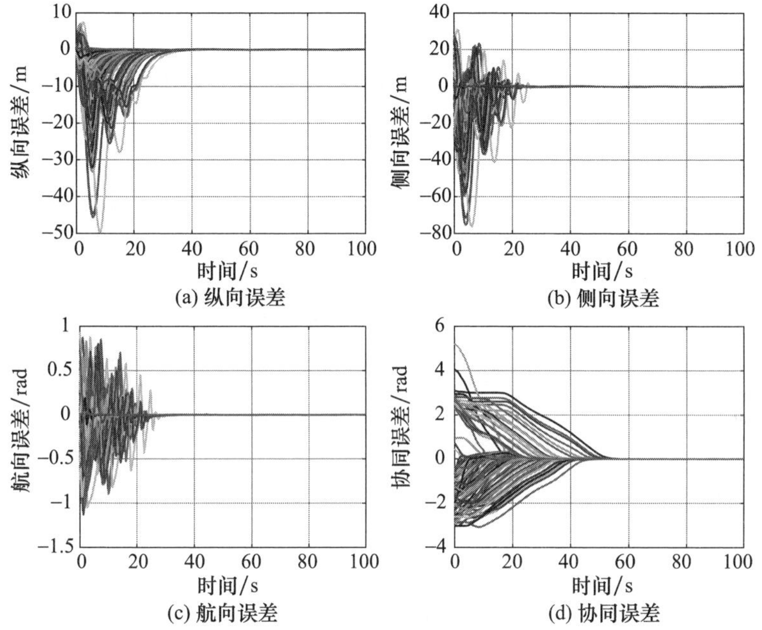

图 7.12　盘旋集结过程所有无人机的协同路径跟随误差随时间变化情况

7.3.4　任务执行

当盘旋集结的任务准备过程完成后，开始进入任务执行过程，对于该过程，现分别从组内协同效果、组间协同效果、意外事件下的编队效果以及大规模集群整体编队效果 4 个方面展开分析。

1. 组内协同效果分析

组内的协同效果本质上是僚机跟随长机的效果，对僚机执行式(7.6)给出的僚机跟随长机控制律，控制参数设置为$\epsilon_v=1.5\mathrm{m/s}$，$\epsilon_\omega=0.2\mathrm{rad/s}$，$k_\omega=0.5$，$k_\theta=2$，$k_v=10$。另外在任务执行过程中，长机在执行算法 8 的协同路径跟随控制律时，设置长机的控制参数$\gamma_{\mathrm{d}}=35$，$\beta=10$。

不失一般性，在此选择第 2 个群组的僚机在阶段 2 的跟随长机效果进行分析。在阶段 2 中，群组内各无人机逐个从阶段 1 所在的盘旋圆周上飞出，分别执行算法 9，形成纵“二”字队形，并以纵“二”字队形出动，飞行方向大致朝向 x 轴负方向，序号为奇数的无人机$d_f^x=60\times[f/2]$，$d_f^y=0$，$f=3,5,\cdots,9$，序号为偶数的无人机$d_f^x=60\times([f/2]-1)$，$d_f^y=-30$，$f=2,4,\cdots,10$，其中$[\cdot]$表示向下取整数。将长机从盘旋圆周上飞出的时间计为 $t=0$，并从各僚机开始执行算法 9 起，统计其对长机的跟随误差。在阶段 2,僚机对长机的跟随误差如图 7.13 所示。从图中可以看出,跟随误差$\tilde{x}_f$、$\tilde{y}_f$以及$\tilde{\theta}_f$在控制律式(7.6)的作用下,会收敛到零。

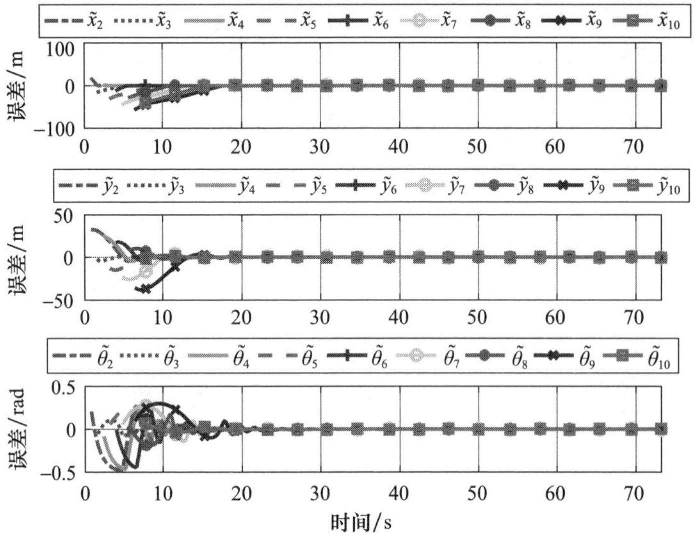

图 7.13　在阶段 2 第 2 个群组内所有僚机的跟随误差

图 7.14 展示了在阶段 2 第 2 个群组内所有无人机的控制量,可以看出控制量均满足控制约束$v_i \in [v_{\min}, v_{\max}]$,$\omega_i \in [-\omega_{\max}, \omega_{\max}]$,且所有无人机的控制量$v_i$和$\omega_i$会趋于一致。

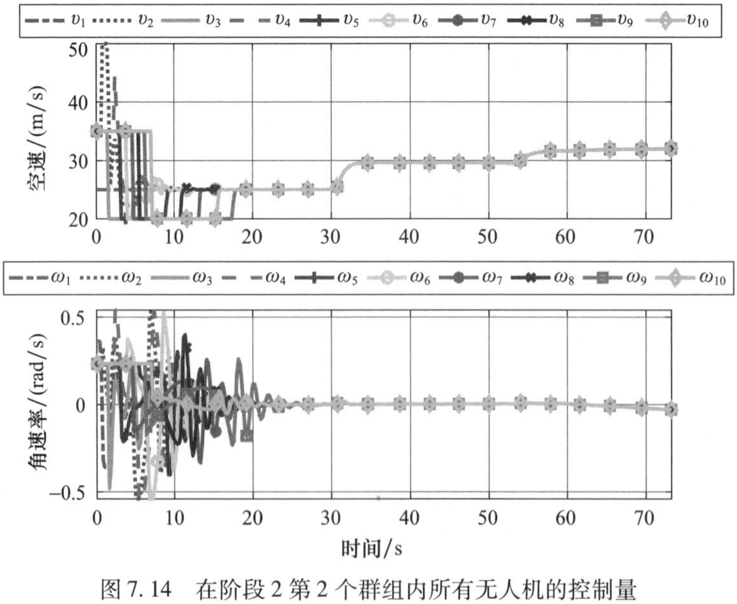

图 7.14　在阶段 2 第 2 个群组内所有无人机的控制量

图 7.15 展示了第 2 个群组的无人机从阶段 1 的盘旋圆周上切出后到形成纵“二”字队形的飞行轨迹。从图中可以看出，当 $t=30\text{s}$ 时，无人机已形成纵“二”字队形，并形成一致朝向。

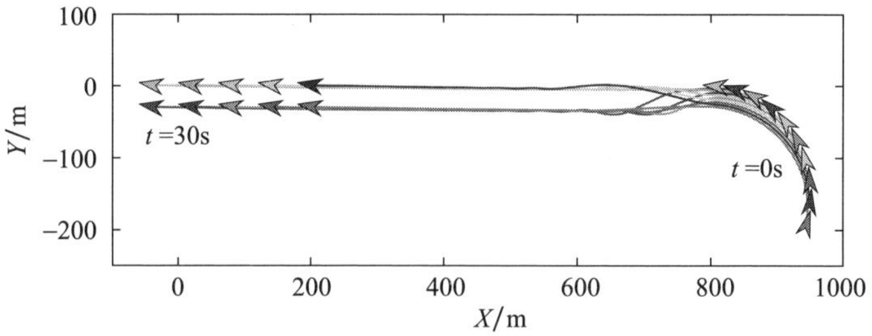

图 7.15　第 2 个群组的无人机形成纵“二”字队形的飞行轨迹

2. 组间协同效果分析

组间的协同效果本质上是各长机之间的协同效果，不失一般性，这里仍以阶段 2 的集群编队展开分析。控制目标是使相邻两个长机之间的曲纹距离收敛到期望值。为分析组间协同效果，令 $\iota_i=\sum_{j\in\mathcal{N}_i}(l_i-l_j-l_{i,j}^{\mathrm{d}})$，其中 $l_{i,j}^{\mathrm{d}}$ 表示第 i 个群组与第 j 个群组的长机的曲纹距离的期望值，则 ι_i 反映了第 i 个群组的长机与其邻居的协同效果。当对于 $i=1,2,\cdots,10$ 时，ι_i 都收敛至零时，则表示所有的长机都实现了协同。图 7.16 展示了阶段 2 各长机的协同误差，可以看到各长机的协同误差都收敛到零，意味着实现了组间的协同。

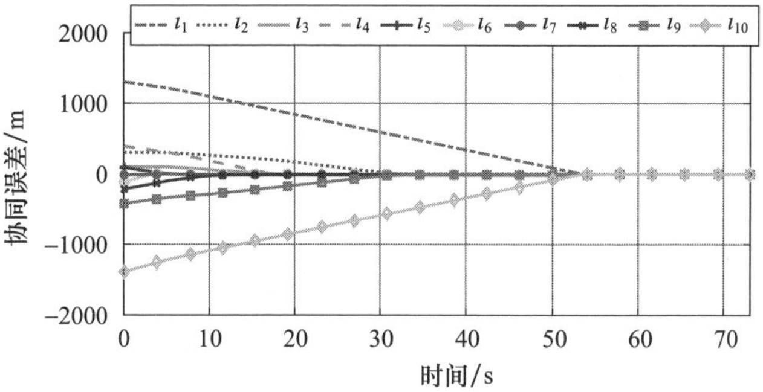

图 7.16　在阶段 2 各长机的协同误差

3. 意外事件下的编队效果分析

为模拟复杂条件下无人机损毁等意外事件，在任务执行过程中的每个仿真步长内，对每架无人机设置了 0.05% 的损毁概率。现结合意外事件，进一步分析编队效果。在分组分层控制框架下，无人机分为长机和僚机两类，现分别针对这两类无人机损毁,分析对编队的影响。

首先分析僚机损毁后的编队情况,这里以第 2 个群组在阶段 4 和阶段 5 的任务过程为例,分析僚机损毁后的意外事件处理。在阶段 5,各群组都以横"一"字编队飞行,在无意外事件的条件下,组内僚机相对于长机的位置期望偏移为$d_f^x=0, d_f^y=-30(f-1), f=2,3,\cdots,10$。当有无人机损毁时,各无人机将按照 7.2.2 小节提出的"横向均匀分布"原则,按该排次原有无人机的分布区间,沿这一排均匀分布。在阶段 4 和阶段 5 的飞行过程中,于 $t=232.6$s 时损失了群组内的第 6 架无人机。图 7.17 展示了第 2 个群组的无人机在此意外事件发生时的飞行轨迹。从图中可以看出,当有僚机损毁后,编队会自动重构,保持原有覆盖范围不变的同时,在横向上均匀排布。

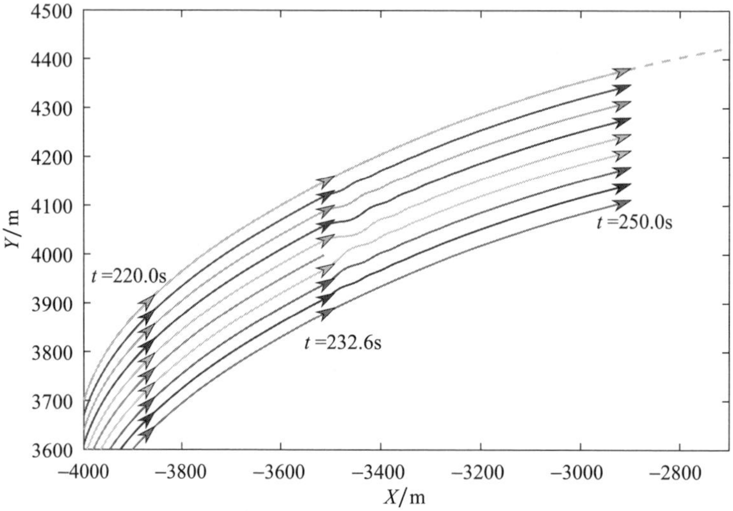

图 7.17 第 2 个群组的无人机在僚机损毁意外事件下的飞行轨迹

现分析长机损毁意外事件下的编队情况。在本仿真中,所有僚机都备份了长机的航线,当有长机损毁时,由距离长机最近的僚机取代原长机,其他僚机再跟随新的长机,并根据 7.2.2 小节设计的编队重构策略进行编队重构。在本仿真中,第 3 个群组的长机在 $t=329.4$s 损毁,现以该群组为例,分析对长机损毁意外事件的处理。图 7.18 展示了第 3 个群组的无人机在 $t=320$s 到 $t=360$s 之间的飞行轨迹,原长机的期望航线用虚线表示,各无人机实际轨迹用实线表示。在 $t=320$s 之前,组内已有两架无人机损毁,在 $t=329.4$s 原长机损毁后,距离原长机最近的无人机成为新的长机,开始跟随原长机的航线,且最终收敛到该航线上;其余无人机跟随新长机,由于此时第 3 群组的无人机处于横队队形,并通过增大相邻两无人机间隔保持原有覆盖范围不变,且在横向上均匀分布。

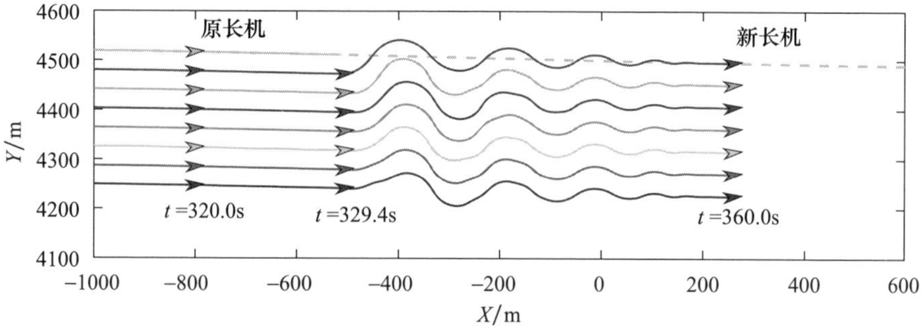

图 7.18 第 3 个群组的无人机在长机损毁的意外事件下的飞行轨迹

新长机除了跟随原长机的航线并引导组内其他无人机外，还需要与其他群组的长机保持通信，以实现组间的协调。图 7.19 展示了阶段 5 各群组内长机的协同误差。虽然第 3 个群组的长机在 $t=329.4$s 已损毁，但从图 7.19 中可以看出，采用 7.2.1 小节设计的长机损毁意外事件下的编队策略，不会影响各组间协同误差的收敛。

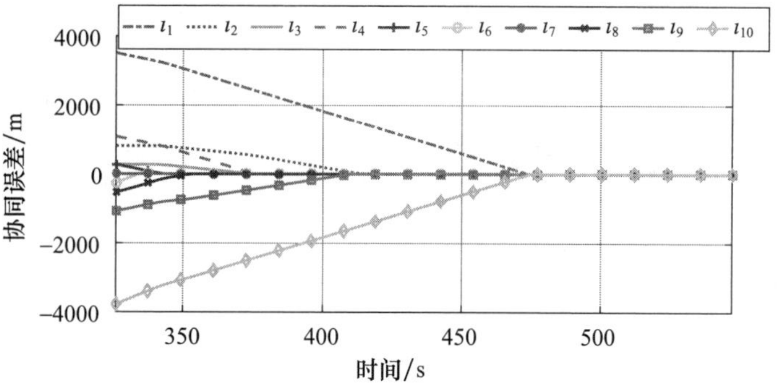

图 7.19 在阶段 5 各长机的协同误差

4. 大规模集群整体编队效果分析

现分析在分组分层控制架构下，大规模集群在各阶段的整体编队情况。

图 7.20 以上、下两个子图的形式展示了所有无人机在阶段 2 形成的纵“二”字队形，图中黑色的楔形表示初始时各群组的长机，浅色的楔形表示初始时各群组的僚机，曲线为长机的期望航线。在图 7.20 中，群组 1、群组 6 和群组 8 各有一架僚机损毁，各群组内的飞机按照 7.2.2 小节设计的编队重构策略进行编队重构。

图 7.21 和图 7.22 分别展示了在阶段 2 无人机以纵“一”字队形通过山谷以及通过山谷后的阶段 3 无人机以横“一”字队形进行覆盖搜索。

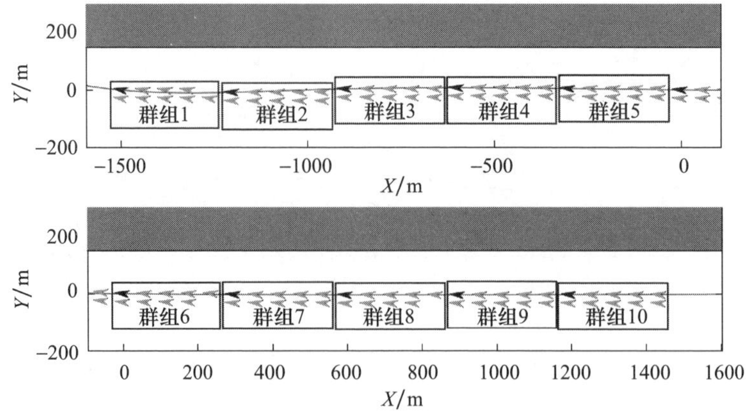

图 7.20　大规模集群在阶段 2 形成的纵“二”字队形

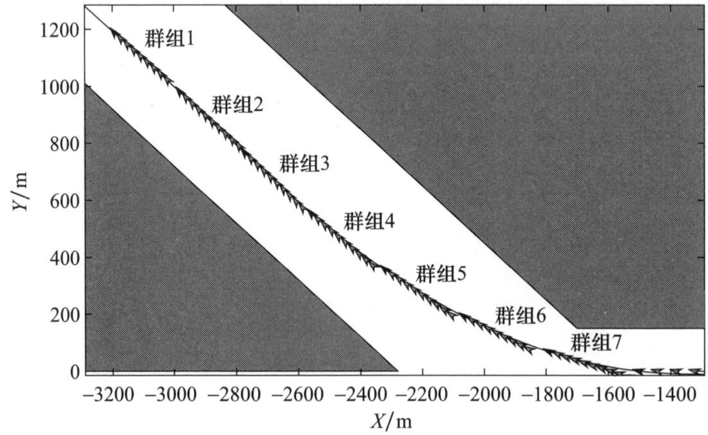

图 7.21　大规模集群在阶段三形成的纵“一”字队形

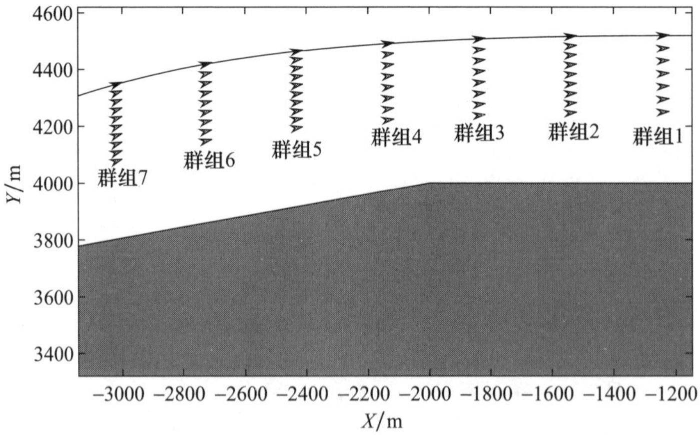

图 7.22　大规模集群在阶段四形成的横“一”字队形

图 7.23 展示了无人机在阶段 5 的打击目标时刻形成的队形，目标区域的大小为 250m × 250m，原本的期望队形是 100 架无人机形成 10 × 10 的方阵，无人机前、后、左、右的距离均为 30m，且每一群组的无人机在同一横排。但无人机到达目标区域上方时，无人机已损毁了共计 25 架，此时，无人机按照 7.2.2 小节的编队重构策略，每个群组内的无人机在横向重新均匀排布，从而依然可以保证对目标区域的有效覆盖。根据 7.2.1 小节的分析，采用图 7.9 设计的群组间 2 顶点有向抗毁性拓扑，并结合算法 10 的拓扑重构策略，至少可以保证任意损毁 20 架无人机时，大规模集群的可控性。在本仿真中，由于损毁的 25 架无人机并未造成任何一个群组的无人机全部损毁，因而大规模集群依然可以在本书设计的分组分层控制架构下实现集群协同。

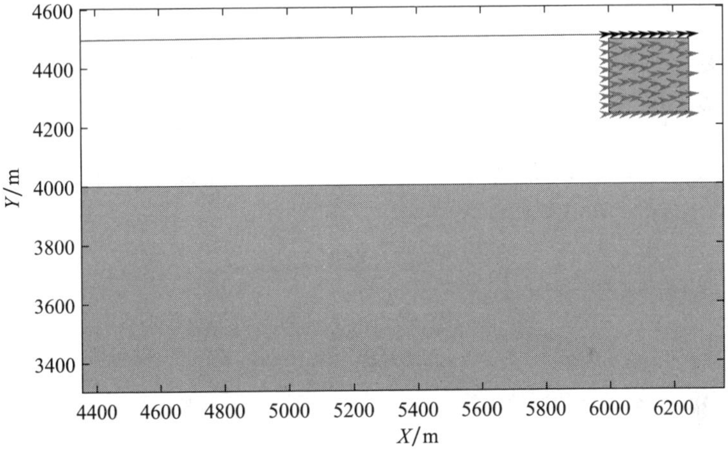

图 7.23　大规模集群在阶段 5 打击目标区域时形成的队形

7.4　飞行验证

本章设计的大规模集群编队控制方法也应用于某无人机集群项目的编队飞行验证中。单次的飞行试验最多曾使用过 21 架无人机。本节以 21 架无人机集群的编队飞行为例分析基于分组分层控制架构的大规模集群编队控制。在飞行验证中，主要验证大规模集群控制方法，尚未进行意外事件处理方面的验证。

21 架无人机分为 6 个群组，每个群组内有 1 架长机，第 1、3、5 个群组中每个群组有 3 架僚机，这 3 个群组的长机共享相同的编队航线，相互之间保持固定的 160m 的曲纹距离，第 2、4、6 个群组中，每个群组有 2 架僚机，同样地，这 3

个群组的长机共享相同的编队航线，并且相互之间保持固定的160m的曲纹距离。6架长机形成2顶点无向抗毁性拓扑，如图7.24所示。各长机之间、长/僚机之间均以5Hz的频率保持通信。

对6架长机采用本书5.3节设计的协同路径跟随控制律，6架长机的位置误差和角度误差分别如图7.25和图7.26所示。从图中可以看出，位置误差基本在[-10m,10m]之间，角度误差基本在[-0.2rad,0.2rad]之间。

接下来对不同组的长机之间的协同误差加以分析，如图7.27所示。从中可以看出，初始时长机相互之间的协同误差较大，但在本书设计的控制律作用下，误差逐渐收敛到原点附近。

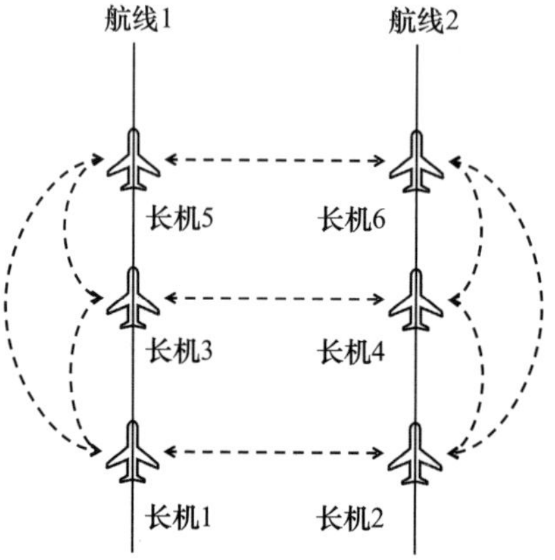

图7.24　6架长机的通信拓扑

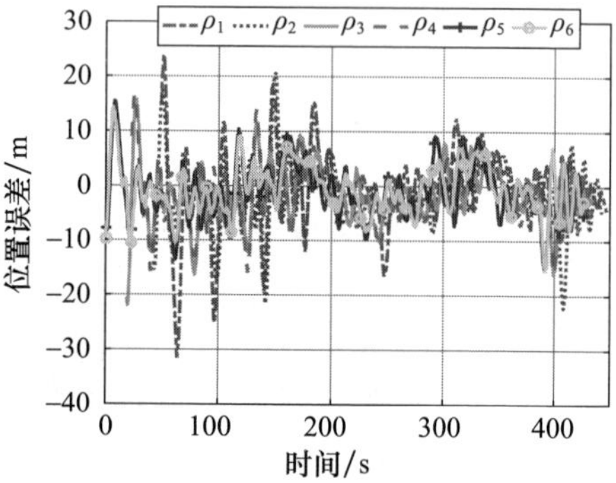

图7.25　6架长机的位置误差变化

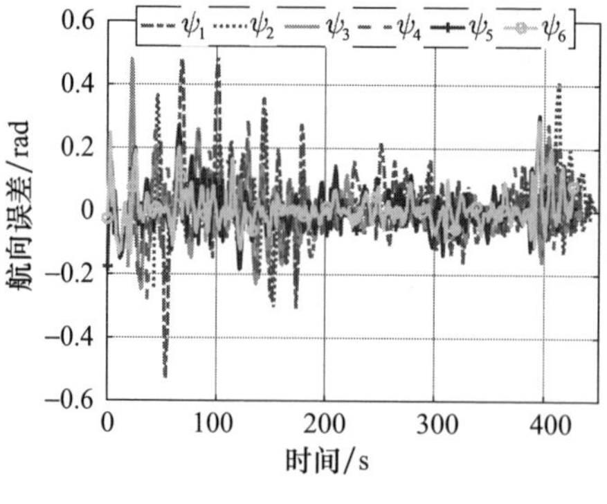

图7.26　6架长机的航向误差变化

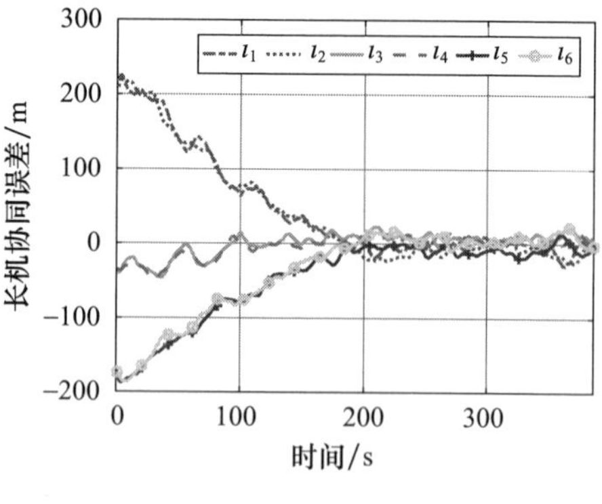

图7.27　各长机的协同误差

现进一步分析21架无人机集群整体的协同情况，图7.28展示了无人机形成的队形及部分轨迹。在图7.28(a)中，群组1和2、群组3和4、群组5和

6 分别形成纵“一”字编队,从而使整个集群以“一”字队形向前;在图 7.28(b)中,每个群组形成一个横“一”字队形,从而使整个集群以六横排的编队向前;在图 7.28(c)中,群组 1 和 2、群组 3 和 4、群组 5 和 6 分别期望形成 V 形编队,从而使整个集群形成 3 个 V 形。在整个 21 架无人机编队飞行过程中,群组 1 和群组 2 两组内的协同效果一般,但群组 3 到群组 6 基本能形成期望的队形。图 7.28 分别展示了集群呈现纵“一”字编队和六横排编队时的航拍视角。

从图 7.25 至图 7.27 所示的控制误差看,系统误差并未如理论结果一样严格收敛到零,此外,从图 7.28 和图 7.29 也可以看出,编队的精度仍有进一步提升的空间。飞行验证中的编队飞行误差主要由以下几个方面的原因造成:一是由于本研究尚未解决如何准确地测量或估计风扰的问题,因而在实际飞行中,对长机仍采用的是无风扰估计的协同路径跟随控制律;二是在理论推导中,假设环境中所有无人机受到相同的风速和风向作用,这一假设与实际存在一定的偏差,由于风对无人机的作用不尽相同,会对队形精度产生较大影响;三是本书设计的编队控制算法可以视为上层的导引控制,而在该控制律的设计基于简化后的二维平面内无人机的运动模型,且未考虑底层控制回路的控制误差,在实际的控制中,底层控制回路往往不能快、准、稳地响应编队导引指令;四是在飞行试验中普遍存在通信时延问题,而本书的控制律设计未考虑时延影响。此外,在外场飞行试验中,往往存在较严重的丢包情况,导致无人机不能及时获取邻居的信息,从而产生编队误差。

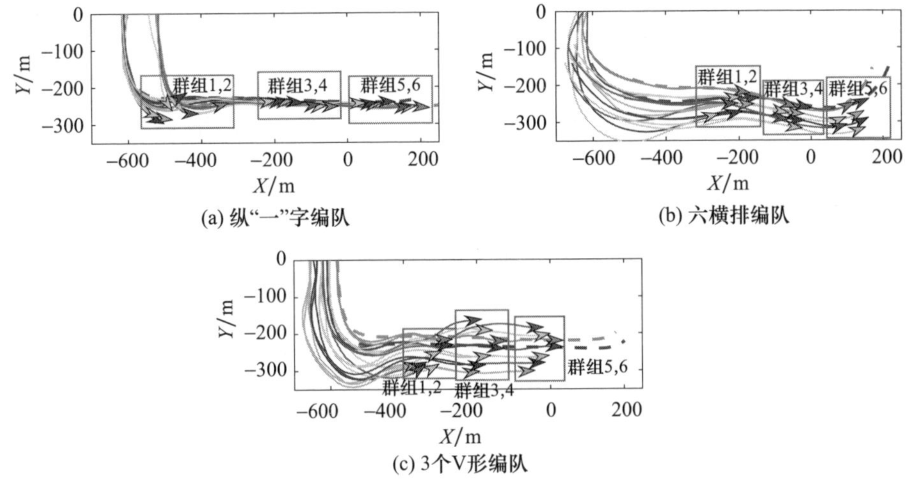

(a) 纵“一”字编队　(b) 六横排编队

(c) 3个V形编队

图 7.28　21 架无人机集群飞行验证的编队队形及部分轨迹

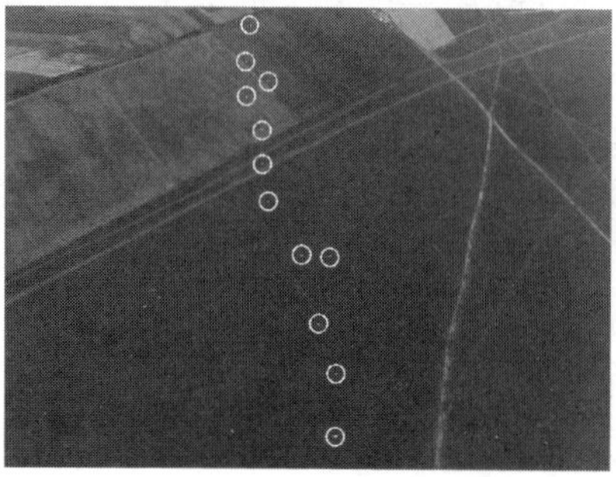

(a) 纵“一”字编队

(b) 六横排编队

图 7.29　21 架无人机集群飞行验证的航拍视角

7.5 小结

本章以大规模无人机集群为对象，建立了基于群组的分层控制架构，在群组间采用第 4 章设计的抗毁性拓扑结构，以提升集群的拓扑鲁棒性；在群组内采用领航 - 跟随分层控制架构：对长机采用协同路径跟随控制律，对僚机设计了长机跟随控制律，并分析了混杂控制编队系统的收敛性。在分组分层控制架构下，考虑复杂条件下潜在的部分通信链路失效和部分无人机损毁等典型意外事件，本章一方面利用抗毁性拓扑提升集群的容错性，另一方面设计了拓扑重构策略，确保集群的稳定可控。本章还设计了简单易行的编队重构策略，确保部分无人机损毁后，编队队形能够根据群组内现有成员状态进行快速调整。本章进行了 100 架规模的无人机集群全流程数值仿真，各群组盘旋集结后分别出动，最终整个集群完成对目标的打击任务，仿真结果表明，组内协同误差和组间协同误差都能收敛到零，并实现集群整体的协同，且在 25% 的无人机损毁的条件下，集群仍能完成任务。本章提出的算法也应用于 21 架规模的无人机集群实物飞行中，无人机基本能够形成期望的编队队形，验证了面向大规模集群分组分层控制架构的有效性。本章相关研究工作可参考文献[159,166 - 167]。

缩略语

CICADA	close – in covert autonomous disposable aircraft	近距离隐蔽自主一次性无人机
DARPA	defense advanced research projects agency	美国国防部高级研究计划局
EIP	equilibrium – independent passivity	平衡点独立无源性
GAS	globally asymptotically stable	全局渐近稳定
GUAS	globally uniformly asymptotically stable	全局一致渐近稳定
LAS	locally asymptotically stable	局部渐近稳定
LOCUST	low – cost unmanned aerial vehicle swarming technology	低成本无人机集群技术
LUAS	locally uniformly asymptotically stable	局部一致渐近稳定
MEIP	maximal equilibrium independent passivity	极大平衡点独立无源性
NRL	naval research laboratory	美国海军研究实验室
ONR	office of naval research	美国海军研究办公室
OODA	observation – orientation – decesion – action	观测 – 判断 – 决策 – 执行
ROS	robot operating system	机器人操作系统
SCO	strategic capabilities office	美国战略能力办公室
UAV	unmanned aerial vehicles	无人机

参 考 文 献

[1] SPURNý V, BáA T, SASKA M, et al. Cooperative autonomous search, grasping, and delivering in a treasure hunt scenario by a team of unmanned aerial vehicles [J]. Journal of Field Robotics, 2019, 36 (1): 125 - 148.

[2] HAN J, XU Y, DI L, et al. Low - cost multi - UAV technologies for contour mapping of nuclear radiation field[J]. Journal of Intelligent and Robotic Systems, 2013, 70(1 - 4): 401 - 410.

[3] MAZA I, CABALLERO F, CAPITáN J, et al. Experimental results in multi - UAV coordination for disaster management and civil security applications[J]. Journal of Intelligent and Robotic systems, 2011, 61(1 - 4): 563 - 585.

[4] CHEN S, WU F, SHEN L, et al. Decentralized patrolling under constraints in dynamic environments[J]. IEEE Transactions on Cybernetics, 2016, 46(12): 3364 - 3376.

[5] TECHY L, SCHMALE I, DAVID G, et al. Coordinated aerobiological sampling of a plant pathogen in the lower atmosphere using two autonomous unmanned aerial vehicles[J]. Journal of Field Robotics, 2010, 27(3): 335 - 343.

[6] MERINO L, CABALLERO F, MARTINEZ - DE DIOS J R, et al. A cooperative perception system for multiple UAVs: Application to automatic detection of forest fires[J]. Journal of Field Robotics, 2006, 23(3 - 4): 165 - 184.

[7] LIN Z, LIU H H. Topology - based distributed optimization for multi - UAV cooperative wildfire monitoring [J]. Optimal Control Applications and Methods, 2018, 39(4): 1530 - 1548.

[8] BEARD R W, MCLAIN T W, NELSON D B, et al. Decentralized cooperative aerial surveillance using fixed - wing miniature uavs[J]. Proceedings of the IEEE, 2006, 94(7): 1306 - 1324.

[9] NIGAM N, BIENIAWSKI S, KROO I, et al. Control of multiple UAVs for persistent surveillance: Algorithm and flight test results[J]. IEEE Transactions on Control Systems Technology, 2012, 20(5): 1236 - 1251.

[10] KELLER J, THAKUR D, LIKHACHEV M, et al. Coordinated path planning for fixed - wing UAS conducting persistent surveillance missions[J]. IEEE Transactions on Automation Science and Engineering, 2017, 14(1): 17 - 24.

[11] MENG W, HE Z, TEO R, et al. Integrated multi - agent system framework: Decentralised search, tasking and tracking[J]. IET Control Theory and Applications, 2015, 9(3): 493 - 502.

[12] MENG W, HE Z, SU R, et al. Decentralized multi - UAV flight autonomy for moving convoys search and track[J]. IEEE Transactions on Control Systems Technology, 2017, 25(4): 1480 - 1487.

[13] WANG X, ZENG Z, CONG Y. Multi - agent distributed coordination control: Developments and directions via graph viewpoint[J]. Neurocomputing, 2016, 199: 204 - 218.

[14] HAMANN H. Swarm robotics: A formal approach[M]. Cham, Switzerland: Springer, 2018.

[15] TONER J, TU Y, RAMASWAMY S. Hydrodynamics and phases of flocks[J]. Annals of Physics, 2005, 318

(1):170 - 244.

[16] HUBBARD S, BABAK P, SIGURDSSON S T, et al. A model of the formation of fish schools and migrations of fish[J]. Ecological Modelling, 2004, 174(4):359 - 374.

[17] COOK Z, FRANKS D W, ROBINSON E J H. Exploration versus exploitation in polydomous ant colonies [J]. Journal of Theoretical Biology, 2013, 323:49 - 56.

[18] LEVINE H, RAPPEL W J, COHEN I. Self - organization in systems of self - propelled particles[J]. Physical Review E, 2000, 63(1):017101.

[19] MONDADA F, PETTINARO G C, GUIGNARD A, et al. Swarm - bot: A new distributed robotic concept [J]. Autonomous Robots, 2004, 17(2 - 3):193 - 221.

[20] MONDADA F, BONANI M, RAEMY X, et al. The e - puck, a robot designed for education in engineering [C]//9th Conference on Autonomous Robot Systems and Competitions. [S. l. : s. n.], 2009:59 - 65.

[21] FRANCESCA G, BRAMBILLA M, BRUTSCHY A, et al. AutoMoDe: A novel approach to the automatic design of control software for robot swarms[J]. Swarm Intelligence, 2014, 8(2):89 - 112.

[22] KERNBACH S, THENIUS R, KERNBACH O, et al. Re - embodiment of honeybee aggregation behavior in an artificial micro - robotic system[J]. Adaptive Behavior, 2009, 17(3):237 - 259.

[23] RUBENSTEIN M, AHLER C, HOFF N, et al. Kilobot: A low cost robot with scalable operations designed for collective behaviors[J]. Robotics and Autonomous Systems, 2014, 62(7):966 - 975.

[24] RUBENSTEIN M, CORNEJO A, NAGPAL R. Programmable self - assembly in a thousand - robot swarm [J]. Science, 2014, 345(6198):795 - 799.

[25] GARATTONI L, BIRATTARI M. Autonomous task sequencing in a robot swarm[J]. Science Robotics, 2018, 3(20): eaat0430.

[26] LI S, BATRA R, BROWN D, et al. Particle robotics based on statistical mechanics of loosely coupled components[J]. Nature, 2019, 567(7748):361 - 365.

[27] WERFEL J, PETERSEN K, NAGPAL R. Designing collective behavior in a termite - inspired robot construction team[J]. Science, 2014, 343(6172):754 - 758.

[28] KUSHLEYEV A, MELLINGER D, POWERS C, et al. Towards a swarm of agile micro quadrotors[J]. Autonomous Robots, 2013, 35(4):287 - 300.

[29] PREISS J A, HONIG W, SUKHATME G S, et al. Crazyswarm: A large nano - quadcopter swarm[C]// IEEE International Conference on Robotics and Automation (ICRA). [S. l.]: IEEE, 2017:3299 - 3304.

[30] VICSEK T, CZIRÓK A, BEN - JACOB E, et al. Novel type of phase transition in a system of self - driven particles[J]. Physical review letters, 1995, 75(6):1226 - 1229.

[31] VáSáRHELYI G, VIRáGH C, SOMORJAI G, et al. Optimized flocking of autonomous drones in confined environments[J]. Science Robotics, 2018, 3(20): eaat3536.

[32] CHUNG T H, CLEMENT M R, DAY M A, et al. Live - fly, large - scale field experimentation for large numbers of fixed - wing UAVs[C]//IEEE International Conference on Robotics and Automation (ICRA). [S. l.]: IEEE, 2016:1255 - 1262.

[33] HIESLMAIR M. Drone 100: A world record featuring 100 points[EB/OL]. https://ars. electronica. art/feature/en/drone100/.

[34] 亿航. 亿航无人机编队[EB/OL]. http://www. ehang. com/formation/.

[35] 高巨创新. 30 城市——点亮中国[EB/OL]. http://droneshow. hg - fly. com/en/.

[36] DARPA. Gremlins program completes first flight test for x – 61a vehicle[EB/OL]. https://www. darpa. mil/news – events/2020 – 01 – 17.

[37] ONR. Locust: Autonomous, swarming UAVs fly into the future[EB/OL]. https://www. onr. navy. mil/en/Media – Center/Press – Releases/2015/LOCUST – low – cost – UAV – swarm – ONR.

[38] MEHTA A. Pentagon launches 103 unit drone swarm[EB/OL]. https://www. defensenews. com/air/2017/01/10/pentagon – launches – 103 – unit – drone – swarm/.

[39] The Maritime Executive. Nasa, U. S. navy team up to test microdrones[EB/OL]. https://www. maritime – executive. com/article/nasa – u – s – navy – team – up – to – test – microdrones.

[40] 新华网. 我国完成 119 架固定翼无人机集群试验刷新纪录[EB/OL]. http://news. sina. com. cn/c/2017 – 06 – 10/doc – ifyfzaaq5969699. shtml.

[41] 新华网. 200 架无人机集群飞行:我国再次刷新固定翼无人机集群飞行纪录[EB/OL]. http://www. xinhuanet. com/politics/2018 – 05/15/c_1122835745. htm.

[42] INTEL. Experience a record breaking performance[EB/OL]. https://www. intel. com/content/www/us/en/technology – innovation/aerial – technology – light – show. html.

[43] 王祥科,李迅,郑志强. 多智能体系统编队控制相关问题研究综述[J]. 控制与决策,2013,28(11):1601 – 1613.

[44] BARCA J C, SEKERCIOGLU Y A. Swarm robotics reviewed[J]. Robotica, 2013, 31(03):345 – 359.

[45] BRAMBILLA M, FERRANTE E, BIRATTARI M, et al. Swarm robotics: A review from the swarm engineering perspective[J]. Swarm Intelligence, 2013, 7(1):1 – 41.

[46] CAO Y, YU W, REN W, et al. An overview of recent progress in the study of distributed multi – agent coordination[J]. IEEE Transactions on Industrial informatics, 2013, 9(1):427 – 438.

[47] OH K K, PARK M C, AHN H S. A survey of multi – agent formation control[J]. Automatica, 2015, 53:424 – 440.

[48] ZHU B, XIE L, HAN D, et al. A survey on recent progress in control of swarm systems[J]. Science China Information Sciences, 2017, 60(7):070201.

[49] 宗群,王丹丹,邵士凯,等. 多无人机协同编队飞行控制研究现状及发展[J]. 哈尔滨工业大学学报,2017,49(03):1 – 14.

[50] WANG H, ZHAO H, ZHANG J, et al. Survey on unmanned aerial vehicle networks: A cyber physical system perspective[J]. IEEE Communications Surveys & Tutorials, 2019.

[51] KAMEL M A, YU X, ZHANG Y. Formation control and coordination of multiple unmanned ground vehicles in normal and faulty situations: A review[J]. Annual Reviews in Control, 2020, 49:128 – 144.

[52] 王祥科,刘志宏,丛一睿,等. 小型固定翼无人机集群综述和未来发展[J]. 航空学报,2020,41(4):20 – 45.

[53] GU Y, SEANOR B, CAMPA G, et al. Design and flight testing evaluation of formation control laws[J]. IEEE Transactions on Control Systems Technology, 2006, 14(6):1105 – 1112.

[54] CAMPA G, GU Y, SEANOR B, et al. Design and flight – testing of non – linear formation control laws[J]. Control Engineering Practice, 2007, 15(9):1077 – 1092.

[55] WILSON D B, GOKTOGAN A H, SUKKARIEH S. Vision – aided guidance and navigation for close formation flight[J]. Journal of Field Robotics, 2016, 33(5):661 – 686.

[56] NAGY M, AKOS Z, BIRO D, et al. Hierarchical group dynamics in pigeon flocks[J]. Nature, 2010, 464

(7290):890.

[57] LUO Q,DUAN H. Distributed UAV flocking control based on homing pigeon hierarchical strategies[J]. Aerospace Science and Technology,2017,70:257 - 264.

[58] KOWNACKI C,AMBROZIAK L. Local and asymmetrical potential field approach to leader tracking problem in rigid formations of fixed - wing UAVs[J]. Aerospace Science and Technology,2017,68:465 - 474.

[59] NAIR R R,KARKI H,SHUKLA A,et al. Fault - tolerant formation control of nonholonomic robots using fast adaptive gain nonsingular terminal sliding mode control[J]. IEEE Systems Journal,2019,13(1):1006 - 1017.

[60] SUN Z,DAI L,XIA Y,et al. Event - based model predictive tracking control of nonholonomic systems with coupled input constraint and bounded disturbances[J]. IEEE Transactions on Automatic Control,2018,63(2):608 - 615.

[61] FAHIMI F. Sliding - mode formation control for underactuated surface vessels[J]. IEEE Transactions on Robotics,2007,23(3):617 - 622.

[62] DEFOORT M,FLOQUET T,KOKOSY A,et al. Sliding - mode formation control for cooperative autonomous mobile robots[J]. IEEE Transactions on Industrial Electronics,2008,55(11):3944 - 3953.

[63] GIULIETTI F,POLLINI L,INNOCENTI M. Autonomous formation flight[J]. IEEE Control Systems Magazine,2000,20(6):34 - 44.

[64] WATANABE Y,AMIEZ A,CHAVENT P. Fully - autonomous coordinated flight of multiple UAVs using decentralized virtual leader approach[C]//IEEE/RSJ International Conference on Intelligent Robots and Systems(IROS). [S. l.]:IEEE,2013:5736 - 5741.

[65] LU X,LU R,CHEN S,et al. Finite - time distributed tracking control for multi - agent systems with a virtual leader[J]. IEEE Transactions on Circuits and Systems I:Regular Papers,2013,60(2):352 - 362.

[66] YU X,LIU L. Distributed formation control of nonholonomic vehicles subject to velocity constraints[J]. IEEE Transactions on Industrial Electronics,2016,63(2):1289 - 1298.

[67] LEWIS M A,TAN K H. High precision formation control of mobile robots using virtual structures[J]. Autonomous robots,1997,4(4):387 - 403.

[68] LI N H,LIU H H. Formation UAV flight control using virtual structure and motion synchronization[C]//American Control Conference. [S. l. :s. n.],2008:1782 - 1787.

[69] LOW C B. A dynamic virtual structure formation control for fixed - wing UAVs[C]//IEEE International Conference on Control and Automation (ICCA). [S. l.]:IEEE,2011:627 - 632.

[70] REZAEE H,ABDOLLAHI F. Motion synchronization in unmanned aircrafts formation control with communication delays[J]. Communications in Nonlinear Science and Numerical Simulation,2013,18(3):744 - 756.

[71] LI Q,JIANG Z P. Pattern preserving path following of unicycle teams with communication delays[J]. Robotics and Autonomous Systems,2012,60(9):1149 - 1164.

[72] REYNOLDS C W. Flocks,herds,and schools:A distributed behavioral model[J]. Computer Graphics,1987,21(4).

[73] BALDASSARRE G,TRIANNI V,BONANI M,et al. Self - organized coordinated motion in groups of physically connected robots[J]. IEEE Transactions on Systems,Man,and Cybernetics,Part B (Cybernetics),2007,37(1):224 - 239.

[74] TRIANNI V,NOLFI S,DORIGO M. Cooperative hole avoidance in a swarm - bot[J]. Robotics and Autonomous Systems,2006,54(2):97 - 103.

[75] FRANCESCA G,BRAMBILLA M,BRUTSCHY A,et al. AutoMoDe - Chocolate:Automatic design of control software for robot swarms[J]. Swarm Intelligence,2015,9(2 - 3):125 - 152.

[76] HAUERT S,LEVEN S,VARGA M,et al. Reynolds flocking in reality with fixed - wing robots:Communication range vs. maximum turning rate[C]//IEEE/RSJ International Conference on Intelligent Robots and Systems(IROS). [S. l.]:IEEE,2011:5015 - 5020.

[77] CETIN O,YILMAZ G. Real - time autonomous UAV formation flight with collision and obstacle avoidance in unknown environment[J]. Journal of Intelligent and Robotic Systems,2016,84(1 - 4):415 - 433.

[78] GAZI V. Swarm aggregations using artificial potentials and sliding - mode control[J]. IEEE Transactions on Robotics,2005,21(6):1208 - 1214.

[79] HU H,YOON S Y,LIN Z. Coordinated control of wheeled vehicles in the presence of a large communication delay through a potential functional approach[J]. IEEE Transactions on Intelligent Transportation Systems, 2014,15(5):2261 - 2272.

[80] BENNET D J, MACINNES C, SUZUKI M, et al. Autonomous three - dimensional formation flight for a swarm of unmanned aerial vehicles[J]. Journal of Guidance,Control,and Dynamics,2011,34(6):1899 - 1908.

[81] IHLE I A F,ARCAK M,FOSSEN T I. Passivity - based designs for synchronized path - following[J]. Automatica,2007,43(9):1508 - 1518.

[82] GHABCHELOO R,AGUIAR A P,PASCOAL A,et al. Coordinated path - following in the presence of communication losses and time delays [J]. SIAM Journal on Control and Optimization, 2009, 48 (1): 234 - 265.

[83] LAN Y,YAN G,LIN Z. Synthesis of distributed control of coordinated path following based on hybrid approach[J]. IEEE Transactions on Automatic Control,2011,56(5):1170 - 1175.

[84] REYES L A V,TANNER H G. Flocking,formation control,and path following for a group of mobile robots [J]. IEEE Transactions on Control Systems Technology,2015,23(4):1358 - 1372.

[85] DOOSTHOSEINI A,NIELSEN C. Coordinated path following for unicycles:A nested invariant sets approach [J]. Automatica,2015,60:17 - 29.

[86] LI Y,NIELSEN C. Synchronized closed path following for a differential drive and manipulator robot[J]. IEEE Transactions on Control Systems Technology,2017,25(2):704 - 711.

[87] GHOMMAM J,MEHRJERDI H,SAAD M,et al. Adaptive coordinated path following control of nonholonomic mobile robots with quantised communication[J]. IET Control Theory and Applications,2011,5 (17):1990 - 2004.

[88] CAO K,JIANG B,YUE D. Cooperative path following control of multiple nonholonomic mobile robots[J]. ISA Transactions,2017,71:161 - 169.

[89] JAIN R P,AGUIAR A P,DE SOUSA J B. Cooperative path following of robotic vehicles using an event - based control and communication strategy[J]. IEEE Robotics and Automation Letters,2018,3(3):1941 - 1948.

[90] CHEN Y,TIAN Y. Coordinated path following control of multi - unicycle formation motion around closed curves in a time - invariant flow[J]. Nonlinear Dynamics,2015,81(1 - 2):1005 - 1016.

[91] CICHELLA V, KAMINER I, DOBROKHODOV V, et al. Cooperative path following of multiple multirotors over time – varying networks[J]. IEEE Transactions on Automation Science and Engineering, 2015, 12(3):945 – 957.

[92] CICHELLA V, CHOE R, MEHDI S B, et al. Safe coordinated maneuvering of teams of multirotor unmanned aerial vehicles: A cooperative control framework for multivehicle, time – critical missions[J]. IEEE Control Systems Magazine, 2016, 36(4):59 – 82.

[93] XARGAY E, DOBROKHODOV V, KAMINER I, et al. Time – critical cooperative control of multiple autonomous vehicles[J]. IEEE Control Systems Magazine, 2012, 32(5):49 – 73.

[94] XARGAY E, KAMINER I, PASCOAL A, et al. Time – critical cooperative path following of multiple unmanned aerial vehicles over time – varying networks[J]. Journal of Guidance Control and Dynamics, 2013, 36(2):499 – 516.

[95] WANG Y, WANG D, ZHU S. Cooperative moving path following for multiple fixed – wing unmanned aerial vehicles with speed constraints[J]. Automatica, 2019, 100:82 – 89.

[96] YANG H, JIANG B, ZHANG Y. Fault – tolerant shortest connection topology design for formation control [J]. International Journal of Control, Automation and Systems, 2014, 12(1):29 – 36.

[97] KAR S, MOURA J M. Distributed consensus algorithms in sensor networks: Quantized data and random link failures[J]. IEEE Transactions on Signal Processing, 2010, 58(3):1383 – 1400.

[98] DIWADKAR A, VAIDYA U. Robust synchronization in nonlinear network with link failure uncertainty [C]//IEEE Conference on Decision and Control and European Control Conference (CDC – ECC). [S. l.]: IEEE, 2011:6325 – 6330.

[99] ZHANG Y, TIAN Y P. Maximum allowable loss probability for consensus of multi – agent systems over random weighted lossy networks[J]. IEEE Transactions on Automatic Control, 2012, 57(8):2127 – 2132.

[100] CHENG Y, ZHANG Y, SHI L, et al. Consensus seeking in heterogeneous second – order multi – agent systems with switching topologies and random link failures[J]. Neurocomputing, 2018, 319(30):188 – 195.

[101] HENDRICKX J M, FIDAN B, YU C, et al. Formation reorganization by primitive operations on directed graphs[J]. IEEE Transactions on Automatic Control, 2008, 53(4):968 – 979.

[102] WANG X, WANG X, ZHANG D, et al. A liquid sphere – inspired physicomimetics approach for multiagent formation control[J]. International Journal of Robust and Nonlinear Control, 2018, 28(15):4565 – 4583.

[103] 郑亚晶. 铁路路网能力可靠性、能力适应性及抗毁性研究[D]. 北京:北京交通大学,2012.

[104] 种鹏云. 基于复杂网络的危险品运输网络拓扑特性、级联失效机制及抗毁性研究[D]. 成都:西南交通大学,2015.

[105] 高秀娥. 复杂信息系统网络抗毁性关键技术研究[D]. 大连:大连理工大学,2018.

[106] 王强. 面向任务的多智能体系统抗毁性拓扑结构构建与群集控制[D]. 北京:北京理工大学,2014.

[107] JUNGNICKEL D. Graphs, networks and algorithms: volume 5 [M]. 3rd ed. Berlin, Germany: Springer, 1999.

[108] HELLWIG A, VOLKMANN L. Maximally edge – connected and vertex – connected graphs and digraphs: A survey[J]. Discrete Mathematics, 2008, 308(15):3265 – 3296.

[109] YANGL. K – edge connected neighborhood graph for geodesic distance estimation and nonlinear data projection[C]//International Conference on Pattern Recognition. [S. l.]: IEEE, 2004:196 – 199.

[110] YANG L. Building k edge – disjoint spanning trees of minimum total length for isometric data embedding [J]. IEEE Transactions on Pattern Analysis and Machine Intelligence,2005,27(10):1680 – 1683.

[111] YANG L. Building k – edge – connected neighborhood graph for distance – based data projection[J]. Pattern Recognition Letters,2005,26(13):2015 – 2021.

[112] YANG L. Building k – connected neighborhood graphs for isometric data embedding[J]. IEEE Transactions on Pattern Analysis and Machine Intelligence,2006,28(5):827 – 831.

[113] BAHRAMGIRI M,HAJIAGHAYI M,MIRROKNI V S. Fault – tolerant and 3 – dimensional distributed topology control algorithms in wireless multi – hop networks [J]. Wireless Networks, 2006, 12 (2): 179 – 188.

[114] KHALIL H K. Nonlinear systems[M]. 3rd ed. Upper Saddle River:Prentice – Hall,2002.

[115] HASLER M,JACQUES N. Nonlinear circuits[M]. Norwood:Artech House,1986.

[116] BüRGER M,ZELAZO D,ALLGOWER F. Duality and network theory in passivity – based cooperative control[J]. Automatica,2014,50(8):2051 – 2061.

[117] SHARF M,ZELAZO D. Analysis and synthesis of MIMO multi – agent systems using network optimization [J]. IEEE Transactions on Automatic Control,2019,64(11):4512 – 4524.

[118] CHEN H,ZELAZO D,WANG X,et al. Convergence analysis of signed nonlinear networks[J]. IEEE Transactions on Control of Network Systems,2020,7(1):189 – 200.

[119] HINES G H,ARCAK M,PACKARD A K. Equilibrium – independent passivity:A new definition and numerical certification[J]. Automatica,2011,47(9):1949 – 1956.

[120] ROCKAFELLAR R T. Network flows and monotropic optimization[M]. Belmont, Massachusetts: Athena Scientific,1998.

[121] BARKANA I. Defending the beauty of the invariance principle[J]. International Journal of Control,2014, 87(1):186 – 206.

[122] EL – HAWWARY M I,MAGGIORE M. Reduction theorems for stability of closed sets with application to backstepping control design[J]. Automatica,2013,49(1):214 – 222.

[123] ROZA A,MAGGIORE M,SCARDOVI L. A smooth distributed feedback for global rendezvous of unicycles [J]. IEEE Transactions on Control of Network Systems,2018:640 – 652.

[124] 谢政. 网络算法与复杂性原理[M].2 版. 长沙:国防科技大学出版社,2003.

[125] GODSIL C,ROYLE G F. Algebraic graph theory[M]. New York:Springer,2001.

[126] LI Y,XIANG J,WEI W. Consensus problems for linear time – invariant multi – agent systems with saturation constraints[J]. IET Control Theory and Applications,2011,5(6):823 – 829.

[127] MESBAHI M,EGERSTEDT M. Graph theoretic methods in multiagent networks[M]. Princeton:Princeton University Press,2010.

[128] ZHANG H,LEWIS F L,QU Z. Lyapunov,adaptive,and optimal design techniques for cooperative systems on directed communication graphs[J]. IEEE Transactions on Industrial Electronics,2012,59(7):3026 – 3041.

[129] LI Z,WEN G,DUAN Z,et al. Designing fully distributed consensus protocols for linear multi – agent systems with directed graphs[J]. IEEE Transactions on Automatic Control,2015,60(4):1152 – 1157.

[130] OLFATI – SABER R,MURRAY R M. Consensus problems in networks of agents with switching topology and time – delays[J]. IEEE Transactions on Automatic Control,2004,49(9):1520 – 1533.

[131] FU J,WEN G,HUANG T,et al. Consensus of multi – agent systems with heterogeneous input saturation

levels[J]. IEEE Transactions on Circuits and Systems Ⅱ:Express Briefs,2019,66(6):1053 - 1057.

[132] YI X,YANG T,WU J,et al. Distributed event - triggered control for global consensus of multi - agent systems with input saturation[J]. Automatica,2019,100:1 - 9.

[133] XU Y,TIAN Y. Design of a class of nonlinear consensus protocols for multiagent systems[J]. International Journal of Robust and Nonlinear Control,2013,23(13):1524 - 1536.

[134] CHEN H,ZELAZO D,WANG X,et al. Convergence analysis of signed nonlinear networks[J]. IEEE Transactions on Control of Network Systems,2020,7(1):189 - 200.

[135] CHENH,WANGX,LI Z,et al. Consensus in networks of nonlinear integrators with applications to coordinated path following control of fixed - wing UAVs[C]//The 59th IEEE Conference on Decision and Control (CDC). [S. l. :s. n.],2020:5348 - 5353.

[136] YU C,ANDERSON B D O. Development of redundant rigidity theory for formation control[J]. International Journal of Robust & Nonlinear Control,2009,19(13):1427 - 1446.

[137] FRANK A. Rooted k - connections in digraphs[J]. Discrete Applied Mathematics,2009,157(6):1242 - 1254.

[138] GOERZEN C,KONG Z,METTLER B. A survey of motion planning algorithms from the perspective of autonomous UAV guidance[J]. Journal of Intelligent and Robotic Systems,2010,57:65 - 100.

[139] TSOURDOS A,WHITE B,SHANMUGAVEL M. Cooperative path planning of unmanned aerial vehicles [M]. Chichester:John Wiley & Sons,2011.

[140] GUPTA L,JAIN R,VASZKUN G. Survey of important issues in UAV communication networks[J]. IEEE Communications Surveys and Tutorials,2016,18(2):1123 - 1152.

[141] HAYAT S,YANMAZ E,MUZAFFAR R. Survey on unmanned aerial vehicle networks for civil applications:A communications viewpoint[J]. IEEE Communications Surveys and Tutorials,2016,18(4):2624 - 2661.

[142] YANG J,YIN D,SHEN L. Reciprocal geometric conflict resolution on unmanned aerial vehicles by heading control[J]. Journal of Guidance,Control,and Dynamics,2017,40(10):2511 - 2523.

[143] ZHAO S,WANG X,LIN Z,et al. Integrating vector field approach and input - to - state stability curved path following for unmanned aerial vehicles[J]. IEEE Transactions on Systems,Man,and Cybernetics: Systems,2020,50(8):2897 - 2904.

[144] CHAO H,CAO Y,CHEN Y. Autopilots for small unmanned aerial vehicles:a survey[J]. International Journal of Control,Automation and Systems,2010,8(1):36 - 44.

[145] REN W,BEARD R W. Trajectory tracking for unmanned air vehicles with velocity and heading rate constraints[J]. IEEE Transactions on Control Systems Technology,2004,12(5):706 - 716.

[146] AGUIAR A P,HESPANHA J P,KOKOTOVI P V. Path - following for nonminimum phase systems removes performance limitations[J]. IEEE Transactions on Automatic Control,2005,50(2):234 - 239.

[147] AGUIAR A P,HESPANHA J P,KOKOTOVI P V. Performance limitations in reference tracking and path following for nonlinear systems[J]. Automatica,2008,44(3):598 - 610.

[148] BEARD R W,FERRIN J,HUMPHERYS J. Fixed wing UAV path following in wind with input constraints [J]. IEEE Transactions on Control Systems Technology,2014,22(6):2103 - 2117.

[149] ZHAO S,WANG X,ZHANG D,et al. Curved path following control for fixed - wing unmanned aerial vehicles with control constraint[J]. Journal of Intelligent and Robotic Systems,2018,89(1 - 2):107 - 119.

[150] SAMSON C. Path following and time - varying feedback stabilization of a wheeled mobile robot[C]//

Proc. ICARCV'92[S. l. :s. n.],1992:RO - 13. 1. 1 - RO - 13. 1. 5.

[151] BROCKETT R W. Asymptotic stability and feedback stabilization[J]. Differential Geometric Control Theory,1983,27(1):181 - 191.

[152] AKTüRK M S,ATAMTüRK A,GüREL S. Aircraft rescheduling with cruise speed control[J]. Operations Research,2014,62(4):829 - 845.

[153] ROZA A,MAGGIORE M,SCARDOVI L. A smooth distributed feedback for formation control of unicycles[J]. IEEE Transactions on Automatic Control,2019,64(12):4998 - 5011.

[154] CHEN H,CONG Y,WANG X,et al. Coordinated path - following control of fixed - wing unmanned aerial vehicles[J]. IEEE Transactions on Systems,Man,and Cybernetics:Systems,2021.

[155] CHEN H,WANG X,SHEN L,et al. Formation reconfiguration for fixed - wing UAVs[J]. Journal of Intelligent & Robotic Systems,2021,102(27):1 - 14.

[156] MOREAU L. Stability of multiagent systems with time - dependent communication links[J]. IEEE Transactions on Automatic Control,2005,50(2):169 - 182.

[157] SARLETTE A,TUNA S E,BLONDEL V D,et al. Global synchronization on the circle[J]. IFAC Proceedings Volumes,2008,41(2):9045 - 9050.

[158] CHEN H,WANG X,SHEN L,et al. Coordinated path following control of fixed - wing unmanned aerial vehicles in wind[J]. ISA Transactions,2021 (early access).

[159] 王祥科,陈浩,赵述龙. 大规模固定翼无人机集群编队控制方法研究[J]. 控制与决策,2020 (网络优先出版):1 - 10.

[160] CHUNG S J,PARANJAPE A,DAMES P,et al. A survey on aerial swarm robotics[J]. IEEE Transactions on Robotics,2018,34(4):837 - 855.

[161] DAS A K,FIERRO R,KUMAR V,et al. A vision - based formation control framework[J]. IEEE Transactions on Robotics and Automation,2002,18(5):813 - 825.

[162] GE X,HAN Q L,ZHANG X M. Achieving cluster formation of multi - agent systems under aperiodic sampling and communication delays[J]. IEEE Transactions on Industrial Electronics, 2018, 65 (4): 3417 - 3426.

[163] RASTGOFTAR H,ATKINS E M. Safe multi - cluster UAV continuum deformation coordination[J]. Aerospace Science and Technology,2019,91:640 - 655.

[164] MICHAEL N,KUMAR V. Control of ensembles of aerial robots[J]. Proceedings of the IEEE,2011,99(9):1587 - 1602.

[165] 王新民,王晓燕,肖堃. 无人机编队飞行技术[M]. 西安:西北工业大学出版社,2015.

[166] WANG X,SHEN L,LIU Z,et al. Coordinated flight control of miniature fixed - wing UAV swarms:methods and experiments[J]. Science China Information Sciences,2019,62(11):212204.

[167] CHEN H,WANG X,SHEN L,et al. Formation flight of fixed - wing UAV swarms:A group - based hierarchical approach[J]. Chinese Journal of Aeronautics,2021,34(2):504 - 515.

[R1] 陈浩,王祥科,杨健. 面向集群一致性的抗毁性网络分析与设计[J]. 指挥与控制学报. 2022,8(2): 189 - 197.

[R2] CHEN H,WANG X,LIU Z,et al. Survivable networks for consensus[J]. IEEE Transactions on Control of Network Systems,2022,9(2):588 - 600.